KB008750

# 센 세 이 셔 널

SENSATIONAL

# 센세이셔널

우리가 보고, 듣고, 느끼는 모든 것

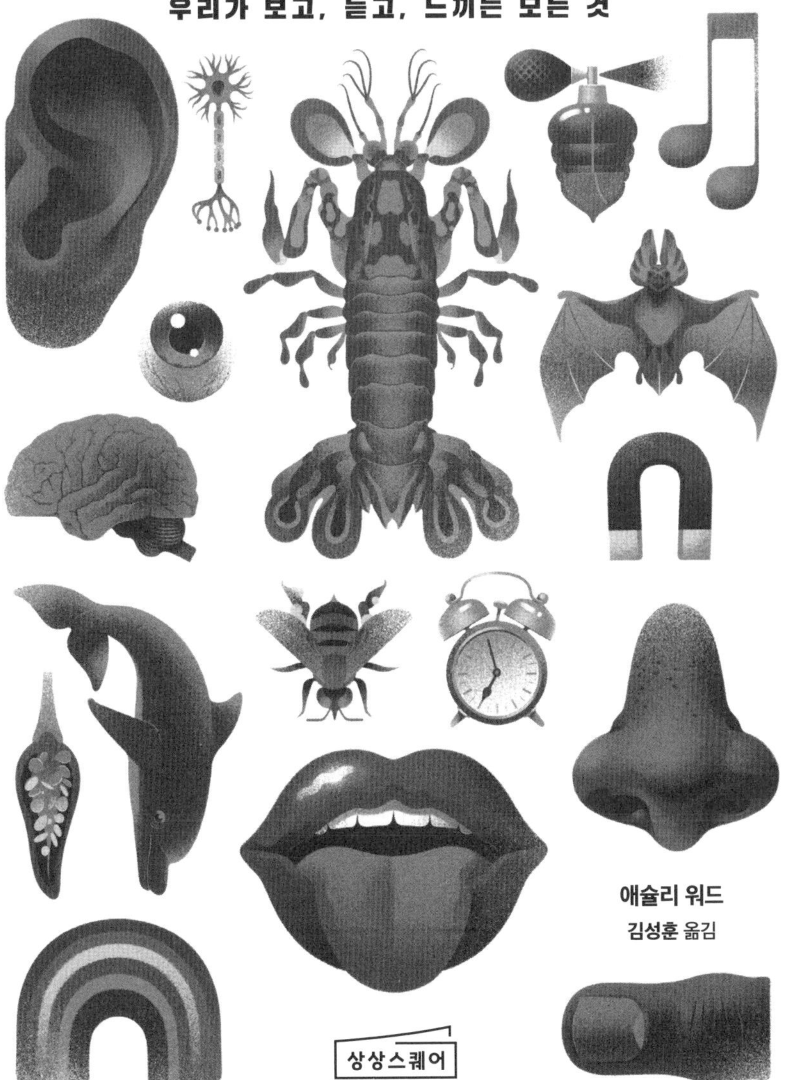

애슐리 워드

김성훈 옮김

상상스퀘어

나의 감각이 당신을 노래합니다.
당신의 모습과 소리는 노랫말이 되고,
당신의 향기와 손길은 멜로디가 됩니다.
당신의 화음이 나를 감싸며,
당신은 나의 세상이 됩니다.

– 펀킨Punkin

## 지은이

## 애슐리 워드Ashley Ward

시드니대학교 동물행동학 교수 겸 소장이며, 《동물의 사회생활The Social Lives of Animals》과 베스트셀러 오디오북 《동물 사회Animal Societies》의 저자이기도 하다. 동물의 사회적 행동, 학습, 의사소통을 연구하고 있다. 남극의 크릴부터 인간을 포함한 포유류에 이르기까지 다양한 동물의 행동을 연구하며 경력을 쌓았다.

그의 연구는 〈미국국립과학원회보PNAS〉, 〈생물학리뷰Biological Reviews〉, 〈커런트 바이올로지Current Biology〉 등 유명 저널에 게재됐으며, 여러 과학 학술지에 100편이 넘는 글을 발표했다. 그가 저술한 학술서 〈사회성Sociality〉은 다른 논문에 자주 인용되며 인기를 얻었다.

요크셔에서 나고 자란 그는 어렸을 때부터 시냇물이나 통나무 밑에서 화석을 채집하거나 바위 웅덩이를 들여다보며 동물의 행동에 매료됐고, 그 후 생물학자로 커리어를 쌓기 시작했다. 전문가로서의 명성 외에 시력은 0.2이고, 후각과 미각은 영 별로라고 한다.

옮긴이

## 김성훈

"번역이란 낱말이라는 블록으로 이야기를 쌓아올리는 레고 놀이다."

치과의사의 길을 걷다가 번역의 길로 방향을 튼 번역가. 중학생 시절부터 과학에 대한 궁금증이 생길 때마다 틈틈이 적어온 과학 노트는 아직도 보물 1호로 간직하고 있다. 물질세계의 법칙에 재미를 느끼다가 생명이란 무엇인지가 궁금해졌고, 결국 이 모든 것을 궁금해하는 인간의 마음이 어떻게 생겨났는지 몹시 궁금해졌다. 학생 시절부터 흥미를 느꼈던 번역 작업을 통해 이런 관심을 같은 꿈을 꾸는 이들과 함께 나누고자 한다. 경희대학교 치과대학을 졸업, 경희의료원 치과병원 구강내과에서 수련을 마쳤고, 현재 바른번역에서 번역가로 활동 중이다. 《늙어감의 기술》로 제36회 한국과학기술도서상 번역상을 수상했다.

## 목차

0

# 들어가며

우리 주변 세상에 빛, 그림자, 색은

존재하지 않습니다.

— 노벨 생리의학상 위원회 위원, 베른하르트C.G. Bernhard 교수의 시상 연설

시드니의 화창한 봄날 아침, 대학 캠퍼스를 가로질러 강의실로 향하는 내내 긴장과 설렘이 교차한다. 새로운 학생들에게 감각에 대해 강의하기로 한 날이다. 감각 생물학의 경이로움을 설명하면서 학생들의 얼굴을 보는 것이 좋다. 감각은 참으로 놀라운 주제이기에 제대로 알려주고 싶다. 나는 단순히 정보만 전달하는 사람이 아니다. 내 열정이 그들에게 옮겨붙어 더욱 활활 타오르길 바라며 흡사 공연자가 돼 강연을 펼친다.

강의실로 가는 길에 대학교 캠퍼스의 중심부이자 시드니의 랜드마크인 쿼드랭글 시계탑을 지난다. 건축가들이 한 모퉁이에 아열대 나무를 심어 놓았는데, 매년 남반구에 봄이 찾아오면 이 유서 깊은 자카란다jacaranda 나무가 꽃을 피워 향긋한 라일락 꽃향기를 풍기며 새학기의 시작을 알린다. 시드니 곳곳의 자카란다 나무들도 향기 뽐내기에 합류하며 도시의 분위기를 아름답게 바꾼다. 꽃이 지기까지 한 달 동안 공원과 보도는 온통 꽃잎으로 뒤덮인다. 이때가 한 해 중 가장 감각적인 순간이다.

웅장한 고목을 감상하고 있노라면 빛의 광자와 냄새의 분자가 연출하는 장엄한 광경에 절로 경이로움을 느끼게 된다. 나의 뇌는 어떻게 이런 기본 정보에 접근해 놀라운 시너지를 내고 그것을 지각perception 경험으로 바꾸는 것일까?

자카란다 나무에 온 신경을 집중하고 있어도 나는 다른 감각들을 인식한다. 호주 까치가 쿼드랭글을 둘러싼 건물 중 하나의 꼭대기에 앉아 울고 있다. 까치의 이상한 금속성 울음소리는 어릴 적

잉글랜드에서 들었던 새 울음소리의 스팀펑크 버전 같다. 쿼드랭글 동쪽에 있는 아치를 지나 태평양에서 불어오는 아침 바람도 느낄 수 있다. 입안에는 목소리를 맑게 하려고 강의 때마다 사용하는 아니시드 사탕의 따스한 맛이 가득하다. 다른 감각들의 조합은 나를 깨워 몸에 필요한 정보를 뇌에 업데이트하는 동시에 주변 환경을 경계하게 만든다.

이 모든 것은 그저 찰나의 감각에 불과하다. 변화하는 감각의 흐름은 우리를 세상과 지각으로 연결하고, 함께 들어오는 다양한 메시지는 삶의 매 순간을 자서전으로 써내려간다. 우리의 모든 지각은 일관된 감각적 경험처럼 느껴지지만, 사실은 서로 별개이면서도 복합적인 여러 감각이 조화를 이룬 것이다. 얼마나 많은 감각이 존재하는지에 관한 질문은 약 2300년 전 이성적 탐구가 처음 시도된 이후 지금까지 명확한 답을 얻지 못하고 있다.

그리스의 철학자 아리스토텔레스Aristotle는 역사상 가장 영향력이 큰 사상가 중 한 명으로 평가받는다. 물론 아리스토텔레스의 생각이 틀렸던 때도 있다. 일례로 들소가 독한 똥을 발사해서 달려드는 개를 쫓아낸다고 주장했고, 눈에 보이는 귀가 없다는 점을 근거로 꿀벌은 듣지 못한다고 주장했다. 이처럼 실수가 있긴 했지만 아리스토텔레스가 남긴 유산은 정말이지 놀라울 따름이다. 그의 연구가 생물학의 시발점이 된 건 고사하고, 2000여 년 전 내놓은 수많은 논리가 시간의 검증을 거쳐 살아남았다. 꼭 그렇다고 할 수는 없지만 우리에게 시각, 청각, 미각, 후각, 촉각이라는 오대 감각(더 공식적인 표현으로는 감각 양식sensory modality)이 있음을 발견한 것도 아리스토텔레스의 공으로 여겨진다. 그는 너무 뻔한 얘기를 했다는 이유로 부당한 비난을 받기도 한다. 그를 위해 한마디 변명을 하자면, 이것은 지각에 관한, 즉 감각이 어떻게 결합해서 우리가 세상을 경험할 수 있게 해주는지에 관한 통찰력 넘치는 이론의 일부일 뿐이다. 그런데도 가엾은 아리스토텔레스는 다음 질문이 등장할 때마다 논란의 중심에 서곤 한다. '우리에게는 대체 몇 가지 감각이 있는가?'

유아 교육에서 감각을 가르칠 때는 여전히 오감의 법칙을 기본으로 삼지만, 실제 감각과는 거리가 있다. 우리에게는 분명 5개가 넘는 감각이 있고, 서로 다른 감각을 어떻게 쪼개서 분류하느냐에 따라 무려 53가지로 늘어난다. 예를 들어 촉각은 추가적으로 세분화할 수 있는 여러 감각의 복합체이고, 애초에 오감에 포함되지도 않은 균형감각equilibrioception과 자기수용감각proprioception(몸의 위치에 대한 감각)도 있다. 감각의 종류가 몇 가지나 되는지 정확히 세는 것은 흥미로운 토론 주제이지만 도움이 되지는 않는다. 그러나 무언가를 감각이라고 기술하려면 그 의미 정도는 알아야 한다.

일반적으로 감각이란 특정 자극을 전용 수용기receptor로 감지하는 능력이라고 정의할 수 있다. 예를 들어 눈에 들어온 빛은 레티날retinal이라는 분자가 흡수한다. 레티날은 망막retina의 광수용기 세포 안에 있다. 빛의 에너지가 레티날에 작은 분자 뒤틀림을 일으키고, 이것이 다시 화학적 연쇄반응을 일으켜 미세한 전기적 떨림을 만든다. 이 작은 전기가 시신경optic nerve을 따라 대기 중인 뇌에 도달하면, 뇌는 이 메시지와 이웃 수용기에서 동시에 도달한 수없이 많은 메시지를 해석해 우리에게 빛에 대한 시각적 감각을 제공한다. 뇌가 자극을 이해할 수 있는 신호로 전환하는 과정을 감각변환transduction이라고 한다.

미각수용기taste receptor는 혀, 뺨 안쪽, 식도 꼭대기 부분을 덮고 있다. 미각수용기에 분자 하나를 던져주면 수 밀리초 후 분자에 관한 온갖 이야기를 뇌에 재잘댈 것이다. 미각수용기는 신체 기관 여기저기에 흩어져 있다. 간, 뇌, 심지어 고환 같은 곳에서도 미각수용기가 발견된다. 2013년에 발표한 논문 중 하나가 고환에 미각수용기가 있다는 내용을 언급하자 젊은 남성들 사이에서 고환을 간장에 담가 확인해보는 유행이 일기도 했다. 심지어 짭짤한 맛을 느꼈다고 주장하는 사람도 있었다. 하지만 예상치 못한 신체 기관에서 미각수용기가 발견된다 한들, 맛봉오리taste bud라는 제대로 된 구조를 갖추기는커녕 입속의 미각수용기처럼 뇌와 연결돼 있지도 않다. 따라서 이것으로 맛을 느낄 리는 만무하다. 간장에 고환 담그기를 시도한 사람들은 조미료에 범벅된 고환과 못 먹게 된 간장 한 사발만 남긴 채 헛된 망상에 빠졌다는 비난을 들어야 했다. 감각이 진정한 감각이 되려면 전문화된 수용기는 물론이고, 뇌의 감각겉질sensory cortex로 이어지는 정보 고속도로가 있어야 한다. 하지만 감각의 신경로가 수용기에서 뇌까지 거침없이 이어져 있다고 해서 뇌가 그저 중립적으로 입력을 받아들이고 해독하는 컴퓨터에 불과하다고 결론짓지는 말라.

뇌는 모든 지식과 감정, 성격의 중심지로 가장 내밀한 생각과 삶의 모든 경험이 집약된 장소다. 두개골이라는 보호막 안에 안전하게 자리 잡은 뇌는 꼼꼼히 통제되는 생리적 균형 상태에서 작동한다. 뇌 자체는 감각이 없지만 모든 경험이 일어나는 곳이다. 감각기관들과 방대하고 복잡한 네트워크로 연결된 뇌는 매초 테라바이트 단위에 해당하는 정보를 수신한다. 그리고 이 모든 정보를 거의 즉각적으로 처리·해석해서 서로 다른 소스의 입력을 매끄럽게 이어 붙이는 놀라운 계산 능력을 발휘한다. 뇌가 유입되는 정보를 걸러내고 순서대로 정리하고 처리하는 모든 작업의 결과물을 지각perception이라고 한다. 지각은 결코 수동적인 과정이 아니다. 뇌는 데이터를 단순히 수집하고 정돈하는 데 그치지 않고, 그 데이터를 능동적으로 조정하고 길들인다. 외부에서 들어온 신호는 편견, 기존의 예상, 감정 등을 거쳐 해석되고 층층이 쌓인다. 감각과 감성의 통합은 지각에서 막강한 역할을 한다.

오래전, 우리 할아버지와 할머니는 처음이자 마지막으로 영국을 떠나 오스트리아 빈으로 여행을 가셨다. 빈의 아름다운 도시를 즐기며 건축물을 구경하고, 자허토르테Sachertorte[*]를 맛보고, 왈츠의 본고장에서 유명한 왈츠곡을 듣는 것이 할머니의 오랜 꿈이었다. 할머니는 건물을 돌며 구경하다가 도시를 가로지르는 유명한 강과 만난 순간을 생생하게 들려줬다.

할머니가 흥분해서 소리쳤다. "보세요, 짐! 다뉴브강이에요! 사랑에 빠진 사람의 눈에는 강물이 파랗게 보인대요!"

할아버지는 시적 감성 따위에 쉽게 흔들릴 만한 분이 아니었다. 할아버지는 습관처럼 쓰고 다녀 납작 눌린 모자만큼이나 김빠진 요크셔 발음으로 짤막하게 답했다. "내 눈에는 흙탕물 색이나 매한가지구먼, 뭘."

상식적으로 보면 아무리 사랑으로 눈에 콩깍지가 씐 사람이라도 산업화된 도시를 흐르는 큰 강이 푸른 숲속 맑은 호수같이 보일 리는 없다. 하지만 여기에도 일말의 진실이 있다. 감정적으로 흥분한 상태에 있으면 뇌의 시각겉질visual cortex 활성이 증가해서 눈에 보이는 것이 더 풍요롭고 선명하다. 할아버지는 여행하는 동안 자신의 태도에 따라 감각을 경험했을 가능성이 크다. 마음가짐이 뇌의 신경 활동에 어느 정도 영향을 미쳐 우리가 보고자 하는 것을 보게 만들기 때문이다.

우리는 세상을 보며 분명 실재實在하는 현실이라 확신하지만 사실 이런 지각은 복잡하면서도 기발한 착각에 불과하다. 다른 것도

[*] 초콜릿 스펀지 시트에 살구잼을 펴 바르고 진한 초콜릿을 입혀 만든 오스트리아의 유명한 케이크 - 옮긴이

아니고 감각에 대해 이런 이야기를 들으면 사람들은 당황한다. 우리는 스스로를 합리적이고 분별력 있는 생명체로 여긴다. 그런 우리가 세상과 직접 접촉하며 경험하는 것들이 어떻게 한낱 착각에 불과하단 말인가? 간단한 예를 들어 설명할 수 있다. 글을 쓰는 지금 내 앞에 머그컵이 하나 있다. 누군가에게 컵을 가까이에서 들여다보고 컵에 대해 설명해달라고 하면, 아마도 머그컵의 색상과 안에 든 내용물, 차의 향, 온도 등을 이야기할 것이다. 한 모금 마시고 난 후라면 살짝 쓴맛이 나거나 우유 맛이 나고, 전반적으로 차 맛이 난다고 할 것이다.

머그컵에 대한 경험이 그들에게는 완전하고 객관적인 실재로 보일 것이며, 그 실재가 내가 느끼는 실재와 같다고 여길 것이다. 하지만 차에 대한 우리의 감각적 경험은 많은 부분에서 겹칠 뿐 완전히 같진 않다. 색상에 대한 감각은 사람마다 미묘한 차이가 있다. 차의 향과 맛 역시 각자 다르다. 추운 곳에 있던 사람은 차를 더욱 따듯하게 느낄 것이다.

느낌은 지각에 색을 입히기도 한다. 중동지역 문화권에 있는 사람이라면 차에 우유를 넣는다는 생각에 경악할지도 모른다. 머그컵에 든 차에 대한 반응이 자신의 문화적 판단에 영향을 받은 것이다. 각자 자신의 경험을 진짜라고 느끼겠지만 어떤 경험도 객관적으로 옳다고 볼 수 없다. 그런데도 사람들은 자신의 주관적인 지각이 다른 사람의 지각보다 우월하다고 끊임없이 주장한다.

서로 다른 실재 사이에서 나타나는 미묘한 차이는 거대한 착각의 시작에 불과하며, 점점 더 흥미롭고 이상해진다. 예를 들어 같은 색을 두고 서로 다른 관점이 있을 수 있다는 것을 인정하는 것과, 우리 뇌 바깥에는 사실 색이 존재하지 않음을 받아들이는 것은 전혀 다른 문제다. 색만 없는 것이 아니라, 소리도, 맛도, 냄새도 없다. 우리가 빨간색으로 지각하는 것은 650나노미터의 파장을 가진 복사에너지일 뿐이다. 본질적으로 빨간색이 있는 게 아니라 머릿속에서 빨갛게 해석하는 것이다. 또한 소리는 압력파이며, 맛과 냄새는 서로 다른 분자의 조합에 불과하다. 각각을 감지하는 능력은 감각기관에 있지만, 그것을 해석해서 우리가 세상을 이해할 수 있는 틀로 바꿔주는 작업은 뇌에서 이뤄진다. 이 틀이 소중하기는 하지만 실재에 대한 해석일 뿐이며 모든 해석과 마찬가지로 주관적이다.

모든 감각 정보를 깔끔하게 하나로 이어 붙여 단일 경험으로 엮는 것은 만만한 일이 아니다. 그래서 뇌는 과제를 달성하고자 약간의 농간을 부린다. 예를 들어 뇌는 서로 다른 감각을 처리하는 데 걸리는 시간의 불일치를 보상해야 한다. 시각은 입력되는 데이터가 워낙 풍부해서 다른 감각보다 처리하는 데 시간이 좀 더 걸린다. 21세기에도 단거리 달리기 경주의 시작을 신호등 불빛이 아닌 총소리로 알리는 이유도 여기에 있다. 시대에 맞지 않게 선조들의 전통을 지키려 총소리를 고집하는 것이 아니다. 운동선수들도 다른 사람들처럼 소리보다 빛에 대한 반응속도가 조금 느려서다. 그런데도 감각을 동기화할 수 있는 이유는 뇌가 모든 감각을 나란히 줄 세우려고 다른 감각들에 시차를 두기 때문이다. 더군다나 우리가 경험하는 모든 것은 인식할 즈음이면 이미 좀 전에 일어난 일이 된다. 이런 약간의 지연을 보상해서 현실 세계와 보조를 맞추려면 뇌는 운동을 예측해야 한다. 그렇지 않으면 우리는 전혀 동기화되지 않은 서투른 행동을 보일 것이다.

나 좀 봐달라며 아우성치는 정보가 끊임없이 들어오는 상황에서 뇌는 도대체 어떻게 이 모든 것을 따라잡을까? 사실 전부를 따라잡는 게 아니다. 뇌는 정보를 끝없이 체로 걸러내며 중요한 것만 골라낸다. 특히 뇌는 새로움과 변화에 민감하게 반응한다. 지속적으로 유입되는 감각 정보는 대부분 의식으로 입성하지 못한다. 지금 의자에 앉아 있다면 아마도 등을 지긋하게 누르는 등받이의 압력이나 피부에 닿는 옷감의 감촉을 의식하지 못했을 것이다. 적어도 이 문장을 보기 전까지는 말이다. 이것은 뇌가 게을러서가 아니라 중요한 것과 중요하지 않은 것을 구분해서 생기는 일이다. 여기에도 단점이 있다. 뇌가 미묘한 부분을 자주 놓친다는 점이다. 손재주 좋은 마술사가 매번 우리를 속일 수 있는 이유도 다 그 덕분이다.

이것은 감각과 지각 사이의 병목 현상, 즉 정보를 수집하는 것과 의식적으로 인식할 수 있는 수준으로 정보를 처리하는 것 사이에서 나타나는 병목 현상을 보여준다. 시각에서 특히 중요한 부분이다. 그래서 뇌는 내적 모형internal model이라는 견본을 이용해 익숙한 패턴을 찾으려 하고, 절차를 무시하고 신속하게 처리할 방법을 찾으려 한다. 뇌는 내적 모형을 이용하면 예전에 감각해 본 경험을 바탕으로 자신이 무엇을 감각할지 예상할 수 있다. 이렇게 되면 뇌에 불완전한 데이터만 있더라도 파편으로 전체 그림을 그릴 수 있어 대단히 유용하다.

하지만 이것은 감각적 착각에 빠지는 이유이기도 하다. 특히 시각은 가장 잘 속는 감각이다. 대중에 잘 알려진 회전하는 연극 가면 동영상[*]을 떠올려보자. 가면이 천천히 돌아가는데, 처음에 불룩 튀어나온 가면 앞쪽을 볼 때는 문제가 없다. 뇌는 매일 밥 먹듯이 보는 얼굴을 속속들이 이해한다. 그런데 움푹 들어간 가면 뒤쪽을 볼 때는 무슨 일이 벌어질까? 뇌가 가면의 앞뒤를 뒤집어 버린다. 실제로 보는 부분은 움푹 들어간 가면 뒤쪽인데 매일 보는 볼록한 얼굴이 보인다. 뇌의 내적 모형이 우리 이성을 압도한 것이다.

지각에서 뇌가 지배적 역할을 한다는 것은 뇌를 감각 오케스트라의 지휘자로 생각할 수 있다는 의미다. 이 지휘자는 별개의 입력을 조정하고 통합해 풍부하고 일관된 하나의 경험으로 엮는다. 하지만 오케스트라가 없으면 지휘자도 있을 이유가 없다. 뇌는 처리할 감각 정보가 있기에 존재한다. '닭이 먼저냐, 달걀이 먼저냐'라는 질문을 빌려 뇌와 감각을 설명하자면 뇌는 닭이고 감각은 달걀이다. 사실 뇌 없이도 기본적인 감각 기능을 수행하며 잘 사는 생명체가 많

[*] https://www.youtube.com/watch?v=sKa0eaKsdA0 - 옮긴이

다. 너무 작아서 맨눈으로는 볼 수도 없는 세균을 떠올려보자. 세균이 물컵 속에서 영양분을 찾아 헤매며 열심히 움직인다. 세균에 달린 머리카락처럼 생긴 꼬리가 보트의 프로펠러처럼 미세한 원을 그리며 회전해 세균을 앞으로 밀어낸다. 세균에게는 어떤 목적의식도 없지만 물속에 있는 화학물질을 감지하고 그 출처를 찾아 들어갈 수 있다. 배고픈 여행자인 세균은 당분의 미세한 흔적이라도 감지하면 그것을 향해 움직인다. 하지만 접근하는 도중에 새로운 화학물질인 단백질을 감지한다면 이것은 또 다른 생명체의 모습을 한 고난이 기다리고 있음을 암시한다. 반사적으로 꼬리가 다시 한번 움직이는데, 이전과 반대 방향으로 회전하면서 세균의 이동 방향이 바뀐다. **대장균**Escherichia coli 같은 세균이 어떻게 영양분의 농도 기울기gradient를 추적하는지 보여주는 이 이야기는 아주 간단하지만 무언가 근본적인 것, 즉 최초로 등장한 감각의 작동방식을 설명한다.

생명은 약 40억 년 전 물속에서 진화했다. 최초의 생명체는 물살의 도움 없이 움직일 수 없는 정적인 유기체였다. 하지만 한 곳에만 머무는 것은 만족할 만한 생활방식이 아니었다. 새로운 환경을 찾아 나설 능력이 있는 도전적인 미생물에게는 다른 생명체가 사용하지 않은 새로운 자원을 이용할 기회가 열렸다. 최초로 등장한 생명체 중 하나인 남세균cyanobacteria은 움직이려는 야심을 다양한 방식으로 달성했다. 어떤 것은 작은 점액을 분사해 추진력을 얻었다. 세균은 미끄러지듯 움직이고, 기고, 헤엄치는 것을 이동 수단으로 삼았다. 길을 찾아갈 능력이 있는 생명체라면 이런 소규모 이동의 효과가 훨씬 커졌다. 화학적 기울기chemical gradient는 이런 세균에게 방향을 알려주는 물리 세계의 한 가지 속성이다. 빛도 그런 속성에 해당한다. 로돕신rhodopsin 같은 감광단백질photosensitive protein은 빛을 흡수하고, 그 과정에서 화학적 구조가 바뀐다. 이것이 태양 광선을 감지하고, 그 광선이 제공하는 에너지를 유지하는 기초 원리다.

감각을 갖춘 복잡한 생명체의 진화에서 일어난 이 근본적인 단계는 압력의 변화를 감지하는 능력도 동반했다. 이를 기계자극 민감성mechanosensitivity이라고도 한다. 세균의 외막에는 압력에 반응해서 열리는 채널channel이 있다. 기본적으로 채널은 세균이 과식한 후에도 터지지 않게 막아주는 역할을 한다. 세균이 자기 내부 압력을 바깥세상의 압력에 맞출 수 있는 것도 채널 덕분이다. 이런 민감성 채널sensitive channel이 우리의 정교한 기계적 감각mechanosensation의 선조라고 추측하고 있다. 예를 들어 원생생물Protist인 **짚신벌레**Paramecium처럼 더 정교한 생명체로 넘어오면 이들이 물리적 접촉에 반응하는 것을 볼 수 있다. 세균과 마찬가지로 **짚신벌레**도 몸이 단 하나의 생명 세포로 이뤄져 있지만, 살짝 건드리면 내부의 압력이 변하면서 이에 반응해 반대 방향으로 빠르게 움직인다. 빛 감지가 시각의 출발점이었고, 화학물질을 추적하는 세균의 능력이 결국 후각과 미각으로 이어졌던 것처럼, 놀랍게도 기계적 자극에 대한 이런 간단한 대응 방식이 결국에는 청각과 촉각을 발달시켰다. 수십억 년 전 단순하기 그지없는 생명체에서 이런 발전이 일어났고, 그 후로 생명의 나무tree of life에 속한 모든 가지에 감각이라는 유산으로 전해 내려왔다.

진화의 역사를 거치는 동안 생명체는 감각의 사다리를 타고 올랐고, 새로운 가로대를 잡고 올라갈 때마다 특별한 혜택을 얻었다. 이런 발전을 가능하게 한 핵심은 정보, 즉 환경에 대한 정보, 포식자와 먹잇감에 대한 정보, 경쟁자와 잠재적 짝에 대한 정보 등이다. 우리 감각은 원시의 습지에서 농도 기울기를 따라다니던 고대 생명체들이 물려준 것이다. 그리고 결국에는 이런 감각들이 뇌 진화의 원동력으로 작용했다.

인간의 뇌가 정상적으로 작동하려면 감각의 입력이 있어야 한다. 입력이 사라지면 이상한 일이 일어나기 시작한다. 최근에 나는 시드니 동부 교외에 있는 감각차단실sensory-deprivation chamber에 방문했다. 경험을 제대로 하려면 완전히 탈의해야 한다는 안내를 받았다. 피부에 닿는 옷감의 감촉이 내게 올 행복을 방해할 수 있어서다. 안내에 따라 옷을 홀라당 벗고 사람의 시선을 의식하면서 달걀 모양의 통 안으로 들어가 뚜껑을 닫았다. 그리고 감각적 망각을 온전히 끌어안기로 했다. 뒤로 누우니, 혈액과 온도가 같고 깊이가 얕은 고염도 소금물이 내 체중을 떠받쳤고, 귀마개가 외부의 희미한 소음마저 차단했다.

자극이 중단되자 초조함과 지루함이 크게 밀려오다가 나중에는 심심하고 짜증이 난 아이처럼 나 자신에게 잔소리를 해댔다. 일단 그 단계를 지나자 대기모드가 되면서 긴장은 풀렸지만, 아무것도 보이는 게 없자 내 마음은 상상력을 불러일으키기 시작했다. 불빛이 번쩍이더니 기하학적 무늬들이 생명을 얻었다가 다시 무無로 사라졌다. 이 현상의 공식적인 명칭은 간츠펠트 효과Ganzfeld effect다. '죄수의 영화관prisoner's cinema'이라는 이름이 기억하기에는 더 쉬울 것이다. 간츠펠트 효과는 어두운 지하에 갇혀 있던 광부나, 시야 전체가 균일한 하얀색으로만 채워진 극지 탐험가들이 경험했던 현상이다. 고대 그리스에서는 철학자들이 통찰을 얻을 수 있으리라는 기대감에 일부러 동굴 안으로 들어가 이런 환각을 유도했다는 기록이 있다. 시간이 주어지면 불빛 쇼가 더 환상적인 백일몽으로 발전하기도 한다. 이 모든 것의 바탕엔 뇌의 필사적 노력이 있다. 뇌는 필요한 감각 정보가 모두 차단된 상태에서도 포기하지 않고 내적 모형을 구축한다. 간혹 결과물이 이상하게 느껴질 수 있으나 불편할 정도로 현실감 있다고 느끼는 사람도 있다. 일반적인 삶에서는 대부분 이런 내적 모형이 뇌의 감각적 틀을 제공한다. 이 틀은 내적 모형이 유입되는 정보를 보완하고 업데이트하는 환상이다. 역설적이게도 우리가 실재라 부르는 경험을 제공하는 것이 바로 이런 환상이다.

실재란 무엇인가? 좀 더 일반적으로 말해 살아있다는 것은 대체 무엇을 의미하는가? 제아무리 유창하게 답한대도 존재라는 터무니없고, 장엄하고, 기적적인 경험을 온전히 전달하기에는 역부족이다. 이 모든 경이로움의 중심에 우리의 감각이 있다. 감각은 우리 내면의 자아와 바깥세상 사이의 접점이다. 위대한 예술에서 자연의 웅장함에 이르기까지 온갖 아름다움을 지각하게 해주고, 얼음물 한 잔의 시원함, 쾌활한 웃음소리, 사랑하는 이의 손길을 느낄 수 있게 해준다. 한마디로 말해 감각은 우리에게 살아갈 이유와 가치를 부여한다. 감각수용기의 여러 가지 질감, 압력파, 빛의 패턴, 분자의 농도 등을 수집해서 뇌에 수많은 전기 정보 펄스를 입력한다. 마치 일중독에 빠진 속기사 집단과 같은 모습이다. 뇌는 이 정보를 받아 해독하고 정리해서 궁극적으로 의미를 엮어낸다. 물리학의 잡동사니와 혼돈 속에서 의무를 추출하며 우리를 우리답게 만든다.

나는 생물학자 관점에서 연구를 하면서 감각을 이해했다. 시드니대학교에서 다양한 동물의 감각 생태계를 연구했으며, 이전에는 영국과 캐나다의 대학교에서도 연구를 진행했다. 곤충에서 고래에 이르기까지 다양한 생명체의 행동을 이끄는 것은 어떤 자극이고, 각각의 생명체가 자신의 영역을 어떻게 경험하는지 연구했다. 이런 연구에서 가장 큰 어려움은 인간 중심의 편견을 내려놓고 아주 다른 관점에서 사물을 이해하는 것이다. 다른 종이 지각하는 세상을 내가 똑같이 지각할 수는 없다. 하지만 내 감각적 경험의 확신을 버리고 할 수 있는 데까지 최대한 그들의 눈을 통해 세상을 보려고 시도할 수는 있다. 이런 과정이 감각에 대해 더 알고자 하는 내 열정에 불을 지폈다. 다른 동물만이 아니라, 인간의 관점에 대해서도 말이다.

생물학자라면 진화가 우리에게 지금의 감각을 갖추게 해준 이유를 반드시 이해하고 있어야 한다. 이를 위해 나는 우리와 가까운 선조를 공유하는 포유류부터 갑각류, 심지어 세균 같은 머나먼 종에 이르기까지 여러 생명체의 감각 생활을 깊이 파고들어 우리 감각은 어디서 기원했는지 알아보고, 우리의 경험이 다른 동물들의 경험과 어떻게 다른지를 이해하려 한다. 이 책은 주로 인간의 감각을 다루지만 다른 동물의 감각 세계를 탐구함으로써 우리의 감각을 더욱 깊이 이해할 수 있을 것이다.

하지만 최대한 폭넓게 감각을 이해하려면 내 분야를 넘어서야 한다는 것을 깨달았다. 무미건조한 교과서에서는 해부학과 생리학이 감각의 전부인 듯 설명하지만 사실 그렇지 않다. 감각의 처리 과정에 한정된 접근방식으로는 감각의 경이로움과 깊은 의미를 전달할 수 없다. 나는 순수한 생물학적 관점에서 벗어나 심리학, 생태학, 의학, 경제학, 심지어 공학까지 다양한 학문 분야의 연구에 빠져들었다. 특히 우리의 생각과 감정, 문화가 어떻게 감각 세계에 영향을 미치며, 거꾸로 어떤 영향을 받는지 깊이 파고 들었다.

나의 과제는 감각을 단순히 이해하는 데서 그치는 게 아니라 삶의 맥락 속에 감각을 배치하는 것이었다. 이 책을 쓰게 된 계기도 바로 그것이다. 감각의 생물학적 측면을 무시하지는 않겠지만 나의 목표는 우리의 감각을 종합적으로 검토하는 것이다. 그래서 좀 더 자세한 생화학, 분자생물학, 세포생물학은 다른 전문 서적에 맡기기로 했다. 이 책에서는 감각하는 원리뿐만 아니라 이유도 살펴본다. 각자의 감각적 경험이 어떻게 다르고, 그런 차이는 어디서 생겨나는지에 관한 흥미진진한 질문도 탐구한다. 또 감각이 인류에 어떻게 영향을 미쳐왔는지 살펴보고, 앞으로 어떤 영향을 미칠지 예측해본다.

1~5장까지는 우리의 오대 감각을 하나씩 다룬다. 6장은 제대로 인정받지 못하지만 중요한 역할을 하는 감각들을 살펴본다. 이런 구성 방식은 깔끔하다는 장점은 있지만 각각의 감각이 서로 분리된 별개의 감각이라는 인상을 줄 위험을 안고 있다. 그래서 책 전반에 서로 다른 감각 사이에서 일어나는 수많은 상호작용을 이야기한다. 특히 마지막 장에서는 우리 뇌가 뒤죽박죽 섞여 들어오는 감각 입력으로부터 어떻게 기적처럼 지각이라는 아름다운 융단을 엮는지 탐구한다.

이 책을 쓰기 시작했을 때 나는 감각적 존재의 모든 측면에 대한 열정으로 가득 차 있었다. 그 후로 지금까지 연구를 진행하면서 이 믿기 어려운 주제에 대한 감탄은 계속됐다. 노벨상 수상자 카를 폰 프리슈Karl von Frisch는 열정을 불러일으키는 주제에 대해 배우는 과정을 마법의 우물로 묘사했다. 우물은 물을 퍼낼수록 더 많은 물이 채워진다. 여러분도 감각이라는 특별한 세계로 뛰어들어 놀라운 경험을 하길 바란다.

# I

# 눈이 보는 세상

WHAT THE EYE SEES

한눈에 들어오는 많은 것이 나란히 배치돼

하나의 시야 속에 공존하는 부분들로 이해된다.

이것은 순식간에 이뤄지는 일이다. 눈을 뜨는 찰나의 순간,

단 한 번의 시선으로 공존하는 특질들의 세계가

공간 속에서 깊이를 달리하며 무한히 펼쳐진다.

— 〈시력의 고귀함The Nobility of Sight〉, 한스 요나스H. Jonas

시각은 진실을 가려내는 궁극의 결정권자로 대접받을 때가 많다. 사람들은 기상천외한 이야기를 들으면 눈으로 직접 보지 않고는 못 믿겠다는 말도 한다. 하지만 눈으로 보는 것은 실재가 아니라 뇌가 만들어낸 이야기다. 뇌는 무의식적으로 눈에서 받은 날것의 입력에 의미를 담고, 관찰한 것을 걸러 주관적인 특질과 편견을 부여하면서 공백을 메운다. 우리는 대부분 이런 과정을 인식하지 못하고 자기가 본 것을 확실히 기억한다고 믿는다. 그래서 '내가 이 두 눈으로 똑똑히 봤다니까!'라는 말이 나오는 것이다. 시력을 철석같이 믿는 것은 지나친 자신감이다. 시력은 제일 쉽게 속는 감각이며, 심지어 스스로를 속이기도 한다. 날씬해 보이는 색깔의 옷을 입거나, 인테리어 디자이너가 다양한 **트롱프뢰유**trompe l'oeil●를 이용하는 것도 다 이런 경우다.

착시를 경험하고 나서야 시력의 속임수가 모습을 드러내기 시작한다. 착시의 가장 기본 형태 중 하나는 독일의 심리학자이자 사회학자인 프란츠 칼 뮐러라이어Franz Carl Müller-Lyer가 고안했다. 그의 이름을 따서 명명한 '뮐러라이어 착시Müller-Lyer illusion'에서는 나란히 배열된 똑같은 길이의 선 두 개가 등장한다. 선의 양쪽 끝에는 V자가 화살표 모양처럼 배열돼 있다. 하나는 V자의 뾰족한 부분이 바깥을 향하고, 나머지 하나는 뾰족한 부분이 안쪽을 가리킨다. 두 선을 비교하면 V자의 뾰족한 부분이 선의 안쪽을 가리키도록 배열한

● 일종의 눈속임 그림. 예를 들어 3차원의 공간과 대상을 2차원 표면 위에 굉장히 사실적으로 그려 착각하게 만드는 방법 - 옮긴이

선이 더 길어 보인다. 두 선의 길이가 같음을 이미 알고 있음에도 눈에는 그렇게 보인다. 이것은 바라보는 시각적 맥락에 따라 대상이 다르게 보인다는 사실을 이용해 착시를 일으키는 간단한 사례다.

하지만 맥락이 전부는 아니다. 자동운동효과autokinetic effect는 빛나는 점을 보고 있으면 마치 움직이는 것처럼 보이는 현상을 말한다. 독일의 과학자 겸 철학자 알렉산더 폰 훔볼트Alexander von Humboldt는 밤하늘에서 별이 움직이는 것을 봤다며 '흔들리는 별swinging stars'에 관해 기록했다. 별 하나를 물끄러미 보고 있으면 움직이는 것 같은 착시를 경험할 수 있다. 특히 다른 별이 상대적으로 적게 보이는 밤하늘이면 더 좋다. 어떤 사람은 천체의 동요를 보고 지구를 찾아온 외계 우주선의 증거로 해석하기도 한다. 하지만 이런 효과 중 가장 흥미로운 사례는 참가자들에게 화면 위에 고정된 점 하나를 바라보게 하고 그 점이 특정 방향으로 움직인다고 말해주는 연구에서 볼 수 있다. 이 정보로 점화priming●된 참가자들은 대부분 그 점이 그 방향으로 움직인다는 데 동의한다. 특히 그와 유사한 또 다른 실험에서는 실험 참가자들에게 구체적으로 무슨 단어인지는 말해주지 않고 빛이 특정 단어의 철자를 그릴 것이라는 정보만 전달했다. 물론 정지해 있는 빛이 어떤 단어의 철자를 그릴 리는 만무하다. 참가자가 무언가를 봤다면 그것은 상상에서 나온 글자일 수밖에 없었다. 참가자들에게 무슨 단어를 봤냐고 물어보면 특정 단어를 언급하며

● 앞서 경험했던 자극이 의지와 상관없이 나중에 정보를 해석하고 판단할 때 영향을 주는 심리 현상 - 옮긴이

실제로 봤다고 주장하는 사람이 많았고, 일부는 너무 저속한 단어여서 밝히기를 거부했다.

뇌는 시야에 들어온 대상 중에 우리가 집중하는 것 외에는 대략적인 골자만 파악한다. 부주의맹inattention blindness 현상이 나타나는 이유다. 몇 년 전 소셜미디어를 통해 퍼진 인기 동영상에서 부주의맹 현상이 잘 나타났다. 한 무리의 사람들이 농구공을 패스하는 동영상을 보여주면서 패스하는 횟수를 세라고 했더니, 임무에 너무 몰입한 나머지 고릴라 분장을 하고 화면 속에서 걸어간 사람을 알아차리지 못한 것이다. 큰 그림에 민감한 우리는 어떠한 장면의 본질적인 측면은 잘 기억하지만, 주어진 장면에서 세세한 부분까지 모두 이야기할 수 있는 사람은 별로 없다. 이런 점에서 목격자 증언도 복불복의 문제가 되고 만다. 본다고 다 보이는 게 아니라서 그렇다. 이 모든 결함과 일관성 부족에도 불구하고 우리는 무엇보다도 시각에 크게 의존하는 종이라 할 수 있다. 그러나 흥미롭게도 시각은 우리가 자라면서 사용법을 익혀야만 제대로 쓸 수 있는 감각이다.

사랑하는 사람과 아무런 말 없이 서로를 생각하면서 얼굴을 맞대고 있는 것만큼 깊고 강렬한 경험은 없다. 서로의 눈을 바라보며 내가 상대방을 보고 있고, 상대방도 나를 보고 있음을 의식한다. 진화론에 따르면 아버지가 갓 태어난 아기를 볼 때 찾는 것이 있다. 바로 자신과 닮은 구석이다. 다양한 문화권을 조사해 보면 아버지가 신생아의 생부生父가 아닌 비율이 평균적으로 3퍼센트를 조금 넘는다. 바꿔 말하면 신생아의 아버지 30명 중 한 명은 진짜 아빠가 아니라는 얘기다. 어쩌면 이것이 엄마가 아이를 보고 아빠를 더 닮았다고 말하는 비율이 그 반대의 경우보다 4배가량 높은 이유일지도 모른다(엄마야 누가 뭐래도 자기 아이가 분명하니까). 2009년에 진행된 한 실험에서 사람들에게 아빠와 아이가 얼마나 닮았는지 점수를 매기도록 한 후, 엄마에게 자기 남편이 아빠 노릇을 얼마나 잘하는지 피드백을 받았다. 결과는 놀라웠다. 아빠와 아이가 닮을수록 아빠가 육아에 더 커다란 노력을 기울였다. 전반적으로 아이가 자신의 핏줄이라고 강하게 확신하는 남성일수록 아이에게 많은 시간을 투자하는 경향을 보였다. 그런 확신을 형성하는 가장 중요한 요소는 아버지가 아이의 외모에서 인식하는 닮음이다. 꼭 하고 싶은 말이 있다면, 나는 아들을 처음 집으로 데리고 온 날, 아들을 내려다보면서 그런 부분을 따지고 있다는 것을 전혀 의식하지 못했다. 나를 보며 까르르 웃어대는 침 범벅 오줌싸개가 세상에서 본 가장 경이로운 존재였을 뿐이다.

태어난 지 일주일도 안 된 나이에 자기 위로 불쑥 솟아오른 나의 못난 얼굴을 본 아이의 시력이 그리 좋지 않았다니 다행인지도 모르겠다. 아마도 아이의 눈에는 내 모습이 흐릿한 형체 정도로 들어왔을 것이다. 이것은 모든 신생아에게 공통적인 부분이다. 신생아 시력의 선명도와 해상도는 정상 시력 성인의 5퍼센트 정도에 불과하다. 아기도 얼굴을 볼 수 있지만 대략 30센티미터 정도의 범위에서

만 볼 수 있다. 엄마의 젖을 물고 엄마의 얼굴을 바라보기에 알맞은 거리다. 인간은 대단히 사회적인 동물이라 다른 것은 몰라도 얼굴만큼은 정확히 알아볼 수 있어야 한다. 얼굴은 그만큼 중요한 대상이라 할 수 있다. 이런 능력의 기본은 태어나기 전부터 존재한다. 특히 눈 두 개, 인접한 코, 그 아래 입으로 구성된 대략적인 형태가 보이면 얼굴로 파악하는 성향이 있다. 임신 후기의 태아는 엄마의 배에 빛으로 형태를 만들어 비춰주면 반응을 보인다. 그리고 점과 선으로 얼굴과 비슷한 형태를 구성해 보여주면 다른 구성보다 더 오래 관심을 보인다.

이렇듯 인간은 본능적으로 점 두 개와 선 하나로 이뤄진 가장 기본적인 얼굴 윤곽에 관심을 보이는 경향이 있다. 그래서 구름이나 자동차 앞면에서도 종종 사람 얼굴을 떠올린다. 다행히도 우리의 얼굴 인식 능력은 이보다 조금 더 복잡하다. 하지만 이런 인식의 방식을 살펴보면 어째서 점 두 개와 선 하나만으로 사람 얼굴 행세를 시작할 수 있는지를 알 수 있다. 알아보기recognition는 뇌 속의 뉴런 네트워크에 의해 이뤄진다. 이 네트워크에 포함된 각각의 세포 집단은 얼굴의 특정 속성을 담당한다. 그리고 이 집단들이 협력해서 우리가 사람 알아보기에 사용하는 합성 그림을 구축하는 것이다. 아무리 복잡한 얼굴이라도 우리 지각에서 사람 얼굴의 기반이 되는 핵심 패턴은 눈, 코, 입이다. 이것이 일종의 정신적 밑그림이 된다. 그럼 우리는 이 캔버스를 중심으로 그 위에 다른 특성의 지도를 작성할 수 있다.

우리는 다른 많은 포유류와 마찬가지로 감각적으로 불완전한 동물로 태어난다. 우리의 유전자는 뇌가 사물을 지각하는 데 필요한 신경 장비에 대해 일종의 개략적인 초고草稿만 제공한다. 이 개략적 초고는 경험을 통해 연마되면서 구체적인 형태를 잡아간다. 특히 생후 첫 몇 주부터 몇 달 사이의 시기가 가장 중요한 때다. 이때 필요한 경험을 놓치면 평생의 결핍으로 이어질 수 있다. 어두운 환경에서 자란 생쥐는 일반적인 환경에서 자란 생쥐와 달리 온전한 시력을 발달시키지 못한다. 슬픈 일이지만 유아기에 시력을 잃었다가 나중에 수술로 시력을 회복한 사람도 마찬가지다. 시각적인 면에서 보면 베타 버전의 시각을 갖고 태어난 우리는 주변을 바라보는 행위로 뇌를 자극하고 재조직한다. 시력을 완전히 연마하고 훈련하는 데는 6개월 정도 걸린다. 이것은 인간의 시각이 얼마나 복잡한지 말해주는 증거다. 항상 이랬던 것은 아니다. 진화의 역사를 한참 거슬러 올라가면 우리가 지금 시각이라고 여기는 것은 단순히 빛을 인식하는 능력에서 시작했다.

물론 빛 감지 능력이 어떻게 진화했는지, 또는 고대에 어떤 형태였는지 알 길은 없다. 하지만 현대의 단세포 생명체가 지닌 장비와 거의 비슷했을 것으로 추측한다. 광합성 세균은 태양에서 에너지를 얻는다. 감광단백질 덕분에 어느 수준까지는 빛의 존재를 인식할 수 있지만, 그 빛이 어디서 오는지는 알 수 없다는 게 문제다. 광합성 세균은 주변을 더듬거리며 우연히 양지바른 곳을 찾을 때까지 돌아다녀야 한다. 조류藻類인 **유글레나**Euglena는 훨씬 정교한 장치를 자랑한다. 단세포인데도 빛을 감지할 수 있고, 편모flagellum라는 채찍 같은 작은 꼬리로 추진력을 발휘해서 빛을 향해 나갈 수 있다.

어린나무는 그와 비슷한 감광색소로 빽빽한 숲 지붕forest canopy에 열린 틈을 감지하고 서둘러 그쪽으로 자란다. 빛이 어린나무에 비스듬히 와 닿을 때는 식물 일부에 그늘이 진다. 그럼 그늘진 쪽의 세포들은 자기를 무시한 태양에 반응해서 몸을 길쭉하게 키운다. 이것은 식물의 끝이 직접 태양을 향하도록 가지를 구부리는 효과가 있다. **필로볼러스**Pilobolus 같은 일부 곰팡이 종류는 여기서 한발 더 나간다. **필로볼러스**는 영양분이 풍부하고 습기가 많은 환경인 동물의 똥에서 자라는 데 특화돼 있다. 그리고 좋은 부모들이 그렇듯 이들도 자손의 앞날에 관심이 많다. **필로볼러스**의 다음 세대가 번창하려면 포자 상태로 초식동물에게 먹힌 후에 천연 비료인 똥과 함께 배설돼야 한다. 그러나 초식동물은 똥 근처에 있는 풀을 먹이로 삼지 않으려는 성향이 있기에, 부모 곰팡이는 자신의 포자를 이웃 동네로 날릴 방법을 찾아야 한다. 그러려면 태양을 감지하는 능력이 꼭 필요하다.

모자 던지기 곰팡이hat-throwing fungus는 어린나무처럼 빛을 감지해서 그쪽으로 향할 수 있다. 이들은 이것을 도와줄 중요한 기능을 갖추고 있다. 곰팡이의 가냘픈 포자자루stem 꼭대기에는 투명한 물주머니가 달려 있다. 둥근 소낭에 담긴 액체가 렌즈처럼 작용해 포자자루 아래 쪽 감광 세포에 햇빛의 초점을 맞추게 한다. 덕분에 곰팡이가 태양 광선을 더 효과적으로 인식할 수 있다. 이른 아침에 지평선에서 솟은 햇빛이 곰팡이에 와 닿으면 곰팡이는 그쪽으로 몸을 구부려 이름에 어울리는 행동을 한다. 자기 '모자(곰팡이가 임시변통으로 만든 렌즈의 바로 위에 있는 포자 주머니가 모자처럼 생겼다)'를 던지는 것이다. 이 렌즈 안의 물은 압력이 매우 높아서 주머니가 터지면 포자 주머니는 소총에서 발사되는 총알의 2배나 되는 가속을 받는다. 곰팡이는 지평선 근처에 낮게 깔려 떠오르는 태양을 향해 조준함으로써 자기 새끼들이 바로 위쪽이 아니라 옆쪽으로 퍼지게 만든다. 그래서 포자들은 부모가 있는 똥 더미를 벗어나 밝고 새로운 미래를 향해 나아간다.

놀랍게도 이런 단순한 빛 감지 접근방식은 동물들 사이에서도 나타난다. 이 중 상당수는 피부로 빛의 변화를 감지할 수 있다. 그림자가 성게 위로 지나가면, 가시만 많지 눈은 없는 이 작은 생명체는 곧 공격이 있을지도 모른다는 것을 알아차리고 가시를 곤두세우며 맞서 싸울 준비를 한다. 칠성장어의 꼬리나 초파리 유충에 빛을 비추면 이들은 서둘러 피할 곳을 찾아 나선다. 두 경우 모두 눈과는 독립적으로 일어나는 반응이다. 비둘기 새끼들은 자기 위의 빛이 변하면 몸을 꼿꼿이 세우고 먹이를 달라고 아우성친다. 빛의 변화를 부모가 도착했다는 신호로 여기도록 타고났기 때문이다. 이 행동은 모자로 머리를 완전히 덮어 빛을 볼 수 없게 해도 나타나지만, 몸 전체에 빛을 차단하는 망토를 입혀 놓으면 나타나지 않는다. 이 모든 생명체의 반응 행동은 빛의 존재를 인식하는 피부 속 감광단백질의 도움으로 이뤄진다.

우리 몸에서도 이 단백질의 친척들을 찾아볼 수 있다. 매일 아침 일어나 눈을 뜰 때마다 빛이 흘러들어와 졸음을 몰아내고 하루를 맞이할 수 있게 준비시키는 일련의 사건을 개시한다. 이런 역할은 멜라놉신melanopsin이라는 특이한 단백질이 담당한다. 멜라놉신은 우리 머리와 눈 내부의 다양한 장소에 흩어져 있다. 빛이 멜라놉신에 와 닿으면 이 단백질은 분자의 춤을 추고, 이것이 뇌 깊숙한 곳에 있는 시교차 상핵suprachiasmatic nucleus에 메시지를 전송한다. 이에 반응해 그 안에 있는 신경세포 다발은 우리에게 수면을 준비시키는 호르몬인 멜라토닌melatonin의 생산을 중단하고, 우리 몸이 다시 활동을 시작하도록 시동을 건다. 멜라놉신은 특히 청색광에 잘 흥분한다. 우리가 넋 놓고 바라보는 백라이트 스크린에서는 청색광이 많이 나온다. 잠자리에서 스마트폰을 하지 말라는 이유도 그 때문이다. 스크린 장치를 보고 있으면 멜라놉신이 활성화돼 뇌가 깨어 있도록 유도하는 꼴이 된다.

멜라놉신의 역할이 매우 인상적이지만 시력을 갖게 하지는 않는다. 멜라놉신의 임무는 빛의 존재를 인식하게 만드는 것이다. 빛을 감지해 시각을 얻으려면 눈이 있어야 한다. 연못 바닥을 융단처럼 뒤덮고 있는 개흙 위를 미끄러지듯 돌아다니는 편형동물flatworm이라는 작은 생명체는 시각 기관의 가장 원초적인 버전을 갖고 있다. 편형동물의 몸통 앞쪽에 달린 한 쌍의 안점eyespot은 컵처럼 생긴 작은 함몰 부위에 감광세포가 모인 것이다. 영화에 등장하는 수상한 등장인물들처럼 편형동물도 주목받는 것을 좋아하지 않는다. 안점으로 무장하고 있고, 특히나 컵 덕분에 명암을 통해 빛의 방향을 감지할 수 있는 편형동물은 빛이 어느 방향에서 오는지 파악하고 이 정보를 이용해서 그늘 속에 남을 수 있다.

사람의 관점에서 보면 빛이 어디서 오는 건지 감지하는 능력이 대수롭지 않을 수도 있다. 편형동물의 시각 능력이 곰팡이에 비해 대단히 발전한 것처럼 보이지는 않으니 말이다. 하지만 빛의 기울기에 따라 자신의 방향을 잡을 수 있는 능력만 해도 지구 생명의 역사에서는 하나의 혁명에 해당한다. **유글레나** 같은 미생물에게는 정교한 장치를 갖추지 못한 경쟁자들이 뒤처지는 동안 햇살이 좋은 장소를 독차지하고 즐겁게 광합성을 할 수 있다는 의미이며, 편형동물에게는 그늘을 찾아갈 수 있다는 의미다. 다시 말해 빛을 찾을 능력이 없는 생명체보다 경쟁우위에 선다. 이런 방식으로 무장한 고대의 생명체들은 자연선택으로 보상받았다. 이들은 더 많은 자손을 남기고, 자손들은 부모를 승자로 만들어준 형질을 물려받는다.

눈까지 가려면 아직 갈 길이 좀 남았다. 더 구체적으로 말하면 지금 이 페이지를 읽을 수 있는 이유인 이미지 형성 능력을 빠뜨릴 수 없다. 어떻게 우리는 빛에 예민하게 반응하는 작은 덩어리에서 시각이라는 놀라운 감각을 얻게 됐을까? 이런 시스템이 점진적으로 발전했다는 사실은 믿기 어려울 정도다. 우리 눈과 뇌의 전체적인 시각 처리 시스템은 너무 복잡한 데다, 수많은 필수 요소로 이뤄져 있다. 실제로 5억 년이 넘는 눈의 진화를 단계별로 추적하면 우리 주변 동물에서 복잡성의 다양한 단계에 해당하는 눈의 사례를 확인할 수 있다.

편형동물을 필두로 안점이 있는 구멍이 깊어질수록 그 안의 감광세포에 그늘을 더 잘 드리울 수 있게 됐다. 이 구멍의 입구가 상대적으로 좁아지면 핀홀카메라pinhole camera와 비슷한 것이 만들어진다. 렌즈는 없지만 좁은 구멍으로 들어오는 빛이 반대쪽에 단순한 이미지를 투사하는 효과가 생기는 것이다. 솔직히 그 이미지가 기막히게 선명하지는 않지만 어엿한 이미지이고, 전복이나 앵무조개 같은 동물은 아직까지 이런 구조에 의존한다. 이것을 토대로 눈의 발달에 속도가 붙고, 그 위로 투명한 피부 덮개가 생겨난다. 원래의 목적은 병원체의 침입을 막는 것이었지만 시간이 지나면서 각막cornea으로 진화한다. 수정체lens 역시 크리스탈린crystallin이라는 투명한 단백질이 고농도로 들어있는 피부세포에서 나왔다. 편형동물 같은 생명체의 경우 원초적인 빛 감지 기능을 수행한 감광세포들도 망막retina이라고 부르는 정교한 구조체로 발전했다. 수정체와 각막이 함께 작용해 빛을 굴절시켜 망막에 초점이 맺히게 함으로써 우리는 아름다울 정도로 선명한 이미지를 형성할 수 있게 됐다.

눈의 진화가 원시적인 감광 세균부터 현대 인류에 이르기까지 뻔한 생물학적 성취 과정을 따라왔다고 섣불리 짐작해서는 곤란하다. 많은 저명한 생물학자가 지난 5억 년 동안 시각이 독립적으로 진화해 나온 횟수를 헤아려봤다. 어떤 사람은 몇 번 정도라고 하고, 어떤 사람은 수백 번이었다고 한다. 정확한 횟수가 무엇이든 간에 동물계에는 아찔할 정도로 다양한 눈이 존재하고, 그중에는 우리보다 우월한 것도 있다. 그리고 진화의 다른 많은 산물과 마찬가지로 우리 눈도 상황에 맞게 타협하면서 그때그때 구할 수 있는 것들을 이어 붙인 것도 분명히 있다. 눈의 발달에 관여하는 유전자들도 어느 한 곳에 모여 있지 않고 유전체 전체에 여기저기 흩어져 있다. 더군다나 눈 유전자들은 눈이 존재하기 한참 전으로 거슬러 올라가는 역사가 있다. 일부 유전자의 원래 역할은 일종의 세포 스트레스 반응을 암호화하는 것이었다. 피부가 자외선에 노출된 후에 검게 타게 만드는 유전자에 비유할 수 있다. 여기서 결론은 눈을 구축하는 데 필요한 유전자들은 난데없이 '짠'하고 나타난 것이 아니라 여기서 조금, 또 저기서 조금씩 떼어온 것이라는 점이다.

결과적으로 정말 훌륭한 눈이 탄생했지만 완벽하다고는 할 수 없다. 가장 두드러지는 결함은 망막 앞뒤가 거꾸로 뒤집힌 점이다. 망막에 영양을 공급하는 혈관, 망막을 뇌와 연결해주는 신경은 망막 뒤쪽이 아니라 바깥세상을 향하고 있는 앞쪽에 분포한다. 그래서 시신경이 망막을 뚫고 바깥쪽으로 빠져나가는 부위에 맹점blind spot이 생긴다. 그리고 이곳의 혈관이 막히거나 피가 새면 빛이 망막에 도달하지 못해 시야가 흐려지거나 차단된다. 생명 공학은 이런 불완전한 결함의 흔적을 간직하는 경우가 종종 있다.

눈은 불완전하지만 아주 매혹적인 기관이다. 누군가의 눈을 자세히 들여다보면 홍채iris 주변으로 묘한 매력의 색깔 무늬뿐만 아니라 깊고 검은 동공pupil 속에 작게 반사된 자신의 모습을 볼 수 있다. 동공을 뜻하는 영어 단어도 여기서 유래했다. 단어의 어원인 라틴어 **pupilla**의 뜻은 '작은 인형'이다. 우리의 신체 부위 중 기분을 가장 잘 보여주는 것이 있다면 바로 동공일 것이다. 흥분할 때 동공은 팽창하면서 대상에 흥미가 있음을 알려준다. 포커 선수가 게임을 할 때 굳이 색안경을 쓰는 이유도 여기에 있다. 동공 반응은 의지와 상관없이 불수의적으로 일어난다. 우리가 숨기려 애를 쓴대도 막을 수 없다. 그런 이유로 동공은 어느 정도까지는 내 기분을 표출하는 정직한 신호인 셈이다. 무의식적으로 일어나는 반응이지만 동공이 확장된 사람과 만나면 그 사람이 따듯하고 호의적이라 여긴다. 동공이 확장되면 자기에게 관심이 있는 것처럼 보이기 때문이다. 과거에는 여성들이 이런 인간의 본성을 이용해 눈에 죽음의 까마중풀deadly nightshade액을 떨어뜨리기도 했다. 나타나는 효과는 두 가지다. 첫째, 동공을 수축시키는 근육의 작용이 차단돼 동공이 커지면서 매혹적으로 보인다. 둘째, 시야가 흐려지고 초점을 맞추기가 어려워진다. 그래서 이 방법을 사용한 여성들은 굉장히 매력적으로 보이지만 자리에서 일어나다 고양이에 걸려 넘어져 의자에 얼굴을 처박는 경우가 종종 있었다. 다소 극단적이긴 해도 이점이 워낙 컸기에 르네상스 시대의 여성들 사이에서는 이런 방법이 흔히 사용됐다. 그리고 이렇게 해서 생기는 외모 개선 효과 때문에 까마중풀은 '벨라도나 belladonna'라는 다른 이름을 얻게 됐다. '아름다운 여인'이라는 의미다.

독물을 사용하는 방법은 차치하더라도 다른 사람을 바라볼 때 동공이 반응하는 방식을 보면 성별에 따라 다르긴 하지만 성적 지향이 드러난다. 선정적인 동영상을 관람할 때 참가자들의 동공을 검사한 연구에 따르면 동공의 반응은 참가자가 성적 흥분을 느낀다고 묘사한 대상과 상관관계가 있었다. 이성애 남성의 동공은 남성이 등장하는 동영상보다 여성이 등장하는 동영상에 반응해 더 확장됐고, 동성애자 남성에서는 반대 반응이 나왔다. 여성의 반응은 좀 더 복잡했다. 동성애자 여성의 동공은 다른 여성의 동영상에 더 강하게 반응했지만, 이성애자 여성의 동공은 양쪽 성별에 거의 비슷하게 반응했다. 후자의 패턴에는 다소 흥미로운 설명이 따른다. 여성 동료들과의 대화를 바탕으로 보면 나는 이것이 여성의 성 선호도를 비롯해 더 전반적인 여성적 관점에서 나타나는 미묘한 특성을 반영하는 것이라고 생각한다. 이는 이성애자 여성들이 사실 양성애자였음을 드러낸 것이라기보다는 남성 배우에게 더 매력을 느끼면서도, 동영상에 등장하는 여성에게 성적 매력과는 상관없이 감정을 이입하고 동일시하는 것일지도 모른다. 물론 다른 해석도 있을 수 있다.

카메라와 마찬가지로 눈의 역할도 빛을 받아들이는 것에서 그치지 않는다. 빛을 휘게 만들어 초점도 맞춰야 한다. 이 일은 각막과 수정체의 팀워크로 이뤄진다. 각막은 홍채와 동공 위의 눈 표면에 위치하면서 섬세한 구조물이 손상을 입지 않도록 보호하는 역할을 한다. 반면 수정체는 눈의 안쪽, 홍채 뒤쪽에 자리 잡고 있다. 우리는 초점 맞추기에서 주된 역할을 하는 것이 수정체라고 생각하지만, 눈의 초점 맞추기 작업 중 3분의 2는 빛이 수정체에 도달하기 전 각막에서 처리한다. 다만 초점의 미세조정은 수정체가 담당한다.

200년 전에 토머스 영Thomas Young이라는 과학자는 눈이 어떻게 사물에 초점을 맞추는지를 두고 고민했다. 영이 떠올린 한 가지 가설은 눈 자체가 형태를 바꾸는 것이었다. 특히 렌즈와 망막 사이의 거리를 조절하는 카메라처럼 눈의 앞뒤 거리가 달라지면서 수정체와 망막 사이의 거리가 바뀌는 것은 아닌지 생각했다. 이 가설을 어떻게 검증할 수 있을까? 영은 이런 상황에 닥치면 누구나 하리라 확신하는 일을 했다. 자신의 눈에 금속 열쇠를 끼워 안구를 고정했다. 이렇게 해서 눈의 모양이 바뀌는 것을 막을 수 있다면 초점을 맞출 수 있는 것이 안구의 모양 때문인지 알 수 있으리라는 생각이었다. 하지만 이 개인 맞춤형 고문 기구를 이용해 눈을 고정하고 주위를 둘러봤을 때 모든 것에 초점이 잘 맞았다. 이렇게 해서 그는 눈의 초점 맞추기에 대한 더 깊은 이해와 쓰라린 눈을 함께 얻었다. 안구와 각막의 형태 변화가 초점을 맞추는 것이 아님을 확인한 영은 우리가 초점을 맞출 수 있는 것은 수정체의 변화 덕분이라는 올바른 결론에 도달했다.

영은 혼신을 다한 실험에서도 수정체 모양이 어떤 원리로 변화하는 것인지 알아내지 못해 낙담했다. 현재는 수정체에 탄력이 있어 주변 근육의 움직임으로 형태가 변한다는 사실을 알고 있다. 이런 근육들이 수축하면 렌즈의 형태가 거의 원형으로 바뀌면서 빛을 극적으로 휘어 놓는다. 아주 가까운 대상에 초점을 맞춰야 할 때 필요한 것이 바로 이런 변화다. 나이가 들면서 수정체는 점점 탄력을 잃고 수정체를 조정하는 근육은 약해져서 가까운 대상을 보기가 점점 어려워진다. 30세 이전에는 얼굴에서 10센티미터밖에 안 떨어진 물체에도 초점을 맞출 수 있다. 이른바 근점near point이라고 하는 이 간격은 점점 후퇴해서 60세 정도에는 80센티미터 정도로 벌어진다. 그래서 이때는 팔이 아주 길어지든가, 특별한 안경을 쓰든가 해야 한다. 반대로 모든 연령층에서 많은 사람이 근시로 고생한다. 근시에서는 망막 바로 위가 아니고 그 앞에 초점이 맞기 때문에 안구가 길어서 생기는 결과라고도 한다.

눈의 뒷면은 언제 봐도 놀라운 망막이 덮고 있다. 망막은 눈 뒤쪽에 자리 잡은 얇은 다층의 조직 띠로, 들어오는 빛을 신경 신호로 해석하는 역할을 한다. 역할뿐만 아니라 정체도 놀랍다. 망막은 눈에 파견근무를 나온 신경조직이다. 그래서 엄밀히 따지면 뇌에 해당한다. 사실 두개골을 열지 않고도 볼 수 있는 유일한 뇌 부위가 망막이다. 망막을 적출해 편평하게 펼치면 신용카드의 4분의 1도 채 안 되는 면적이지만, 그 안에는 빛에서 추출한 정보를 수집하고 전달하는 임무를 맡은 1억 개 이상의 감광세포가 있다.

믿기 어려울 정도로 복잡한 다층의 구조가 제대로 묘사된 지 이제 100년 조금 넘었다. 그 주인공인 산티아고 라몬 이 카할Santiago

Ramón y Cajal의 어린 시절을 보면 나중에 위대한 인물이 되리라고 생각하기 어렵다. 1852년 스페인 북부에서 태어난 카할의 어린 시절은 반항기로 가득했다. 카할은 여러 학교에서 쫓겨나고 지역 경찰의 눈을 계속 피해 다녀야 했다. 카할의 아버지는 아들이 다른 사내아이들과 싸우고 그 싸움을 위한 무기를 고안하는 데 에너지를 쏟는 것을 보고 격분하기도 했다. 하지만 카할은 결국 수제 대포를 만들어 이웃집 문을 부수는 인상적인 성과를 내기도 했다. 덕분에 이 아마추어 포병은 며칠을 감옥에서 보내야 했다. 카할은 예술, 특히 그림과 사진, 과학에 대한 열정 덕분에 이런 비행에서 벗어날 수 있었다. 그토록 혐오했던 교실의 답답한 제약에서 벗어나 과학을 탐구한 것이다. 카할이 신경계, 특히 망막을 그린 그림을 보면 미술과 과학의 융합이 얼마나 경이로운 효과를 가져왔는지 체감할 수 있다. 그중에서도 중요한 것은 망막 속 세포들이 서로 연결돼 복잡한 통신 네트워크를 이루고 있음을 발견한 것이다. 이 네트워크는 자세한 시각 정보를 수집해 뇌로 전달할 수 있으며, 디지털 카메라 스캐너에 쓰이는 센서의 생물학적 전구체 버전이라고 할 수 있다.

카할의 문제는 그가 발견한 내용이 신경계에 대한 당시 과학계 주류의 일반적 관점과 상반된다는 점이었다. 좌절을 모르는 그의 의지가 없었다면 큰 문제가 됐을지도 모른다. 자신의 연구를 사람들이 인정해주지 않자 실망한 카할은 당시 전 세계 과학의 중심지였던 베를린으로 갔다. 그곳에 도착하자마자 그 분야에서 가장 저명한 과학자였던 알베르트 폰 쾰리커Albert von Kölliker를 찾아가 자기소개를 하는 대신 그를 붙잡고 자신의 새로운 발견을 좀 봐달라고 했다. 적절한 행동이었는지는 모를 일이지만 어쨌거나 효과가 있었다. 폰 쾰리커는 카할의 가장 열렬한 지지자가 됐고, 카할의 연구는 망막뿐만 아니라 전반적인 신경과학의 이해를 위한 토대를 닦았다.

카할의 정교한 그림은 망막이 많은 층으로 이뤄졌을 뿐 아니라 빛을 감지하는 2가지 유형의 주요 세포가 있음을 보여줬다. 이 세포들은 기본 형태를 따라 막대세포rod cell와 원뿔세포cone cell로 명명됐으며, 서로 다른 방식으로 시각에 기여한다. 색을 인식하지 못하는 막대세포는 단색으로 빛과 어둠을 감지하고, 특성상 원뿔세포보다 빛에 예민해 저조도 상황에서 특히 유용하다. 반대로 빛의 특정 파장에 예민한 원뿔세포는 색을 지각할 수 있으며 작동방식도 꽤 기발하다. 사람은 보통 3가지 유형의 원뿔세포를 갖고 있다. 이 3가지 유형은 각각 파랑, 초록, 빨강으로 인식되는 짧은 파장, 중간 파장, 긴 파장의 빛에 특화돼 있다. 우리 눈에 보이는 색은 모두 이 3가지 색깔의 혼합으로 만들어진다. 이것이 3원색 이론trichromatic theory의 기반이며, 눈 고문이 취미인 우리의 친구 토머스 영도 예상한 개념이다. 텔레비전이나 스마트폰 스크린의 픽셀에 3가지 색의 작은 점이 있는 이유이기도 하다. 스크린은 3가지 색을 다양한 방식으로 혼합해 다양한 색을 만든다. 일반적인 상황에서는 스크린에서 이런 점들을 볼 수 없지만, 그 위에 물을 조금 떨어뜨리고 다시 보면 물방울이 확대경처럼 작동해 픽셀과 그 속의 점을 볼 수 있다.

학창 시절에 우리는 빨강, 노랑, 파랑 등 다른 색을 섞어서 만들 수 없는 기본 색상을 배운다. 엄밀히 말해 빨강, 노랑, 파랑은 감법혼색 3원색subtractive primary colours이다.[*] 햇빛과 보통 집에서 쓰는 조명은 가능한 모든 색깔을 섞은 색, 즉 하얀색이다. 빛이 물감의 색소, 꽃잎 등 무언가에 부딪히면 어떤 색은 흡수돼 빛의 혼합물에서 빠진다. 반면 어떤 색은 반사돼 우리 눈에 보이는 빛이 된다. 잘 익은 토마토를 볼 때 빨간색이 보이는 이유는 열매가 빨간색만 반사하고 나머지 색은 모두 흡수해서다. 물체가 모든 색을 흡수할 때는 검은색으로 보인다. 하지만 이런 뺄셈 방식은 빛이 우리 눈까지 오는 도중에 토마토 같은 물체에 반사될 때만 적용된다. 빛이 광원에서 우리에게 직접 도달할 때는 상황이 달라서 다른 종류의 3원색 집합이 필요하다. 이것을 가법혼색 3원색additive primary colours이라고 한다. 스크린처럼 색이 있는 조명이 가법혼색 3원색이다. 이것은 빛이 없는 상태, 즉 어둠에서 시작해 빛을 더한다. 더하기 방식으로 다른 색을 만드는 방법이 혼란스러울 수 있다. 어린 시절에 배운 내용이 우리 마음속에 확고하게 남은 것도 큰 이유다. 예를 들어 물감으로 주황색을 만들려면 빨강과 노랑을 섞으면 된다. 반면 빛으로 주황색을 만들려면 붉은색과 초록색을 2 대 1 비율로 섞어 만든다.

우리의 색 경험은 뇌가 원뿔세포에서 받아들이는 상세한 정보를 해석하면서 생겨난다. 원뿔세포 각각의 유형은 특정 색에 반응

[*] 엄밀히 말하자면 시안, 마젠타, 노랑이 감법혼색 3원색이다. 프린터 카트리지에 이런 이름이 붙은 것도 그 때문이다. 빨강은 마젠타와 노랑을 섞어 만들고, 파랑은 시안과 마젠타를 섞어 만든다.

하도록 특화돼 있지만, 스펙트럼상 인접한 색에도 반응을 나타낸다. 예를 들어 초록색 원뿔세포는 초록색 빛에만 자극받는 것이 아니라 파란색같이 더 짧은 파장이나 스펙트럼상 붉은색 쪽으로 치우친, 파장이 더 긴 빛에도 반응한다. 여기서 중요한 점은 원뿔세포가 초록색을 만났을 때만 제대로 흥분한다는 점이다. 이를테면 상추 이파리와 마주쳤을 때만 뇌에 야단법석 메시지를 보낸다. 스펙트럼상에서 초록색 양쪽에 있는 색을 감지했을 때는 열기가 훨씬 가라앉는다. 다른 원뿔세포도 마찬가지다. 그리고 각각의 원뿔세포 유형이 반응하는 색의 범위가 어느 정도는 겹치기 때문에 뇌는 이 세 유형의 원뿔세포에서 올라오는 정보를 삼각측량해 색을 계산할 수 있다. 예를 들어 어떤 노란색 물체와 마주했을 때 빨간색과 초록색의 원뿔세포는 열정적으로 들뜨기 시작하는 반면, 파란색 원뿔세포는 마지못해 금혼식 축하연에 참석한 십 대처럼 지루해한다. 반면 청록색 물체와 만나면 빨간색 원뿔세포는 나설 이유가 딱히 없지만, 파란색과 초록색 원뿔세포는 흥분한다. 각각의 경우에서 뇌는 서로 다른 원뿔세포 유형에서 들어오는 입력을 해석해 노란색과 청록색의 감각을 제공한다.

망막 중심부에는 중심와fovea 영역이 자리 잡고 있다. 망막을 의미하는 영어 단어 'fovea'는 '작은 구멍'이라는 뜻의 라틴어에서 나왔다. 직경이 0.5밀리미터에 불과한 작은 크기에도 불구하고 망막 속의 작은 함몰 부위에 원뿔세포가 아주 빽빽하게 있다. 그뿐 아니라 각각의 원뿔세포가 뇌로 이어지는 정보 고속도로인 시신경과 자체적으로 연결돼 있다. 그 덕분에 중심와에서 시력이 가장 뛰어나다. 안경사가 검사하는 것이 바로 세부사항을 구분하는 능력을 갖춘 중심와 시력이다. 1.0의 정상 시력을 지닌 사람이라면 6미터 거리에서 9밀리미터 크기의 글자를 읽을 수 있다.

보통 시력과 운동 민감도motion sensitivity는 남성이 여성보다 뛰어나다. 성차의 존재는 인간의 감각에서 나타나는 이상한 측면이다. 시력 외 시각적 측면을 비롯한 다른 주요 감각은 여성이 남성보다 뛰어나다. 시력과 운동 민감도에서 성차가 나타나는 이유는 무엇일까? 어쩌면 수렵채집인으로 수백만 년을 사는 동안 사냥을 대부분 담당했던 남성들에게는 먼 거리에서도 세세한 부분까지 구분하고, 사냥감의 움직임을 감지할 수 있는 능력이 유리하게 작용했기 때문일지도 모른다. 진실은 아무도 알 수 없지만, 그 차이는 크지 않고, 남성과 여성 모두 다른 포유류와 비교하면 놀라운 시력을 갖고 있다. 예를 들어 고양이의 시력은 사람의 법적 시각상실legal blindness 기준치를 맴도는 수준이다. 개는 고양이보다는 낫지만 우리와 시력을 비교하면 훨씬 뒤떨어진다. 반면 맹금류는 놀라운 시력을 갖고 있다. 우리 시력보다 보통 두 배 정도, 높게는 최고 너덧 배까지 좋다. 그래서 하늘 높이 날면서도 한참 아래 땅바닥에서 허둥지둥 움직이는 설치류와 소형 동물들을 볼 수 있다.

하지만 우리가 말하는 뛰어난 시력은 대부분 중심와가 제공하는 시력을 가리킨다. 그 영역을 벗어나면 시력이 급격히 나빠진다. 주변시peripheral vision의 선명도가 훨씬 떨어지는 이유다. 중심와 바깥의 망막세포는 밀도도 낮고, 시신경도 이웃 세포들과 공유해야 하기 때문에 여기서 올라오는 정보는 덜 선명하다. 주변시를 주로 담당하는 막대세포는 시야에서 운동이 일어났음을 암시하는 변화를 감지하는 데는 뛰어나지만 세밀하게 구분하는 능력은 다소 떨어진다. 주변시에서 움직임을 감지해도 정체가 무엇인지 명확하게 파악하지 못한다. 조기 경고 신호로 작용해서 무언가를 미리 피할 수 있다는 점에서는 좋지만, 가끔은 우체통에게 길을 막아 미안하다며 반사적으로 사과하는 일도 생긴다.

주변에서 흥미로운 것을 감지하면 가장 민감한 수용기를 그쪽으로 들이대는 것이 우리 감각계의 특성이다. 그래서 곁눈에 흘깃 무언가가 보이면 반사적으로 고개를 돌려 중심와를 그 대상에 고정한다. 중심와의 크기는 아주 작아서 2미터 거리에서 무언가를 보더라도 우리 눈에 제일 선명하게 보이는 영역의 직경은 4센티미터 정도에 불과하다. 사람과 대화하면서 그 얼굴을 바라본다고 상상하자. 이 거리에서 중심와가 고해상도로 바라볼 수 있는 범위는 상대방의 입이나 한쪽 눈 정도다. 우리의 시각계는 이것을 처리할 비책을 하나 준비해뒀다. 눈은 매초 수십 번씩 미세하게 움직이면서 그 사람의 얼굴을 여러 영역으로 나눠 빠르게 훑고 있다. 그리고 거기서 얻은 이미지를 뇌가 이어 붙여 깔끔하게 보이도록 만든다.

망막을 다트보드에 비유하면 중심와는 과녁 한복판이다. 보드의 주변부로 갈수록 원뿔세포의 밀도는 낮아지고 그 자리를 막대세포가 차지한다. 눈이 원뿔세포를 바탕으로 하는 총천연색의 시야에 주로 의존할지, 막대세포가 제공하는 흑백 시야에 의존할지는 빛이 얼마나 존재하느냐에 달려 있다. 밤이 찾아와서 원뿔세포를 활성화하기 어려울 정도로 빛이 줄어들면 막대세포가 득세하기 시작한다. 이런 전환이 일어나면서 시각에 제일 예민하게 반응하는 빛의 영역이 스펙트럼을 따라 붉은 쪽에서 파란 쪽으로 이동한다. 이것을 생활 속에서 직접 경험할 방법이 있다. 술집의 야외 탁자에 앉아 간단히 한 잔 걸치면서 주변이 어두워짐에 따라 색이 어떻게 바뀌는지 지켜보는 것이다. 초록색과 파란색보다 한참 앞서 빨간색이 제일 먼저 희미해진다. 진득하게 앉아있을 수 있는 사람이라면 밤하늘에 흩뿌려진 별들을 구경하는 기회를 얻을 것이다. 빛이 거의 없는 상황에서 별을 볼 수 있는 것은 막대세포 덕분이다. 그래서 실제로는 온갖 색을 띠는 별이 하얗게 보인다. 총천연색의 별들을 보려면 망원경을 사용해 별에서 눈으로 들어오는 빛의 양을 증폭시켜야 한다. 이렇게 하면 다시 원뿔세포가 활동을 시작해서 머리 위로 반짝이는 무지갯빛 색깔을 제대로 감상할 수 있다. 우리에게 익숙한 온도의 컬러 코딩과 달리 제일 뜨거운 별은 파란색, 혹은 푸르스름한 흰색이다. 짧은 파장의 고에너지 복사를 방출하기 때문이다. 베텔게우스Betelgeuse같이 차가운 별은 불그스름한 기운을 띤다.

우리는 평생 태양을 비롯한 항성(별)에서 방출하는 에너지 속에 잠겨 산다. 이 서로 다른 형태의 복사에너지를 전자기 스펙트럼electromagnetic spectrum 위에 배열할 수 있다. 지구의 대기가 차폐막으로 작용해서 복사에너지의 대부분 형태가 우리에게 도달하지 못하지만, 두 가지 유형의 복사에너지는 대기를 뚫고 진입해 들어온다. 하나는 저에너지 전파radio wave다. 그래서 머나먼 은하를 연구할 때 전파망원경radio telescope을 사용한다. 그리고 나머지 하나는 우리가 빛이라 부르는 것이다.

전자기 스펙트럼은 넓은 범위의 복사에너지를 포함한다. 그중 볼 수 있는 복사에너지 구간은 전체 스펙트럼의 0.0035퍼센트에 불과하다. 이 구간을 광학적 창문optical window이라고도 부른다. 이런 파장의 빛에는 대기가 투명하게 작용해서 빛이 대기를 뚫고 들어올 수 있다. 우리로서는 다행스러운 일이지만 시각의 진화라는 맥락에서 보면 이 파장의 복사에너지는 또 다른 필터를 만나 구간의 폭이 훨씬 더 좁아진다. 그 필터는 바로 물, 좀 더 구체적으로는 바다다. 선조들은 바다에서 진화했기 때문에 이 협소한 파장 범위가 생물학적 감각기관의 초기 발달을 규정했다. 생명이 육상에 진출해 더욱 폭넓은 구간의 파장을 시력에 잠재적으로 사용할 수 있게 됐을 때도 주사위는 던져진 상태였다. 우리의 색 시각은 궁극적으로 제한돼 있고, 제한 범위는 물속까지 유입되는 빛의 파장에 반응해 진화한 생화학적 메커니즘에 의해 아주 오래전에 결정됐다.

이 좁은 범위 안에서도 의견이 엇갈릴 여지가 있다. 내 연구실의 학생들이 가방 하나를 두고 벌인 이상한 설전도 여기서 비롯됐다. 한 명은 가방이 보라색이라고 주장했고, 다른 한 명은 청록색이라고 주장했다. 양쪽 모두 한 치도 물러서려 하지 않았다. 이들은 각자 자기야말로 하나밖에 없는 진실의 수호자이며, 온전한 정신을 지키는 최후의 보루라 느꼈다. 이런 논쟁은 색에 대한 감각이 저마다 다르며, 우리가 눈으로 보는 것 역시 주관적이라는 것을 시사한다. 여기서 범위를 확장하면 풀리지 않은 오래된 질문으로 이어진다. 하나의 색이 모두에게 정말 같은 색으로 보일까? 각각의 색깔에 붙인 명칭에는 이견이 없다. 잘 익은 토마토를 보면 모두 빨간색이라고 말한다. 하지만 정말 같은 색을 보고 있을까? 이 질문에 대답하기는 쉽지 않다. 색은 착각에 불과하며 실제로는 존재하지 않기 때문이다. 잘 익은 토마토는 빨간색이 아니다. 파장이 650나노미터인 빛을 반사하고 있을 뿐이다. 뇌가 이 입력을 전환해서 빨간색이라는 지각을 만든다. 나는 파장을 측정할 수 있지만 토마토를 바라보는 당신의 머릿속에서 일어나는 감각을 체험할 수는 없다. 우리는 각자가 세상을 얼마나 다른 모습으로 바라보는지 알 길이 없다. 다만 서로 다른 방식으로 세상을 바라볼 것으로 추측한다. 서로의 경험을 이해하기는 거의 불가능해 보이지만, 우리가 어떻게 색을 바라보는지에 관한 질문은 많은 사람의 흥미를 자극했고, 세상을 지각하는 각자의 방법에 관해 철저한 연구가 이뤄지면서 매력적인 통찰을 얻었다.

우리는 영유아기에 부모나 또래집단, 선생님 등을 통해 다양한 색상에 이름 붙이는 법을 배우는데, 여기에는 문화적 영향력이 강하게 작용한다. 이것이 언어가 우리의 지각을 결정한다고 주장하는 언어상대론linguistic relativism 학파의 기본 토대다. 대표적 사례는 훗날 영국의 총리가 된 윌리엄 글래드스턴William Gladstone의 1858년 연구에서 찾아볼 수 있다. 글래드스턴은 고전 《오딧세이The Odyssey》를 자세히 분석하다가 호머Homer의 글에서 몇몇 특이점을 발견했다. 호머는 우리가 보기에는 다소 이상한 방식으로 색을 묘사했다. 피, 먹구름, 바다의 파도, 심지어는 무지개의 특성을 묘사할 때 보라색purple이라는 단어를 사용했다. 바다 자체를 '와인처럼 어두운색wine-dark'으로 묘사했고, 파랑, 초록, 주황 등의 색은 전혀 언급하지 않았다. 왜 그랬을까? 글래드스턴은 '고대 그리스인들은 색맹이었다.'라는 준비된 답을 내놓았다. 강경한 언어상대론자라면 관점이 달랐을 것이다. 호머의 문화와 사용한 단어들이 그가 보는 것을 정의했다고, 즉 그의 관점에 색을 입혔다고 주장할 것이다. 이 학파에서 가장 대표적인 인물이라 할 수 있는 벤자민 워프Benjamin Whorf는 다음과 같이 간결하게 설명했다. "우리는 모국어가 정한 지침에 따라 자연을 분석한다."

분석은 대단히 인간적인 특성이다. 대상을 이해할 때 우리는 그것을 상자별로 나눠 담는다. 색처럼 연속적인 것을 다룰 때도 마찬가지다. 가시광선이라고 불리는 빛은 우리가 색 스펙트럼으로 지각하는 380나노미터에서 760나노미터 사이의 파장으로 존재한다. 색 스펙트럼에는 명확한 구분선이 없다. 스펙트럼을 따라 한 색에서 또 다른 색으로 점진적으로 융합한다. 그런데도 우리는 이와 같은 방식을 받아들이지 않는다. 광학에 관한 중요한 연구에서 아이작

뉴턴Isaac Newton은 프리즘을 이용해 빛을 다양한 성분으로 쪼갰을 때 나타나는 보라색, 남색, 파란색, 녹색, 노란색, 주황색, 빨간색의 일곱 가지 색을 발견했다. 어째서 일곱 가지 색일까? 뉴턴이 고집한 부분은 아니지만, 서구 문화권에서 행운을 상징하는 숫자 7에 대한 집착이 조금은 반영됐을 것이다. 이 집착은 고대 그리스로 거슬러 올라가며 그 덕에 음계도 7음계, 일주일도 7일, 세계 제7대 불가사의, 7가지 대죄 등이 생겨났다. 뉴턴의 연구는 빛과 색에 대한 과학적 이해에서 하나의 이정표에 해당한다. 그러나 독일의 과학자 겸 철학자 요한 볼프강 폰 괴테Johann Wolfgang von Goethe는 뉴턴의 주장에 이의를 제기하고, 색에 대한 지각, 즉 색각color perception은 각자 다르게 경험하는 주관적인 것이라는 개념을 확장했다.

색각이 주관적이라는 것은 명백하지만, 다양한 문화 속 색의 언어를 연구함으로써 유사성과 차이점을 알 수 있다. 1969년에 인류학자 겸 언어학자인 폴 케이Paul Kay와 브렌트 베를린Brent Berlin은 《기본 색상 용어Basic Color Terms》를 발표했다. 이 책은 언어가 지각을 규정한다는 상대론적 개념에 이의를 제기한 이정표와 같다. 두 사람은 우리가 색을 보고 묘사하는 방식이 문화와는 별개로 보편적이고 선천적인 것이라고 주장했다. 이들은 대부분 언어가 비슷한 방식, 비슷한 맥락에서 스펙트럼을 분할한다는 사실을 논거로 제시했다. 사용하는 단어는 다르지만 그들이 묘사하는 색은 대체로 같다. 이는 모든 사람이 거의 비슷한 방식으로 색을 본다는 것을 암시한다.

이 연구를 통해 얻은 또 다른 흥미로운 통찰은 색상 용어의 발달 과정에서 특정 패턴이 드러난다는 점이다. 대부분 언어에는 적어도 검은색과 흰색을 정의하는 용어가 있다. 한 언어에서 세 가지 색깔에 특별히 이름을 부여했다면 세 번째 색은 어김없이 빨간색일 때가 많다. 어쩌면 빨간색의 생물학적 중요성이 이런 현상을 낳는지도 모르겠다. 빨간색은 출혈을 의미할 수도 있고, 딸기류처럼 영양가 높은 음식을 찾는 수단도 된다. 또는 다른 색상에 비해 두드러져 보여서일 수도 있다. 빨간 색소가 어류나 조류를 비롯한 다른 동물의 관심을 끄는 경향이 있다는 점도 주목할 만하다(하지만 역설적이게도 황소는 그렇지 않다). 후속 색상들도 예측 가능한 순서로 언어에 추가되는 경향이 있다. 빨간색 다음에는 노란색이나 초록색이 온다. 그 뒤로는 파란색이나 갈색이 온다. 언어 색상에 관한 한 영어는 상대적으로 풋내기에 해당한다. 예를 들면 주황색orange은 1502년 이전에는 영어에서 사용한 기록이 없다. 붉은가슴울새robin redbreast의 가슴은 사실 주황색이고, 주황색 기운이 감도는 머리카락은 빨강머리로 불리는 것을 보면 알 수 있다. 주황색이라고 명명하기 전에 이 색상은 당시 영국 시장에 새롭게 등장한 홍미로운 과일을 바탕으로 나온 표현인 사프란색saffron이나 다소 실망스러운 표현인 '황적색yellow-red'처럼 다른 색과 비교하는 방식으로 묘사됐다.

최근 스펙트럼 안에 있는 색상의 수에 대한 뉴턴의 견해에 의문이 제기됐다. 보통 게이 프라이드 깃발Gay Pride flag●에서 보는 것처

● 성소수자를 상징하는 무지개색 깃발 - 옮긴이

럼 남색과 바이올렛violet색을 퍼플purple색으로 통일해서 사람들이 보편적으로 동의하는 6개의 색깔만 남기고 이것을 스펙트럼색spectral color이라고 부른다. 그리고 이 6가지 색에 검은색, 흰색, 회색, 분홍색, 갈색 5가지 색을 포함해 11개의 색상 용어를 만든다. 그렇다고 다른 색이 없다는 말은 아니다. 전문가들은 인간의 눈으로 지각할 수 있는 색의 정확한 수에 내해 논쟁을 벌이고 있으며, 대부분 백만에서 천만 가지 사이라고 얘기한다. 일반적인 영어 사용자의 어휘에 있는 단어 2만 개보다 훨씬 많은 수다. 이처럼 분명한 한계가 있음에도 11가지 기본 색상은 적어도 출발점을 제공한다. 게다가 대부분의 사람은 색상의 특성을 명확하게 머릿속에 그릴 수 있다. 너무 많은 수의 색상은 혼란을 불러일으키기에 십상이다. 마룬maroon 색을 묘사하라고 요청하면 어떤 사람은 붉은 기운이 도는 갈색이라고 하고, 어떤 사람은 보라에 가까운 색이라고 말한다. 영어보다 훨씬 적은 수의 구체적 단어로 색을 표현하는 언어가 있는가 하면, 더 많은 단어를 갖춘 언어도 있다.

모든 사람이 모든 색을 다 똑같이 본다고 결론짓고 싶겠지만 아직 이르다. 이 규칙에 의문을 제기하는 흥미로운 예외가 몇 가지 존재한다. 영어 사용자들은 파란색과 녹색을 서로 다른 색으로 생

파란 기운이 더 강함 - 옮긴이

붉은 기운이 더 강함 - 옮긴이

밤색, 적갈색 - 옮긴이

각하는 데 익숙하지만 다른 다양한 언어에는 두 색을 구분하지 않고 하나로 지칭할 수 있는 단어가 있다. 일본어 '아오ao', 웨일스의 옛 단어 'glas' 등이 그 예다.[*] 파푸아뉴기니의 베린모Berinmo 언어 사용자들은 파란색과 녹색 색조를 'nol'이라는 한 단어로 부른다. 그래서 풀밭과 하늘을 똑같은 색깔로 묘사한다. 여기에 덧붙여 다른 색도 있다. 'wor'로 불리는 색은 노란색, 황록색, 주황색을 모두 포함한다. 'nol'과 'wor'를 가르는 언어적 경계는 우리가 녹색green이라고 부르는 색상이다. 결론적으로 영어는 파란색과 녹색을 구분하는데 베린모 언어는 구분하지 않고, 베린모 언어는 nol과 wor를 구분하는데 영어는 그런 구분을 하지 않는다.

색을 범주로 나눠 분류하는 방식에서 나타나는 언어의 차이는 풍부한 테스트 재료를 제공한다. 이에 지난 20년 동안 베린모 언어 사용자를 찾아 파푸아뉴기니로 찾아오는 언어학 전문가들의 발길이 꾸준히 이어졌다. 특히 그중 한 검사 결과가 상상력을 사로잡는다. 사람들에게 색을 하나 보여주면서 기억하라고 한 뒤, 몇 초 후에 새로운 표본 두 개를 보여주며 처음에 기억했던 색과 일치하는 것을 고르라고 한다. 예를 들어 테스트 참가자에게 파란색 표본을 기억하라고 한 후에 파란색과 초록색 표본을 보여주며 어느 쪽이 원래 색과 일치하느냐고 물어본다. 그렇게 나온 결과는 의심할 여지 없이 분명했다. 베린모 언어 사용자들은 영어 사용자보다 nol색과 wor색

[*] 우리나라도 녹색 신호등을 파란 신호등이라고 할 때가 많다. - 옮긴이

경계에 있는 색의 짝을 맞추는 데 뛰어났지만, 초록과 파랑 경계에 있는 색에서는 영어 사용자들이 뛰어났다. 마찬가지로 한국인들은 영어 사용자보다 초록색의 다양한 색조를 구분하는 데 훨씬 능하다. 초록색 계열의 용어가 영어는 11가지인 데 반해 한국어에는 15가지가 있다. 한국인들은 **연두색**yellow-green과 **초록색**green의 차이를 알아본다. 반면 양쪽 모두 영어로는 '초록색'으로 표현된다. 이와 비슷한 여러 연구 결과는 색의 지각에 언어가 중요한 역할을 한다는 개념을 지지한다. 이런 결론에 무게를 실어주는 더욱 놀라운 발견이 있다. 오른쪽 눈으로 볼 때만 색을 효과적으로 분류할 수 있다는 것이다(연구에 따라서는 왼쪽 눈으로 볼 때도 분류가 가능하나 오른쪽 눈이 훨씬 효과적이라는 보고가 있다). 뇌에 도달하기 전에 시신경이 교차하는 방식 때문에 오른쪽에서 오는 정보를 해독하는 쪽은 좌반구다. 이것이 왜 중요할까? 언어 중추가 있는 곳이 바로 좌뇌이기 때문이다.

그렇다면 색의 분류 방식을 언어가 지배한다는 의미일까? 그건 아니다. 언어가 없는 상태에서 인간이 색을 어떻게 분류하는지 알고 싶다면 아직 언어 능력이 발달하지 않은 사람, 즉 아기에게 물어봐야 한다. 그런데 이게 간단하지가 않다. 다행히도 특정 기술을 적용하면 아기가 스크린상에서 어느 이미지를 보고 있고, 서로 다른 자극에 얼마나 주의를 기울이는지 등을 추적할 수 있다. 이런 연구를 바탕으로 분석하면 아기들은 언어의 개입 전부터 이미 색을 분류하고 있음을 알 수 있다. 더군다나 아기들은 우뇌를 사용할 때 더 효과적으로 색을 분류하는 것으로 나타난다. 나이가 들면서 언어와 좌

뇌가 그 부분을 장악할 때는 이미 토대가 탄탄히 다져진 상태다. 색각이 언어에서 오는지, 아니면 태어날 때부터 타고나는 것인지는 두 극단 사이 어디쯤에 존재한다. 결국 둘 다 중요하다는 결론에 이른다.

색각의 문제를 다른 종으로 확장하면 이런 측면에서 존재하는 다양성이 드러나고, 우리의 색각이 어디서 왔는지 감을 잡을 수 있다. 예를 들어 개나 고양이가 세상을 볼 때의 색각은 우리보다 훨씬 둔하다. 이들은 빨간색이나 선명한 초록색을 보지 못하고, 노란색과 파란색 두 가지 주요 색상에 스펙트럼이 국한돼 있다. 우리가 동물의 눈으로 세상을 볼 수는 없는 노릇이지만 시뮬레이션을 바탕으로 생각해보면 우리 눈에 빨간색으로 보이는 것이 동물의 눈에는 일종의 탁한 노란색으로 보이고, 우리 눈에 보이는 초록색은 칙칙한 담황색으로 보인다. 대다수 포유류와 마찬가지로 개와 고양이는 이색시 dichromatic vision, 二色視다. 우리는 원뿔세포의 종류가 셋인데, 개와 고양이는 둘이다. 보통은 초록색 원뿔세포와 파란색 원뿔세포로 구성된다. 그래서 이들의 색각은 적록색맹이 있는 사람과 비슷하다. 어떤 포유류 종에서는 초록색 원뿔세포가 자외선 원뿔세포와 짝을 이루고 있는데, 이는 우리와 다르지만 여전히 협소한 범위의 색만을 볼 수 있다.

대부분 포유류가 조류나 어류 같은 다른 척추동물보다 빈약한 색각을 지닌 이유는 오래전 지구의 생명체들을 거의 쓸어버릴 뻔했던 사건과 관련이 있을지도 모른다. 우주를 떠도는 쓰레기의 작은 파편은 종종 지구와 충돌한다. 대부분 대기권 외곽에서 모두 폭파해 해체되면서 우리 눈에 보이는 별똥별의 흔적만 남긴다. 비교적 소수만이 대기를 뚫고 진입할 수 있을 정도의 크기로 남으며 큰 것일수록 귀하다. 6600만 년 전 지금의 멕시코 유카탄반도Yucatan Peninsula에 해당하는 지역에 거대한 소행성이 충돌했다. 지질학적 증거를 바탕으로 보면 직경은 15킬로미터 정도였고, 충돌 당시 속도는 초속 20킬로미터 정도로 추정된다. 직경 150킬로미터, 깊이 20킬로미터의 구멍이 난 것만 봐도 충돌 당시에 즉각적으로 미친 영향이 얼마나 파괴적이었는지 짐작할 수 있다. 그로 인해 촉발된 전 세계적인 생태적 재앙도 엄청났다. 충돌에서 생겨난 먼지가 10년 넘게 태양을 차단하면서 지구가 어둡고 추운 겨울로 빠져들었으리라 추측한다. 또한, 지구 생명체의 4분의 3가량이 사라졌고, 대형 육상 동물들을 모두 쓸어버렸다. 가장 유명한 사건은 공룡의 멸종이다.

포유류 혈통의 기원은 상서롭지 않다. 약 2억 년 전 화석 기록에 처음으로 등장한 작은 뒤쥐와 같이 생긴 생명체는 기존에 확립된 동물의 위계질서에 조금의 위협도 되지 않았을 것이다. 파충류가 지배하던 세상에서 초기 포유류는 존재의 변두리로 밀려나 밤에만 활동하고, 공룡의 저녁 식사거리가 되지 않기 위해 안간힘을 썼다. 지구 생명체의 질서에 지각변동을 일으키려면 소행성 충돌이라는 특별한 사건이 필요했다. 소행성 충돌의 여파에서 살아남기 위한 핵심 열쇠는 체구가 작고, 변변치 않은 식량으로도 근근이 살아남는 능력이었다. 우리의 소형 식충류 조상들은 재앙을 견디고 살아남아 지구의 새로운 주인이 됐다. 위험을 피해 어둠 속에서 땅굴을 파며 비밀스럽게 야행성 생활을 하던 동물에게 시야의 가치는 제한적일 수밖에 없었다. 포유류가 공룡이 남기고 간 공백을 메운 후에도 시각, 특히 색각이 상대적으로 빈약할 수밖에 없던 이유는 1억 년이 넘는 세월 동안 주로 밤에 진화가 이뤄졌기 때문이다.

지금까지도 대부분 포유류의 망막은 원뿔세포가 아닌 막대세포가 주류를 이룬다. 막대세포는 빛에 더 예민하기 때문에 결론적으로 이들은 야간시력이 우리보다 훨씬 우월하다. 현대 포유류의 눈을 조류, 도마뱀 등 공룡 시대에서 살아남은 혈통의 눈과 비교해 보면 야행성 종과 공통점이 제일 많은 것을 알 수 있다. 게다가 포유류 대부분은 인간보다 비시각적 감각에 더 크게 의존한다. 예를 들어 많은 포유류는 긴 주둥이 끝에 달린 축축한 코로 세상의 냄새를 맡으며 상세한 화학적 정보를 수집한다. 포유류 중에서도 인간은 다른 유인원이나 일부 원숭이와 함께 색각 능력에 특출난 존재다. 머나먼 과거의 어느 시점에 진행된 유전자의 복제과정에서 영장류의 선조가 세 번째 광수용기를 획득한 덕분에 우리는 적어도 다른 포유류보다는 뛰어난 색각을 갖게 됐다. 그러나 우리에게 세 가지 서로 다른 원뿔세포가 있는 것은 사실이지만 빨간색 원뿔세포와 초록색 원뿔세포가 민감하게 반응하는 영역은 대체로 겹친다. 겹치는 부위가 많다는 것은 원뿔세포들이 스펙트럼을 고르게 파악하지 못한다는 의미다. 좀 더 구체적으로 말하면 우리는 빨간색과 초록색을 비롯해 그 사이에 있는 색깔의 미묘한 차이를 구분하는 데 굉장히 뛰어나다. 이것은 과일을 찾는 능력에 의존하는 동물에게 뚜렷한 이점을 제공한다. 과일 중에는 익기 전까지 초록색이었다가 익으면서 주황색이나 빨간색으로 변하는 것이 많기 때문이다. 현대에 와서는 이런 능력에 크게 의존하지 않지만 우리의 감각 속에 과거의 진화적 흔적이 담겨 있음을, 또 우리가 고대 조상들의 필요에 최적화된 눈으로 색을 바라보고 있음을 일깨운다.

색을 보는 능력은 사람마다 다르다. 여성에서는 상대적으로 드물게 나타나지만 남성은 12명 중 한 명꼴로 적록색맹이 있다. 성별에 따른 차이가 생기는 이유는 관련된 유전자 중 일부가 X 염색체에 자리 잡고 있어서다. 여성은 두 개의 X 염색체가 백업 복사본 역할을 하므로 여성의 적록색맹 가능성은 훨씬 낮아진다. 여성은 색맹을 경험할 가능성만 낮은 것이 아니라 서로 비슷한 색깔을 구분하는 능력도 탁월하다는 증거가 있다. 수많은 성차와 마찬가지로 여기서도 그런 차이가 생겨나는 이유에 대한 설명은 넘쳐난다. 진화적 관점에서 보면 수렵채집인으로 살던 인류 초기의 사회에서 여성이 과일과 딸기류를 주로 채집하는 역할을 맡았던 것과 관련이 있을지도 모른다. 아니면 지각에서 언어가 맡는 역할에 관한 논란으로 귀결될 수도 있다. 여성은 색을 묘사하는 단어 레퍼토리가 훨씬 폭넓은 경향이 있으니 말이다. 더 생물학적으로 설명하려면 유전학이 재등장한다. 빨간색 원뿔세포의 유전암호에 변화가 생길 수 있고, 여성은 남성보다 X 염색체가 2배 많기 때문에 일부 여성은 망막 속에 빨간색 원추세포의 다른 변종이 있을 수 있다. 이렇게 되면 여성은 색을 구분하는 능력에서 작지만 유의미한 개선이 일어날 수 있다. 특히 빨간색과 초록색의 색조를 구분하는 능력이 향상된다. 성별에 상관없이 나이가 들면서 색각이 조금씩 퇴보한다. 수정체나 각막이 노랗게 변하면서 파란색과 보라색에서 나타나는 미묘한 차이를 구분하기가 어려워지고, 노란색과 초록색을 구분하기도 어려워진다. 특히 밝지 않은 색의 구분이 어렵다. 이 모든 내용으로 얻을 수 있는 교훈은 한 여성, 특히 젊은 여성이 당신에게 어떤 색상을 설명한다면 그 정보는 대부분 맞을 가능성이 크다는 것이다.

색각에 관한 한 우리가 포유류 중에서는 최고일지 모르겠지만 다른 동물들과 비교하면 평균에도 미치지 못한다. 어류는 적어도 우리와 동등한 색각을 가진 한편, 조류는 색수용기가 4개라서 우리의 색각을 훨씬 뛰어넘는다. 특히 꿀벌과 나비를 비롯한 다른 많은 동물과 마찬가지로 새들도 자외선을 볼 수 있다. 우리도 기술을 이용하면 자외선을 본다는 것이 무슨 의미인지 감을 잡을 수 있다. 이런 동물들이 주변 환경을 어떻게 바라보고 있는지 말이다. 그러면 완전히 새로운 세계가 열린다.🐈 간단한 장치를 통해 바라보면 꽃잎에서 지금까지 보이지 않았던 무늬가 보인다. 이런 무늬는 꽃가루

🐈 정상적인 상황에서 인간은 자외선을 감지할 수 없다. 하지만 백내장 수술을 하면서 수정체를 제거한 사람 중에는 꿀벌이 사용하는 꽃잎 무늬를 볼 수 있다거나, 위조지폐 탐지기에서 방출하는 빛을 볼 수 있다는 사람들이 있다.

매개자를 끌어들이는 작용을 한다. 찌르레기나 까마귀 같은 새의 깃털도 달리 보인다. 우리 눈에는 찌르레기가 얼룩덜룩하고 둔한 갈색으로 보이지만, 찌르레기의 눈에는 강렬한 보라색, 초록색, 파란색의 향연으로 보인다. 다른 극지 동물들과 마찬가지로 순록도 자외선을 볼 수 있다. 그 덕에 이들의 주된 먹이인 지의류lichen 이끼가 툰드라 지역에서 두드러져 보인다. 또한 소변은 자외선 아래서 빛을 내는데 이를 통해 순록은 나머지 무리가 어디로 갔는지, 늑대가 오줌을 싸는 나무는 어느 것인지 확인할 수 있다. 맹금류는 자외선을 볼 수 있는 능력으로 설치류가 흘리고 다닌 소변을 추적해 땅굴의 위치를 찾아낸다. 시각적 능력을 이용해 서로에게 신호를 보내는 동물들에게 자외선은 비밀 통신 채널 역할을 한다.

가시광선 스펙트럼에서 자외선의 반대쪽에 있는 적외선을 감지하는 능력은 동물에서 아주 흔한 편은 아니지만, 생각보다는 폭넓게 퍼진 능력임이 드러나고 있다. 적외선은 따듯한 물체에서 방출되기에 조류나 포유류처럼 스스로 체열을 생성하는 동물은 이 게임에 낄 수 없다. 여기서 흡혈박쥐를 언급하지 않을 수 없다. 흡혈박쥐는 볼 수 없지만 코에 달린 감각기관 덕분에 체열을 이용해 먹잇감에 곧장 달려들 수 있다. 박쥐의 코는 상대적으로 차갑게 유지할 수 있는 특별한 해부학적 기능을 갖추고 있다. 이로써 자신의 체열에 의해 먹이 사냥이 방해받는 것을 피한다. 피를 빨아먹는 또 다른 동물인 모기 역시 체열을 이용해 먹잇감을 찾는다. 사람들은 모기를 혐오하지만 모기가 감각을 이용해 정확하게 표적을 조준하는 것을 보면 일말의 존경심이 생길지도 모른다. 모기는 우리가 내쉬는 숨 속의 이산화탄소를 감지해 우리를 찾아낸다. 사람에게 접근한 후에는 적외선 감지 기능으로 전환해 따듯한 피부가 노출된 부위를 찾아낸다. 방울뱀, 비단뱀python, 보아뱀도 적외선 감각을 이용해서 포유류 먹잇감을 찾아낸다. 그들이 발산하는 체열을 그들을 몰락시킬 수단으로 이용하는 것이다. 하지만 가장 인상적인 적외선 시각을 보여주는 존재는 척추동물 계열에서 축축한 끝단에 자리 잡고 있는 어류와 개구리다. 이들의 눈에 있는 발색단chromophore은 화학적 재구성을 통해 더 긴 파장 쪽으로 시각을 옮길 수 있는 능력이 있다. 그럼 가시영역이 적외선 쪽으로 이동한다. 이렇게 하면 생물학적인 야간 투시경을 쓰는 것과 비슷한 효과가 있어서 흐린 물에서도 방향을 읽을 수 있다.

스펙트럼을 옮기는 능력도 인상적이지만 이 분야에서 최고의 눈을 가진 동물을 찾으려면 척추동물 너머로 시선을 옮겨야 한다. 갯가재mantis shrimp는 갑각류다. 영어 이름에 새우를 뜻하는 'shrimp'가 있어서 아주 작은 생명체일 거라고 생각하겠지만 전혀 아니다. 몇 년 전에 호주 대보초Great Barrier Reef에서 스노클링을 하다가 굴 속에서 나를 빤히 쳐다보는 갯가재를 만났다. 바나나 크기 정도였으며 화려하고 정교한 감각 하드웨어 덩어리를 앞에 달고 있었다. 한눈에 갑각류라고 알아봤지만, 특이한 생김새와 현란한 색깔을 보고 있노라면 조상 중에 용龍이 있는 것은 아닐까 하는 생각이 든다. 갯가재는 더듬이를 꿈틀대며 물속의 화학적 정보를 수집하고 있었다. 머리 양쪽에는 의사소통에 사용하는 노란색과 초록색의 납작한 부속지가 흔들거렸다. 독특한 생김새를 살피며 흥분이 됐지만 너무 가까이 다가가지 않도록 주의했다. 갯가재는 산호초에서 가장 치명적인 사냥꾼 중 하나로, 곤봉처럼 생긴 한 쌍의 앞다리를 머리 바로 밑에 두고 있다. 흡사 권투선수가 가드 자세를 취한 모습이다. 갯가재가 바닷게나 방심한 인간의 손을 만나면 극도의 빠르기와 세기로 펀치를 가한다. 어찌나 강력한지 가속하는 갯가재의 주먹 앞에 있는 물이 증발하면서 공동화 기포cavitation bubble가 생길 정도다. 어떤 이유로든 마음에 안 드는 수족관에 옮겨놓으면 갯가재는 불만의 표시로 유리를 박살내고 탈출할 것이다.

막강한 펀치가 인상적인 갯가재가 과학에 가장 크게 기여하는 것은 눈이다. 이 생명체의 다른 부분도 화려하지만 눈은 더 화려하다. 붉은 기운이 도는 보라색의 큰 눈이 머리 위 청록색 눈자루 위에 달려 있다. 내 눈에는 그런 색으로 보이는데 다른 갯가재의 눈에 어떻게 보일지는 알 수 없는 노릇이다. 우리 눈에는 세 종류의 색수용기가 있지만 갯가재는 12개 이상의 색수용기가 있어서 우리가 볼 수 있는 것을 뛰어넘는 색각의 가능성이 열려 있다. 다른 동물들처럼 갯가재도 자외선을 볼 수 있다. 하지만 갯가재의 초능력 시각에서 가장 놀라운 측면은 그것이 아니다. 각각의 눈이 독립적으로 움직여서 동시에 두 방향을 볼 수 있는 능력도 아니다. 각각의 눈이 독자적으로 거리 지각depth perception을 할 수 있다는 것도 아니다. 갯가재의 눈을 정말로 특별하게 만드는 것은 편광을 보는 능력이다.

인간이 보는 모든 것은 우리가 색깔과 밝기라고 생각하는 빛의 두 가지 속성이 빚어낸 결과물이다. 그런데 우리가 거의 보지 못하는 것이나 다름없는 빛의 세 번째 속성이 있다. 바로 편광이다. 빛이 주변 환경에서 반사돼 우리 눈에 도달하면 파동의 패턴이 뒤섞이면서 각자 서로 다른 방향으로 진동한다. 이런 빛은 편광이 돼 있지 않다. 하지만 때로는 빛이 물 등의 표면에 부딪혀 반사되는 과정에서 파동이 모두 동조화되면서 같은 방향으로 진동할 수도 있다. 이것이 편광이다. 우리는 보통 눈부심을 걸러주는 특수 편광 선글라스를 사용해 편광을 경험한다. 편광을 볼 수 있는 동물은 편광을 일종의 나침반으로 사용해 길을 찾기도 하고, 시각적 대비를 강화해서 보이지 않을 뻔한 것을 감지하는 데 사용하거나, 은밀한 통신채널로 사용한다.

여기까지는 좋다. 하지만 편광이 우리와 무슨 상관이란 말인가? 흑백 이미지가 컬러 이미지로 바뀌면 더 높은 수준의 정보를 볼 수 있다. 마찬가지로 빛의 세 번째 속성인 편광은 정보를 한층 더 높은 수준으로 끌어올린다. 예를 들어 피부암은 사람의 눈으로는 감지하기 어렵다. 초기 단계의 피부암은 특히 그렇다. 하지만 편광을 볼 수 있는 센서를 이용하면 피부암이 등대처럼 두드러져 보여서 신속한 진단이 가능하다. 갯가재 말고도 편광을 볼 수 있는 동물은 많지만 온갖 다른 형태로 편광을 볼 수 있는 동물은 갯가재뿐이다. 더군다나 이들에게 있는 한 쌍의 눈은 복잡한 시각계에 비해 상대적으로 구조가 단순한 뇌로 정보를 전달하기 전에 정보를 추출할 수 있도록 교묘하게 만들어진 내부구조를 갖고 있다. 또한 유선형으로 배열된 눈은 사람의 생명을 살릴 수도 있는 소형 진단도구 개발에 적용할 수 있는 청사진을 제공할 뿐만 아니라, 자율주행차와 컴퓨터 이미지 처리 같은 신생 기술에도 응용되고 있다.

편광은 온갖 종류의 동물에서 중요한 역할을 한다. 예를 들어 꿀벌은 유명한 8자 춤waggle dance을 이용해 소통한다. 이 춤은 다른 일벌들에게 벌집부터 꿀이 풍부한 꽃을 찾을 수 있는 장소까지의 거리와 방향을 지시해준다. 여기서 방향과 관련된 부분은 태양의 위치를 이용해서 알린다. 구름이 낀 날에도 문제없다. 꿀벌처럼 편광을 볼 수 있다면 태양의 위치를 파악하는 것은 문제도 아니다. 꿀벌과 바다를 항해하는 바이킹 사이에 설마 무슨 상관관계가 있겠느냐고 하겠지만 명확한 공통점이 있다. 양쪽 모두 정확한 항해 능력이나 길찾기 능력이 필요하며 태양이 보이지 않아 방향을 파악할 수 없을 때는 어떻게 할 것이냐는 문제를 안고 있다. 앞서 언급했듯 꿀벌은 꽃을 찾아갈 때 이 문제에 대한 해법을 이미 내장하고 있다. 바이킹은 그린란드와 북아메리카 대륙으로 수천 킬로미터씩 움직였기 때문에 하늘에 구름이 꼈을 때 공해에서 자신의 방향을 알아낼 방법을 찾아야 했다. 이들은 선스톤sunstone이라고 불리는 방해석calcite으로 이뤄진 일종의 결정을 이용했다. 선스톤은 요란한 편광을 두 개의 광선으로 쪼개준다. 선스톤 꼭대기에 점을 하나 찍고 반대편에서 보면 편광이 분리되면서 생긴 두 개의 점이 보인다. 바이킹 항해사는 두 점의 강도가 똑같이 보일 때까지 선스톤을 이리저리 기울이며 확인한다. 점의 강도가 같아지면 선스톤의 위쪽 면이 숨겨진 태양을 정확하게 가리킨다. 바이킹은 이런 방법으로 태양의 위치를 추적할 수 있었고, 덕분에 대단히 효율적으로 약탈을 수행할 수 있었다.

갯가재나 바이킹이 편광을 이용하는 이유는 궁극적으로 주변 정보를 수집해 더욱 잘 이해하기 위함이다. 하지만 감각은 단순한 데이터 입력보다 더 중요한 역할을 한다. 감각은 우리가 세상에 대해 생각하고 느끼는 방식에 심오한 영향을 준다. 예를 들어 자연에서 시간을 보내며 여러 감각을 통해 경험하는 진정 효과나 첫 데이트에서 느끼는 육감적 흥분에서도 이런 부분을 느낄 수 있다. 때로는 그것을 분해해서 단일 자극의 심오한 영향력을 찾아내기도 한다. 대표적인 사례 중 하나는 1970년대 후반에 알렉산더 샤우스Alexander Schauss가 분홍색의 막강한 효과와 관련해 보고한 일련의 실험이다. 이보다 앞선 시기에도 생쥐를 분홍색 불빛 아래서 키우면 더 차분해지고 성장도 빨라진다는 보고가 있었다. 이런 내용이 사람에게도 적용될까? 이것을 검증하기 위해 실험 참가자의 얼굴 앞에 밝은 분홍색 카드를 보여주면서 근력을 검사해봤다. 결과는 놀라웠다. 153명의 참가자 중 2명을 제외한 모두가 단기적으로 근력의 극적인 감소 현상을 보였다. 같은 방식으로 파란색을 보여줬을 때는 반대 효과가 나타났다. 두 명의 공동연구자 이름을 따서 베이커 밀러 핑크Baker-Miller pink

라고 부르게 된 샤우스의 밝은 분홍색은 기적과도 같은 속성이 있는 것처럼 보였다. 샤우스의 실험 결과에 고무된 교도소 관계자들은 이 아이디어를 곧바로 수용했다. 끝없이 반복되는 수감자 간 폭력 문제를 저렴한 비용으로 해결할 방법이 등장한 것이다. 이들은 소변기를 포함해 감방 전체를 선정적인 분홍색으로 페인트칠했다. 이 아이디어는 다른 분야에도 퍼져 약삭빠른 스포츠 코치들은 원정팀 탈의실을 소변기까지 온통 분홍색으로 칠해서 홈 어드밴티지를 극대화하려고 시도했다. 하지만 초반의 흥분과 달리 시간이 지나면서 논거에 구멍이 생기기 시작했다. 샤우스는 자신의 연구 결과를 재현하는 데 실패했고, 다른 이들은 효과를 거의 발견하지 못했다. 스위스의 연구자 다니엘라 슈패스Daniela Späth가 아니었다면 이 아이디어는 그대로 사장됐을지도 모른다. 슈패스는 개념 자체가 틀린 것이 아니라 사용한 분홍색의 색조에 문제가 있을 수 있다고 추론했다. 굉장히 선명한 색조를 사용한 샤우스와 달리, 슈패스는 쿨다운 핑크cool down pink라는 파스텔톤의 색조를 선택했고, 지금은 스위스 전역의 감옥에서 적용하고 있다. 여기서 나온 증거들을 보면 쿨다운핑크 색조가 수감자들에게 진정 효과를 제공한다는 것을 알 수 있다.

스위스의 수감자 중에는 감방의 새로운 색을 보고 꼬마 여자애의 침실 같다며 짜증을 내는 사람도 있었다. 하지만 분홍색에서 여성성을 떠올리는 것은 비교적 최근에 생긴 현상이다. 그전에는 남자 아기와 여자 아기 모두에게 흰색 옷을 입히는 경우가 많았다. 분홍색 옷은 오히려 남자아이 차지였고, 파란색 옷은 앙증맞고 예쁜 색이라며 여자아이에게 많이 입혔다. 1914년 미국의 신문 〈선데이센티넬Sunday Sentinel〉에는 다음과 같은 내용이 실리기도 했다. "아기의 옷에 색을 입히고 싶을 때, 관습을 따르는 사람이라면 남자아이에게는 분홍색, 여자아이에게는 파란색을 이용하는 것이 좋다."

하지만 이미 변화가 진행 중이었다. 19세기를 거쳐 20세기로 들어오면서 상류층 남성들 사이에서는 멋을 내던 선조들과 달리 칙칙하고 어두운 색의 옷을 입는 것이 유행으로 자리 잡은 데 반해 여성들의 색 선택의 폭은 훨씬 넓어졌다. 분홍색은 거의 여성만 입는 색으로 자리 잡았고, 진정한 남성이라면 누구도 선택하지 않는 색이 됐다. 엎친 데 덮친 격으로 나치당이 동성애자 남성에게 자신의 성적 지향을 표출하는 표식으로 분홍색 삼각형 표시를 옷에 부착하게 한 것도 이런 분위기에 일조했다. 분홍색을 기준으로 한 성별 구분은 20세기 중반부에 소비 사회가 급성장하면서 더욱 확대됐다. 이제는 이런 구분이 사람들 머릿속에 강하게 새겨져, 만 2세밖에 안 되는 어린 여자아이도 여러 가지 색상의 물건 중에서 분홍색을 고르는 경우가 우연에 의한 예상 빈도보다 훨씬 높게 나타났다. 반면 또래 남자아이들은 분홍색을 피하는 것으로 나타났다. 마케팅 전문가들은 성별에 따른 편견을 여성 소비자들을 겨냥하는 데 활용한다. 이들은 분홍색 브랜딩 전략을 이용한 브랜드에는 같은 품목이라도 평균 7퍼센트 정도 더 비싸게 값을 매기는데, 속칭 핑크세pink tax라고 한다. 분홍색의 오명을 씻어내려는 노력이 있긴 하지만, 이 색상은 여전히 의미를 담고 있다.

색에 의미를 부여하는 현상이 처음에는 이상해 보인다. 다른 행성에서 온 방문객에게 분홍색의 의미가 무엇이냐고 물어보면 뭐라고 대답할까? 색 자체는 어떤 단서도 제공하지 않는다. 서구에서 분홍색을 여성성과 연관 짓는 것은 전적으로 주관적이고 문화적인 현상이다. 예를 들어 중국 문화에서는 그런 연관이 존재하지 않는다. 색에는 물체의 무게나 화창한 날의 기온 같은 물리적 속성이 없다. 그래서 색에 부여하는 의미도 문화권마다 차이가 있다. 예를 들어 많은 서구권 문화에서 순수의 상징은 하얀색이지만, 인도에서는 파란색이 순수를 의미한다. 일부 동아시아 문화권에서는 하얀색이 애도의 색상이다. 이란 사람들은 존경을 표시할 때 파란색을 선호하고, 서구에서 검은색은 근엄함을 상징한다. 단일 문화 안에서도 색이 다중의 의미를 가질 수 있다. 전 세계 대부분 지역에서 초록색은 자연과 연관되지만, 셰익스피어의 '초록눈 괴물green-eyed monster'[*]에서 보듯 영국에서는 초록이 질투를 나타내는 색이고, 인도네시아에서는 불행을 뜻하는 색이다. 중국에서는 남자가 초록색 모자를 썼다고 말하면 배우자가 바람을 피웠다는 의미다. 이런 관점에서 사람들이 성 패트릭을 상징하는 초록색 옷과 모자 등으로 치장하고 거리로 나서는 세인트 패트릭의 날을 상상해보라. 한편 많은 지역에서 노란색은 봄을 상징하지만 유럽의 일부 지역에서는 질투, 배신, 비겁과 연관돼 있다. 프랑스에서는 범죄자와 반역자의 문을 노란색으로 칠

[*] '질투의 화신'을 의미하는 영어 표현 - 옮긴이

해 경멸을 표현한다. 일본에서 노란색은 정확히 그 반대 의미를 지닌다. 일본에서 노란색 국화 착용은 용기를 상징하는 배지이자 일왕日王에게 존경을 표현하는 몸짓이다. 아프리카의 여러 국가에서도 노란색은 높은 대접을 받는다. 반면 중국에서는 야한 책을 황색서간黃色書簡, 포르노 영화를 황색전영黃色電影이라 일컫는 등 노란색에 음란의 의미를 담아 사용한다.

이처럼 색은 문화권에 따라 서로 다른 의미를 담고 있지만, 색에 의미를 부여한다는 사실은 다르지 않다. 문화의 창조물인 우리는 이것에서 벗어날 수 없다. 감각에서 무차별적으로 쏟아져 들어오는 데이터 속에서 뇌는 정보를 걸러낸다. 감각적 경험 중 일부 요소에 감정이 따라붙으면 우리는 거기에 주의를 더 많이 기울이는 경향이 있다. 뱀의 쉬익 거리는 소리처럼 부정적인 연상을 일으킬 수도 있고, 좋아하는 음식이 완성돼 가는 냄새처럼 긍정적인 감정일 수도 있다. 전 세계 마케팅 부서도 이런 사실을 잘 알고 있다. '경험 마케팅experiential marketing'의 핵심 요소는 색을 이용해 제품에 대한 메시지를 전달하는 것이다. 우리는 스스로 복잡하고 합리적인 존재라고 생각하지만, 연구에 따르면 무려 90퍼센트가 오로지 색을 바탕으로 제품을 평가하는 경향이 있다. 따라서 색은 메시지를 전달함으로써 브랜드에 일종의 충성심을 부여하는 데 도움을 준다. 스티브 잡스Steve Jobs가 애플 제품에 하얀색을 선택한 이유는 순수성을 시사하고, 주로 회색이나 은색을 사용하던 다른 거대 기술기업과 차별화하기 위해서다. 캐드버리Cadbury[1]에서 로열퍼플royal purple[2]을 선택한 이유는 빅토리아 여왕에 대한 존경의 표시였다는 말이 있다. 로열퍼플에 애착이 강했던 캐드버리는 2008년 이 색에 관한 저작권을 두고 네슬레Nestlé와 소송전을 벌이기도 했다. 광고업체는 색을 이용해 제품을 차별화해야 할 뿐 아니라 제품이 고객의 욕구를 충족시킨다는 아이디어를 전달할 방법도 고민해야 한다. 예를 들면 빨간색을 이용해서 제품이 문제를 막는 데 어떻게 도움이 되는지 상징할 수도 있고, 파란색을 이용해서 좀 더 긍정적인 무언가를 암시할 수도 있다. 치약 제조업체는 충치 예방을 빨간색으로, 미백 효과를 파란색으로 상징할 때가 많다.

후자의 사례는 색과 연관된 주관적인 이미지가 난무하는 와중에도 좀 더 보편적으로 이해되는 색이 존재한다는 암시를 보여준다. 이 연구 분야에서 치열한 논란이 있음에도 불구하고 실제로 색에 대한 우리의 반응을 보면 일부 요소가 다른 요소에 비해 우리 안에 더 깊숙이 내재한 것으로 보인다. 그런 사례 중 하나가 사람들이 파란색에서 느끼는 보편적인 매력이다. 2015년에 진행된 한 여론조사에서 4개 대륙에 걸쳐 10개국의 사람들에게 가장 좋아하는 색을 물어봤는데 10개국 모두 파란색이 확실한 우승을 거머쥐었다. 더군다나 파란색에 대한 선호는 인종, 성별, 나이와 상관이 없이 보편적

[1] 200년 전통의 초콜릿 회사 - 옮긴이

[2] 진한 자주색으로, 왕실의 권위를 나타내기 위해 영국의 군주가 입은 망토에서 비롯된 색이름 - 옮긴이

으로 나타났다. 왜 그럴까? 맑은 하늘, 강, 호수, 바다, 즉 순수함과 연관된 것도 같은 이유일 수 있다. 사람들은 파란색을 좋아한다. 어쩌면 그 색이 우리를 차분하게 진정시키기 때문일지도 모른다. 반면 빨간색은 우리의 경계심을 높인다. 빨간색은 명령하는 색깔이다. 교통 신호에서 빨간색의 의미를 생각해보라. 빨간색은 또한 위험을 상징하기도 한다. 문화나 학습을 통해 습득한 반응은 진화적 기원을 가진 반응과 구분하기 어려울 때가 많지만, 우리와 가까운 영장류가 색에 어떻게 반응하는지 살펴보는 것도 좋은 접근 방법일 수 있다. 야생의 붉은털원숭이rhesus macaque를 대상으로 진행된 한 연구에서는 원숭이가 사람에게서 먹이를 받아먹고자 하는 의지를 그 사람이 입고 있는 옷의 색상을 바탕으로 평가했다. 실험자들은 파란색, 초록색, 빨간색의 티셔츠와 모자를 쓰고 원숭이에게 접근해서 사과 조각이 담긴 쟁반을 내밀었다. 그다음 한 발 뒤로 물러나서 공간을 내줬다. 원숭이들은 공짜 간식을 먹을 수 있게 돼 흥분했지만 실험자가 초록색이나 파란색 옷을 입었을 때보다 빨간색 옷을 입었을 때 훨씬 더 망설였다. 이는 원숭이 역시 빨간색을 위험과 연관 짓는다는 것을 말해준다.

스포츠에서는 빨간색이 유리하게 작용한다는 주장도 있다. 빌 샹클리Bill Shankly는 분명 그렇게 생각했다. 클럽 축구팀의 역사에서 가장 성공적인 감독 중 한 명이었던 샹클리는 잉글랜드 축구 2부리그에 머물던 리버풀 FC를 맡아 우승팀으로 바꿔 놓았다. 임기 초에 그는 빨간색과 하얀색을 섞어 쓰던 팀 색깔을 온통 빨간색으로 바꿨다. 판단 근거는 빨간색의 심리학에서 나왔다. 샹클리는 이렇게 회상했다. "유니폼을 모두 빨간색으로 바꿨는데 정말 환상적이었습니다. 오늘 밤 안필드Anfield[*]에 나갔는데 처음으로 불꽃이 타오르는 것 같은 열기를 느꼈습니다. 우리는 빨간색 유니폼을 처음으로 입었습니다. 그랬더니 맙소사, 선수들 모두 거인처럼 보이더군요. 실제로 우리는 거인처럼 경기를 뛰었습니다."

올림픽 투기 종목 경기에 참여하는 선수들의 성공을 조사한 2005년의 한 유명한 연구도 빨간색이 힘을 함축한다는 샹클리의 주장에 신빙성을 보탠다. 일대일 시합에서 각각의 상대에게 무작위로 빨간 옷이나 파란 옷을 입혔는데 빨간 옷을 입은 사람들이 우연에 의한 기댓값보다 승률이 높게 나왔다. 빨간 옷을 입은 선수가 기가 더 살아서 그랬을 수도 있고, 파란색을 입은 사람이 빨간 옷을 입은 상대방을 더 강하다고 느꼈기 때문일 수도 있다. 심지어 심판도 빨간 옷을 입은 선수에게 점수를 더 잘 주는 경향이 있다는 증거도 나왔다. 물론 빨간색 착용이 주는 이점은 미미하다. 하지만 엘리트 스포츠의 세계에서는 이런 미세한 차이도 중요하다.

빨간색과의 연관성이 경계심을 강화하거나 더 강한 인상으로 만드는 작용에만 있는 것은 아니다. 다른 방식으로도 우리의 열정을 끓어오르게 한다. 바로 섹시함이다. 어째서 이런 현상이 나타나는지는 불확실하지만 붉게 홍조를 띤 피부는 개코원숭이baboon와

[*] 영국 잉글랜드 리버풀에 있는 리버풀 FC의 전용 구장 - 옮긴이

인간을 비롯한 수많은 영장류에서 성적 흥분을 나타내는 미묘한 지표 역할을 한다. 더군다나 여성의 얼굴은 가임 능력이 절정에 이르는 생리주기 단계에서 좀 더 홍조를 띤다. 이것은 인간이 다른 몇몇 영장류와 공유하는 특성이다. 남성에게 여성의 사진에 점수를 매기도록 한 연구에 따르면 안면 홍조 덕분에 이 시기에는 남성이 느끼는 여성의 매력이 커진다. 더욱 놀라운 사실은 한 연구에 따르면 여성은 가임 능력이 절정일 때 붉은 옷을 입을 확률이 세 배나 높아진다. 이런 이유 때문인지 이성애자 남성은 붉은 옷을 입고 있거나, 붉은 환경에서 만난 여성을 훨씬 매력적이라고 여기는 경향이 있다. 남녀 모두에게 이런 행동은 고의적이라기보다는 무의식 깊숙한 곳에 묻힌 무언가가 우리의 행동과 반응에 영향을 미치면서 나오는 것이다.

빨간색은 다른 색깔보다 강하게 동기를 부여하고 도발하는 것처럼 보이지만 방식은 그리 간단치 않다. 빨간색은 경쟁심을 자극하고, 열정을 불러일으키고, 보편적인 자극제 역할을 한다. 하지만 사고 능력과 문제 해결 능력을 요구하는 과제의 수행에 영향을 미칠 수도 있다. 빨간색이 우리를 긴장시키고, 창의적 사고능력을 제한한다는 증거도 있다. 빨간색에 대한 반응은 환경에 따라서도 좌우된다. 어른이 되면 파란색을 좋아하지만 유아 시절에는 빨간색을 더 좋아한다. 이것은 문화적 영향력이 자리 잡기 이전부터 빨간색에 빠져든다는 의미라서 흥미롭다. 한 살배기 영아도 상황에 따라 빨간색에 대한 선호도가 달라진다는 점 역시 흥미롭다. 기분이 좋은 한 살배기는 빨간색에 싫증을 내지 않지만 화난 얼굴 사진으로 기분을 상하게 하면 빨간색에 대한 호감도가 사라지고 다른 색을 고른다.

파란색은 효과가 덜하지만 빨간색과 정반대로 작용한다. 제약회사가 각성제를 팔 때는 약이나 포장의 색깔이 빨간색일 때 해당 제품에 대한 확신이 더 강해지는 반면, 제품이 항우울제일 때는 파란색이 더 효과적이다. 패스트푸드 식당이 로고나 인테리어, 심지어 컵까지 빨간색을 선택하는 이유가 궁금했던 사람도 있을 것이다. 여기에는 빨간색이 식욕을 자극하고 자발적인 구매를 촉진한다는 견해가 한몫을 거든다. 파란색은 빨간색과 반대로 작용해서 식욕을 억제하고, 더 신중하게 행동하도록 한다. 이것이 파란색 브랜드의 햄버거 가게가 드문 이유이며, 있더라도 대부분 성공하지 못했다. 하지만 주의할 점이 있다. 색이 중요하긴 하지만 우리의 전체적인 감각 경험을 구성하는 다양한 입력의 일부에 불과하다는 점이다. 색 연구에 관한 기록에서 상반되는 온갖 연구 결과가 등장하는 것도 이런 이유일 것이다.

색이 우리의 행동을 결정하는 데 무의식적으로나마 중요한 역할을 한다면 다른 시각적 단서들은 어떨까? 유명한 잡지의 표지나 광고판을 매력적인 얼굴들로 가득 채운 것을 보면 마케팅 부서에서 사람들의 이목을 집중시킬 비결을 찾아냈다고 생각하는 것이 분명하다. 우리가 연애하고 싶을 때 상대방의 매력에 대한 평가가 그 사람에 대한 행동에 영향을 미치는 것은 분명하지만, 미적 호감이 연애라는 맥락을 뛰어넘어 훨씬 폭넓게 영향을 미친다고 주장하는 연구가 많다. 20세기 중반, 사람의 외모와 도덕성을 직접적으로 연관 지어 논란을 일으켰던 한 프로그램이 미적 호감의 영향력을 잘 보여준다. 제2차 세계대전 직후, 북미 전역의 사법부는 범죄율 급증 문제를 해결할 혁신적인 방안을 모색하기 시작했다. 캐나다의 저명한 성형외과 의사였던 에드워드 루이슨Edward Lewison은 자신에게 해답이 있다고 생각했다. 다양한 연구에서 일반인보다 수감자에게 얼굴 기형이 많은 것으로 나타나, 수감자들의 미래를 바꾸는 데 성형술이 도움이 될지도 모른다고 생각했다.

초기에 나온 결과는 고무적이었다. 루이슨의 치료를 받은 사람은 자존감을 회복하는 듯 보였다. 루이슨은 이렇게 기록했다. "수감자들에게서 즉각적으로 긍정적인 심리적 변화가 관찰됐다. 교도소 관계자들에게 협력하고 수감 활동에 적극적으로 참여하려는 성향이 강해졌다. 이전에 적대적이고 구제불능이었던 사람들이 공손하고 친절해졌다."

루이슨은 20년에 걸쳐 450명의 수감자에게 코 수술, 귀 재건, 턱 수술 등의 성형수술을 무료로 제공했다. 교정 당국은 수감자들이 출소 후 얼마나 잘 지내는지를 중요한 지표로 여겼으며, 결과는 명확했다. 얼굴을 고친 사람의 재범률은 시각적 매력이 떨어지는 다른 수감자와 비교할 때 절반가량에 그쳤다. 이것만으로는 회의론자들을 설득하기에 충분하지 않았다. 회의론자들은 루이슨이 프로그램

수혜 대상을 직접 선정한 점을 문제 삼았다. 여기에 자극을 받은 루이슨은 추가로 200명의 수감자에게 접근해 그중 절반만 수술을 시행했다. 대조군이 생긴 것이다. 결과는 대체로 비슷했다. 수술을 받은 사람의 재범률은 훨씬 낮았다. 하지만 인간의 본성은 단순하지 않기에 외모라는 단 하나의 특성만으로 압축할 수 없다. 이 프로그램을 비판하는 사람들은 행동의 변화를 이끈 요인이 수술 자체가 아니라, 수감자들에게 보여준 그의 관심일 수 있다고 주장했다. 어떤 사람은 중범죄자들이 자신의 외모를 변명거리로 들고 있으니, 훈련과 상담을 활용하면 더 나은 결과를 도출할 것이라고 주장했다. 결국 루이슨의 프로그램은 논란 속에 흐지부지되고 말았다.

이런 유형의 연구가 논란이 된 것은 사실이지만, 매력적인 외모를 갖춘 사람과 그렇지 않은 사람의 미래 전망이 같지 않음을 우리는 이미 알고 있다. 아기들은 생후 6개월쯤이면 매력적인 얼굴을 선호하기 시작한다. 이후로도 예쁜 얼굴만 보면 사족을 못 쓰는 사람으로 살아간다. 심지어는 '예쁜 게 착한 거다'라는 말이 생겨나기도 했다. 우리는 외모가 출중한 사람에게 매력적인 성격이나 훌륭한 인격 등의 자질을 임의로 부여한다. 잘생긴 사람, 예쁜 사람은 강한 인상을 남기기 때문에 사람들은 이런 사람들을 더 오래, 더 자세하게 기억한다. 외모에 따른 수입을 조사한 연구들은 다른 요인을 통제한 상황에서도 외모가 멋진 사람에게 재정적 이점이 있음을 일관되게 보여준다. 사실 돈을 벌기 훨씬 오래전부터 대접이 달라지기 시작한다. 한 연구에서는 교사들에게 IQ가 낮고, 학업성적도 떨어지는 가상의 8세 아동과 관련된 보고서를 바탕으로 추천서를 작성해 달라고 요청했다. 보고서에는 매력적인 외모의 아동과 매력이 덜한 아동의 사진을 함께 첨부했다. 교사들이 작성한 추천서를 취합해 보니 매력이 덜한 아동이 훨씬 가혹한 평가를 받았다. 예상한 결과일지도 모른다. 평가자들은 못생긴 아이들은 '저능아retarded(당시에는 이렇게 불렀다)' 반에 배정할 것을 추천했다.

아름다움이란 대체 무엇일까? 우리는 아름다움을 인식하지만 무엇이라 꼬집어 정의하기는 어렵다. 답답할 정도로 모호한 특성이다보니 철학자들이 수 세기 동안 아름다움을 명확하게 정의하기 위해 심혈을 기울여왔다는 것이 그리 놀랄 일은 아니다. 데이비드 흄David Hume과 이마누엘 칸트Immanuel Kant를 비롯한 몇몇 철학자에 따르면 아름다움이란 바라보는 사람의 눈 속에 들어있으며 느낌과 감정에 좌우된다. 이런 입장은 고대 그리스 철학자 플라톤과 아리스토텔레스의 주장에 반하는 것이었다. 서로 방식은 달랐지만, 플라톤과 아리스토텔레스는 아름다움이 개인의 평가와는 독립적으로 존재하는 객관적 특성이라고 주장했다. 어느 쪽이 더 진리에 가까운지 각자 의견이 있을 테지만 그저 개개인의 생각으로 남겨 두기에는 영 찝찝하다. 무엇이 아름답고, 아름답지 않은지에 관한 의견이 완전히 일치할 수는 없겠지만 분명 겹치는 부분이 많다. 그렇다면 우리가 어떤 대상을 두고 비교 대상보다 더 아름답다고 생각하는 이유는 무엇일까?

미국의 철학자 데니스 더튼Denis Dutton에 따르면 아름다움이란 우리가 생존과 번식에 좋은 판단을 내릴 수 있도록 진화가 마련해 준 방법 중 하나다. 아름다움에 대한 우리의 지각은 자연 선택의 과정을 거치면서 다듬어져 선조들로부터 이어졌다는 것이 더튼의 견해다. 우리가 포토샵으로 보정한 모델 사진을 통해 현실에서는 불가능한 미美의 기준에 노출되면서 매력적인 것이 무엇인지 배운다는 주장도 있지만, 문화는 매력이라는 퍼즐의 일부일 뿐이다. 사진을 바탕으로 사람의 매력을 평가했을 때 서로 다른 문화권의 평가자들이 준 점수는 서로 강한 상관관계를 보여준다. 얼굴이 잠재적인 배우자의 자질, 유전적 적합성, 번식 능력에 관한 단서를 제공한다고 생각하기 때문이다.

여기서 대칭성이 큰 부분을 차지한다. 얼굴 양쪽이 일치할수록 더 매력적이라 여기는 경향이 있다. 사실 이런 사람들은 더 매력적으로 보일 뿐 아니라, 쾌활하고 지적인 데다 사회성까지 좋은 사람이라는 평가를 받는다. 인식할 수 없을 정도의 차이일 때가 많지만 효과는 강력하다. 예를 들어 대칭적인 특성이 있는 남성은 더 많은 사람과 더 많은 섹스를 한다. 언뜻 사소해 보이는 대칭성이 어째서 그렇게 중요할까? 한 주장에 따르면 대칭성은 좋은 유전자는 물론 발달 안정성developmental stability이라는 특징과 관련이 있다. 발달 안정성이란 동물(여기서는 사람)이 질병이나 굶주림 같은 어려움을 극복하는 능력을 말한다. 이 주장에서 대칭성은 곧 건강하다는 신호이며, 이를 뒷받침하는 증거도 있다. 대칭성이 뛰어난 사람일수록 심각한 질병이 적고, 가임 능력이 뛰어나다. 따라서 얼굴의 균형을 잘 살펴보면 그 사람의 건강 상태에 관한 중요 정보를 얻을 수 있을지도 모른다.

사람의 매력을 설명할 때, 대칭성의 가치가 지난 세기말에 과학 문헌에서 발견된 흥미로운 연구 결과를 설명하는 데 도움이 될 수 있다. 구체적으로 말하면 수많은 개인의 얼굴을 이용해서 합성 얼굴을 만들면 사람들은 그것을 만드는 데 들어간 어느 개인의 얼굴보다도 합성 얼굴을 더 매력적으로 여기는 경향이 있다. 이것은 얼굴을 평균화하는 과정에서 개별 얼굴에 있는 별난 부분이나 비대칭성이 다림질하듯 펴져서 사라지기 때문인지도 모른다. 이런 과정이 모집단의 평균에 가까운 얼굴을 만들고, 우리는 그 얼굴을 좋아하는 것 같다. 모집단의 원형에 해당하는 얼굴을 선호하는 것이다. 합성 얼굴은 유전적 다양성과 발달 안정성 모두를 함축하고 있는지도 모른다. 이 두 가지 모두 잠재적 배우자가 갖추면 좋은 훌륭한 특성이다.

무엇을 매력적으로 느낄지는 성별에도 어느 정도 영향을 받는다. 남성과 여성 모두 여성적인 특징을 더 매력적이라 보는 경향이 있지만 상대 성별에서 같은 것을 찾으려 하진 않는다. 연구에 따르면 이성애자 여성은 높은 광대뼈, 강한 턱선, 두드러진 이마, 여성보다 살짝 더 긴 얼굴 같은 남성적 특징을 선호한다. 반면 이성애자 남성은 턱과 코가 작고, 두 눈 사이의 거리가 살짝 길고, 비율적으로 입이 작은 여성을 매력적이라 느낀다. 연구는 남성이 여성보다 매력을 더 중시한다는 것을 보여주지만, 남녀 모두 호감이 가는 사람을 보면 아편 마약을 할 때와 동일한 뇌 영역이 자극을 받으며 흥분한다. 짜릿하게 전기가 오는 것이다.

중요한 것은 매력을 어느 한 특성이나 특질로 압축할 수 없다는 점이다. 매력을 느끼는 부분은 대개 비슷하지만 각자 자기만의 별난 기호를 갖고 있다. 여기에는 많은 사람이 자기와 닮은 얼굴을 선호하는 다소 자기과시적인 경향이 있다는 것도 한몫하고, 건강과 좋은 식생활을 암시하는 피부톤의 미묘한 단서도 한몫한다. 하지만 무엇이 매력적인지에 대한 보편적 기준을 세우려는 시도는 우리가 다른 사람의 매력을 평가하는 여러 가지 이색적인 방식과 충돌을 일으킨다. 이런 맥락에서 볼 때 다른 지각과 마찬가지로 시각 또한 끝없이 복잡하고 매혹적이다.

우리가 아름다움과 심미에 관심을 두는 것은 감각의 무게추가 시각 쪽으로 심하게 치우쳐 있어서다. 좋든 싫든 시각은 다른 감각을 압도한다. 우리가 기울이는 관심의 양만 그런 것이 아니라 감각에 이용되는 전체적인 감각기관의 비율 면에서 봐도 그렇다. 시각에 동원되는 감각수용기의 수는 2억 개 정도로 막대하고, 시각은 나머지 감각을 모두 합친 것보다 많은 뇌의 자원을 소비한다. 이것은 시각이 정말 복잡하다는 것과 시각이 우리 종의 진화에서 핵심 역할을 맡았다는 것을 입증한다. 우리의 시각적 삶에 또 다른 특질을 부여하는 것이 바로 복잡성이다. 끊임없이 입력되는 정보를 이해하는 데에는 어려움이 따른다. 결국 뇌는 다른 어떤 감각보다 시각을 해석하고 이해하는 데 더 많은 노력을 해야 한다. 그 결과 매력적인 얼굴에서 풍경, 미술 작품에 이르기까지 우리가 보는 모든 것은 개인적, 문화적 관점이 가득 녹아 있는 구성물이 된다. 우리가 주관적인 믿음이나 의견을 '관점view'이라고 부르는 것이 어쩌면 우연이 아닐 수도 있다.

# 2

# 귀로 듣는 세상

HEAR, HEAR!

소리는 자연의 어휘다.

— 피에르 셰페르Pierre Schaeffer

아홉 살 꼬마 시절의 내가 잠옷 위에 코트를 입은 채 절벽 꼭대기에서 있다. 내 앞에 선 아버지는 바다에서 거칠게 불어오는 돌풍을 온몸으로 막으며 애쓰는 중이다. 북극에서 불어오는 폭풍우가 세상을 뒤집어 놓을 것만 같다. 불빛이라곤 망가진 자동차의 헤드라이트뿐이다. 두드려 패는 듯 쏟아지는 광란의 빗줄기와 물보라가 약한 불빛 사이로 모습을 드러낸다. 코트 후드로 얼굴을 반쯤 덮은 나는 가늘게 실눈을 뜨고 얼음장 같은 바람을 맞으며 숨을 크게 내쉰다. 울부짖는 바람 소리 위로 분노해 날뛰는 바다의 소리가 들려온다. 천둥 같은 거대한 파도가 발아래 절벽에 거세게 부딪혔고, 겁에 질린 나는 아버지의 손을 꽉 잡는다. 몸이 떨릴 정도로 사나운 폭풍우만 무서운 게 아니었다. 아버지는 구조선 근무자 명단에 있는 사람이다. 바다 멀리 어딘가에는 조난선이 있고 해안경비대가 자원봉사자를 소집했다. 자연의 분노에 맞서 살아남을 자는 누구인가? 나는 가지 말라는 표정으로 아버지를 올려다본다. 몸을 굽혀 나와 눈을 맞춘 아버지가 옅은 미소를 보이며 큰 소리로 말한다. "아가야, 저 배 위에는 다른 누군가의 아빠가 타고 있단다."

40여 년이 흐른 지금도 폭풍우 몰아치던 그날의 장면이 생생하게 떠오른다. 한동안 그 절벽 위에는 우리밖에 없었다. 폭풍은 자동차의 희미한 빛 너머 칠흑 같은 어둠 속에서 휘몰아쳤고, 거친 바람과 물보라로 표현되는 자연의 막강한 힘은 날것 그대로의 포악한 소음으로 불협화음을 만들었다. 마을에서 온 구조선 선원들이 엄숙한 얼굴로 도착했다. 아버지는 나를 차 안으로 들여보냈다. 아버지가 다른 사람들과 정박소를 향해 밤의 어둠 속으로 사라지는 동안 나는 자동차 좌석에서 몸을 웅크리고 있었다. 라디오 소리로 비바람 소리를 덮어보려 했지만 잡히는 주파수는 없고 잡음만 흘러나왔다. 잠시 후 아버지가 풀 죽은 모습으로 나타났다. 선원들이 폭풍우의 한복판으로 곧장 배를 띄우려 했지만 사람 키보다 두 배나 높은 파도가 들이닥치는 바람에 실패했다. 대신 해안을 따라 위아래로 있는 다른 구조선들이 호출에 응해 출동했다. 아버지가 할 수 있는 일이 없어 집으로 돌아왔을 때도 폭풍우는 쉬지 않고 창문을 두드리며 적막한 거리에 온갖 잔해를 내동댕이치고 있었다.

그날 밤의 기억은 소리와 공포로 가득하다. 이 두 가지는 결합 상태로 공포감을 높인다. 소리는 공포감을 조성하거나 극대화하는 역할을 한다. 영화감독이자 작곡가인 존 카펜터John Carpenter는 공포영화 〈핼러윈Halloween〉의 초기 편집본을 받자마자 영화사 임원을 위한 시사회를 열었다. 초기 편집본엔 음악이 없었고, 이를 본 영화사 임원은 크게 실망했다. 영화에서 공포를 전혀 느낄 수 없던 것이다. 카펜터는 영화의 잠재력을 제대로 구현하려면 다른 뭔가가 있어야 함을 깨달았다. 그가 이후에 작곡한 음악은 영화 관람객들에게 극도의 긴장감과 불안감을 주는 걸작으로 탄생했다. '캐틀 프로드cattle prod'라고 불리는 고압 전기봉의 작동음을 활용한 부분도 기발하지만, 불안한 감정을 끌어내기 위해 불규칙한 4분의 5박자를 사용한 것에는 감탄할 수밖에 없었다. 이 영화음악은 듣는 이의 신경을 거스르면서 심리적 압박감을 준다. 듣는 이의 마음을 조급하게 내몰다가 갑자기 패턴을 바꿔 균형의 중심을 마구 흔든다. 피아노의 단조 연주는 불길한 느낌을 주고, 동반 화음의 내려가는 음은 악몽 같은 혼돈 속으로 깊이 빨려 들어가는 듯한 기분을 느끼게 한다. 영화 음악은 믿기 어려울 만큼 효과적으로 위기감을 고조하고, 우리를 긴장하게 만든다. 당시 〈핼러윈〉 못지않은 인기를 누린 영화, 〈죠스Jaws〉는 단 두 개의 주요 음으로 비슷한 효과를 유도한다. 처음에는 불길한 음으로 조용하고 느리게 시작해 상어가 다가오는 장면에서는 점점 박자가 빨라지고 음량도 증가한다. 마치 죽음이 눈앞에 들이닥치는 듯한 공포를 불러일으키는 일종의 음악적 도플러 효과Doppler effect● 같다. 영화음악은 영화의 부수 요소가 아니라 행위와 감정을 연결하는 핵심 요소다.

소리는 감정을 건드리는 데 독보적인 능력이 있다. 앞서 언급했듯이 공포감을 일으킬 수도 있고, 다른 다양한 감정도 끌어낼 수 있다. 창문을 두드리는 빗소리를 듣고 있노라면 안락함이 느껴진다. 험한 날씨를 무릅쓰고 외출할 계획 없이 포근하고 뽀송뽀송한 실내에 있다면 더욱 그렇다. 나뭇잎을 쓸고 가는 여린 바람 소리도 마음에 차분한 휴식을 준다. 기업은 소리의 중요성을 잘 알고 있다. 일례로 자동차 제조업체는 고객이 제일 만족할 만한 엔진 소리가 나오도록 튜닝하고, 차문이 닫힐 때 나는 소리도 고객의 귀에 매력적으로 들리게 만든다. 사람들이 보편적으로 좋아하거나, 혐오하는 소리에

● 1842년 크리스티안 도플러가 발견했다. 빠른 속도로 달려오는 구급차의 사이렌 소리가 높게 들리다가 지나가면 소리가 낮아지는 현상이 도플러 효과의 한 사례다. - 옮긴이

는 일관되고 강력한 상관관계가 있다. 자동차 경적은 교통체증이나 짜증나는 통근길을 연상케 한다. 스마트폰의 알림 소리도 마찬가지다. 우리를 자극하며 생각을 방해할 뿐만 아니라 우리가 현대 통신 기술의 변덕에 얼마나 얽매여 있는지 상기시킨다.

예상치 못한 커다란 소음은 사람을 놀라게 한다. 몇 년 전에 겪은 일은 내게 정말 인상적인 경험으로 남았다. 같이 일하는 연구진과 새로운 연구실 공간을 살펴보러 갔을 때의 일이다. 연구원 중 한 명인 테디Teddy가 골똘히 생각에 잠겨 있었다. 또 다른 연구원인 리스Liss가 슬그머니 뒤로 다가가 귀에 고무 가재 인형을 대고 가볍게 눌러서 '꽥' 소리가 나게 했다. 효과는 극적이었다. 테디는 줄이 잘린 마리오네트 인형처럼 바닥에 그대로 주저앉았다. 리스는 테디를 놀려줄 생각이었지만 그처럼 크게 놀랄 줄은 몰랐던 모양이다. 테디의 반응이 다소 격렬하긴 했지만, 이런 기질은 우리 모두에게 있다. 갑작스러운 소리, 특히 대형 트럭이 옆으로 지나갈 때의 음량인 80에서 90데시벨보다 큰 소음은 이런 반응을 유도할 수 있다. 이것은 자신을 안전하게 지키기 위한 진화의 산물이다. 무의식적으로 눈을 감고, 종종 몸을 아래로 수그리는 것도 우리 몸에서 제일 취약한 부분을 보호하기 위한 본능적 반응이다.

모든 문화권에서 사람들은 두 가지 기본적인 공포를 갖고 태어난다고들 한다. 높이에 대한 공포와 큰 소음에 대한 공포다. 당연한 얘기로 들리지만 모두가 똑같이 반응하는 것은 아니다. 작은 소음에도 화들짝 놀라는 사람이 있는가 하면 어떤 사람은 예기치 않은 폭발음이나 충돌음을 듣고도 꿈쩍하지 않는다. 이렇게 다른 모습을 보이는 이유가 무엇일까? 무언가가 반응의 강도를 낮추고 있기 때문에다. 예를 들어 옥시토신oxytocin은 공포를 억제한다고 알려졌다. 이 호르몬은 시상하부hypothalamus에서 생성되며 사회적 행동을 조절해 타인에게 더 협조적이고 상냥하게 만들고, 스스로 긍정적인 기분을 느끼게 한다. 옥시토신은 타인과 애정 어린 상호작용을 할 때(예를 들어 서로를 보살피는 관계에 있을 때 등) 분비된다. 이 호르몬이 스트레스 상황에서 사람을 차분하게 유지하는 데 도움을 주는지 알아보고자 비강 스프레이를 이용해 옥시토신 수치를 일시적으로 높여준다. 옥시토신을 콧속에 뿌리면 사람들은 갑작스러운 소리에 반응하지만 강도가 훨씬 약해진다. 반면, 소리를 듣기 전부터 공포를 느끼는 상태였다면 예열 효과로 폭죽이 터지듯 격하게 반응한다. 한 번은 비행기에서 초자연적 현상을 다루는 스릴러물을 보고 있었다. 영화 중반부의 조마조마한 장면에서 긴장감이 극에 달하며 심장이 터질 것 같은 기분이었다. 그 순간 폴터가이스트poltergeist● 같은 무언가가 요란한 소리를 내며 등장했다. 깜짝 놀란 내가 무의식적으로 꺅 소리를 지르며 무릎을 들어올려 좌석 탁자를 치는 바람에 플라스틱 컵에 담긴 레몬 푸딩이 옆자리 남자의 무릎으로 쏟아졌다. 비명을 들은 주변 사람들의 시선이 나를 향했고, 내 푸딩을 뒤집어쓴 신사는 잔뜩 화가 나 있었다.

● 물건을 던지거나 시끄러운 소리를 내는 유령 - 옮긴이

사람을 놀라게 하는 장난은 세계 어디서나 약방의 감초처럼 등장하지만, 이런 장난은 즉각적인 반응에서 그치지 않고 지속적인 영향을 준다. 교통사고 소리에 순간적으로 패닉이 왔던 사람은 한동안 성격 변화를 겪을 수 있다. 그래서 자선 단체에 기부금을 내는 확률이 대략 10배 정도 높아진다. 이상하게도 간신히 살아남았다는 생각은 짧은 기간일지라도 사람을 더 친절하게 만든다. 하지만 항상 긍정적인 방향으로 작용하는 것은 아니다. 분노조절에 문제가 있는 사람은 격렬한 청각적 놀람반사acoustic startle reflex를 보일 때가 많다. 이것은 전반적으로 항진된 불안 상태와 부분적으로 관련이 있는지도 모르겠다. 화가 많이 나 있을수록 큰 소음에 더 크게 반응하는 경향이 생기는 것이다. 그 결과 청각적 충격의 형태로 발생한 불쾌한 놀람 때문에 짜증이 더 심해진다. 이런 상황에서는 피드백 악순환 고리가 생길 수 있다. 불안이 사람을 더 극적으로 반응하게 만들고, 이 반응성이 사람을 더 화나고 불안하게 만든다. 이런 소리에 나타나는 행동 반응은 통제 불가능한 반사reflex에 해당하기에 여러 번 반복적으로 패닉에 빠질 수 있다. 전쟁 지역에서 군인과 민간인들이 귀를 먹먹하게 만들고 목숨을 위협하는 예측 불가능한 소리에 장기간 노출되면 외상후스트레스장애PTSD와 같이 만성적이고 치명적인 질환이 생길 수 있다. PTSD는 증상 발현의 직접적인 원인이 사라진 후에도 몇 년 동안 나타날 수 있다.

우리는 선천적으로 큰 소리에 잘 놀라는 성향을 타고났지만, 상대적으로 조용한 소리를 참지 못할 때도 있다. 수도꼭지에서 뚝뚝 물 떨어지는 등의 무해한 소리 때문에 잠을 설쳐본 적이 있는가? 그 소리에 한 번 꽂히면 온 신경이 거기에 쏠리면서 다른 어떤 것도 할 수 없게 된다. 아파트 3층에 살던 때의 일이다. 어느 늦은 밤 잠을 자다가 도로에 정차한 자동차 스테레오에서 흘러나오는 소리에 깬 적이 있다. 20분 정도를 참고 기다렸지만 도무지 끝날 기미가 보이지 않았고, 마지막 잠기운까지 확 달아나자 짜증이 밀려왔다. 결국 침대에서 일어나 냉장고에서 달걀을 하나 꺼내며 암탉에게 마음속으로 사과했다. 그런 다음 발코니로 나가서 소리의 진원 차량을 조준하고 달걀 미사일을 투하했다. 나머지는 중력이 알아서 했다. 달걀은 자동차의 전면창 한가운데 떨어져 터졌고, 그제야 소음이 뚝 끊겼다. 나는 유별나게 화를 잘 내는 사람이 아님에도 집안까지 파고들어 수면을 방해하는 소음을 참을 수가 없었었다.

우리를 조금씩 갉아먹듯 괴롭히는 소리에는 공통점이 있다. 우선 배경음보다 두드러지게 들린다. 예를 들어 주변이 시끄러운 낮에는 수도꼭지에서 떨어지는 물방울 소리가 들리지 않는다. 주변 소음이 잦아드는 밤이 되면 물소리가 선명하게 들린다. 그리고 이런 소리는 반복적이다. 보통 반복 속도가 꽤 느리고 불규칙할 때도 많다. 마지막으로 제일 짜증이 나는 소음은 우리가 당장 통제할 수 없을 때가 많다. 이유가 무엇이든 간에 정신이 그쪽으로 한 번 쏠리면 그 소리에 완전히 사로잡혀 버린다. 어째서 이런 일이 일어나는지는 알려진 바가 거의 없기 때문에 상황을 개선할 방법도 찾기 어렵다. 휴식을 취하려는 사람들은 음악이나 자연의 소리에 귀를 기울이거나, 경제학을 좋아하는 사람이면 마음을 사로잡는 경제학 강의를 들으며 거슬리는 소리를 차단하려 노력한다. 하지만 이때 조심할 부분이 있다. 수면 유도용으로 이용하는 소리가 수면 중에 계속 이어지면 청각 자극이 수면 패턴을 해칠 수 있다는 증거가 있다. 다른 방법은 소음 제거 헤드폰noise-cancelling headphone을 사용하는 것이다. 이 헤드폰은 외부 마이크를 이용해 주변의 자잘한 소리를 측정한다. 그리고 여기서 얻은 정보를 기반으로 헤드셋 안에서 주변 소음과 위상이 반전된 소리를 발생시켜 소음을 상쇄한다.

많은 사람에게 거슬리는 소리는 지엽적인 문제다. 당장은 짜증이 나지만 그렇다고 그 소리가 머릿속을 완전히 장악하지는 않는다. 하지만 일부 추정치에 따르면 6명 중 1명은 특정 소음에 더 심각하게 반응하는 청각과민증misophonia이 있으며, 이 증상으로 고통스러운 삶을 살고 있다. 이들은 단순히 짜증 수준에서 그치는 것이 아니라 아드레날린adrenaline이 폭주하면서 심장이 요동치는 것을 느낀다. 그리고 생존본능이 정신을 완전히 장악해서 당장 탈출하지 않으면 죽을지도 모른다는 두려움으로 가득 찬다. 이런 반응을 촉발하는 흔한 소음으로는 씹는 소리, 코 고는 소리, 딸깍딸깍 두드리는 소리 등이 있다. 청각과민증이 있는 사람은 이런 소리를 들으면 마치 공격

받는 것처럼 느낀다. 이 현상의 뿌리에는 뇌섬엽insular cortex이라는 뇌 영역이 있다. 뇌섬엽은 감각적 경험을 감각 입력과 뒤섞는 곳이다. 청각과민증이 있는 사람의 뇌섬엽을 과민증이 없는 사람의 뇌섬엽과 비교했을 때, 다른 뇌 영역과의 연결 방식이나 활성화 정도(과도하게 활성화돼 있다)에서 차이를 보인다. 이런 증상이 없는 운 좋은 사람들은 청각과민증을 대수롭지 않게 여기며 단순히 유별나다고 보겠지만, 이것은 신경학적 기반이 있는 실질적 증상이다. 게다가 헤드폰을 쓰는 것 말고는 효과적으로 치료할 방법도 거의 없다. 그러니 당신이 식사할 때 배우자가 팟캐스트 방송을 듣는다고 해서 기분 나쁘게 받아들이지는 말자.

모든 사람이 청각과민증 환자가 겪는 소음 혐오증에 시달리지는 않지만, 보편적으로 고통스러워하는 소음이 있다. 이와 관련해 혐오감을 유발하는 가장 흔한 소음을 확인하는 설문조사가 여러 차례 진행됐다. 사람들은 치과 드릴 소리를 무척 싫어한다고 답했는데, 아마도 고통스러운 치료 과정을 연상시키기 때문일 것이다. 개 짖는 소리나 다른 거슬리고 불안한 소음도 싫어하는 것으로 나타났다. 이런 예시들 가운데 꾸준히 상위권을 차지하는 소음은 다른 사람의 구토 소리다. 콧물이 줄줄 흐르는 사람이 훌쩍거리는 소리나, 입을 벌리고 음식을 씹는 소리도 싫어한다. 이에 대한 설명은 간단하다. 신체 기능, 특히 감염 전파의 위험과 연결된 신체 기능은 우리에게 경계심을 유발한다. 이런 종류의 반응은 우리 의식 깊숙한 곳에 내장돼 수없이 많은 세대를 거치면서 자기 보호 수단으로 존재해 왔다.

손톱으로 칠판 긁는 소리, 포크로 접시 긁는 소리, 아동의 비명 등과 같은 다른 범주의 싫어하는 소리에도 공통점이 있다. 모두 강렬한 고음을 만들어낸다는 점이다. 인류의 모든 문화권에서 이런 음향 프로필은 극단적인 고통을 나타낸다. 소음이 실제로는 고통과 관련 없음을 잘 알면서도 이성적으로 판단할 수가 없다. 이런 특성을 공유하는 비명과 고주파음이 뇌의 공포 생산 공장인 편도체amygdala에 직접적으로 전달되기 때문이다. 그래서 우리는 비명을 다른 소리와 다른 방식으로 취급하는 성향이 있다. 이런 소리는 일반적인 처리 과정을 우회해서 우리를 직접 긴장시킨다. 알람 소리나 다른 여러 가지 경고신호가 동일한 소리 주파수를 사용하는 것도 우연이 아니다. 수백만 년을 거치면서 우리는 그런 소리를 무시할 수 없게끔 진화했다. 한 연구에서 인간이 다양한 동물이 내는 울음소리의 맥락을 얼마나 잘 파악하는지 조사했더니, 인간은 고통 속에 있는 동물이 내는 소리를 아주 잘 가려내는 것으로 나타났다. 동물계에서 보편적으로 통하는 신호가 있다면 비명일 것이다.

소리의 파괴적인 잠재력을 알아본 사람들이 있었다. 소리의 힘을 일종의 음향 무기로 사용하려는 연구가 군軍에서 수십 년 동안 이뤄졌다. 누가 들으면 공상과학 소설에나 나올 법한 이야기라거나, 영화 〈007〉 시리즈에서 Q가 제임스 본드James Bond에게 시킬 만한 일

정도로 보겠지만, 실제로 음향 무기가 현실에 등장하기 시작했다. 2005년 미국의 여객수송선 **시본스피릿**Seabourn Spirit 호가 무장 해적들에게 공격을 받았다. 선장이 회피 조치를 했고, 갑판 위의 선원들은 음향대포sound cannon를 발사했다. 음향대포의 사격 거리는 300미터 정도로 선박 납치범들에게 고통과 구토를 유발할 수 있다.🐈 물론 이 방법은 해적들을 단념시키기에 충분했다. 좀 더 최근에는 음파 빔의 초점을 맞추는 데 자기장을 적용해 1킬로미터 이상 거리에서 극도로 정확한 음향 레이저를 만들기도 했다. 하지만 이런 새로운 부류의 무기 개발은 몇몇 특별한 사람에게만 희소식일 거라는 게 개인적인 생각이다. 물론 고무탄이나 최루가스에 비하면 음향 무기가 양반격이긴 하다. 특히 엉뚱한 장소, 엉뚱한 시간에 거기에 있다가 유탄이나 흘러들어온 최루가스 때문에 피해를 보는 사람이 없어서 좋다.

좀 더 광범위하게 사용되는 음향식 억제 장치로 '모스키토The Mosquitto'가 있다. 모스키토는 감각생물학의 독특한 특성을 이용해서 특정 집단을 표적 삼아 작동하는 장치다. 나이가 들면서 우리의 가청 범위는 썰물 빠지듯 점차 후퇴한다. 만 20세를 넘으면 하루에 1헤르츠씩 가청 범위가 축소한다. 그래서 20세에 가청 범위 상한선이 20킬로헤르츠였다면 50세에는 10킬로헤르츠 위의 소리를 듣기가 쉽지 않다.

🐈 고강도 소리에서 발생하는 진동이 내부 장기에 손상을 가해 굉장히 불편한 느낌을 줄 수 있다. 소리의 진동은 사람들을 구토하게 만들 뿐만 아니라 내장에 경련을 일으켜 통제불능으로 배변하게 만든다는 주장도 있다. 정말로 이런 효과가 있다면 분명 상대방의 사기를 꺾어 놓을 수 있을 것이다.

'모스키토'의 제조업체는 바로 이런 현상을 활용했다. 십 대들이 얼쩡거리면서 이상한 짓을 하는 장소에 설치하면 그들을 괴롭힐 수 있다. 이런 음향장치의 사용과 관련한 논란은 지극히 당연하며 합리적이다. 이런 장치의 사용을 옹호하는 사람들은 이 음향장치가 지속적인 고통을 일으키지 않는다는 측면에서 이를 변론한다.

청각 공격의 영역에서 미군이 조금 무식한 접근법을 사용한 적이 있다. 1989년 도주 중이었던 파나마 독재자 마누엘 노리에가Manuel Noriega가 파나마 시티의 바티칸 대사관에 숨어들었을 때, 주변의 군대는 트럭에 장착한 거대한 스피커를 이용해 헤비메탈 음악을 3일 동안 쉬지 않고 퍼부었다. 노리에가는 결국 버티지 못하고 항복했다. 이것은 여러 번 사용된 우악스러운 기법으로 1993년 텍사스 와코에 있는 다윗교 추종 집단 시설에 대한 포위 공격과 이라크 및 아프가니스탄 포로들을 대상으로 한 공격에도 사용했다. 음향 공격에 노출됐던 사람들은 가차 없는 청각적 구타에 절망할 수밖에 없었다고 했다. 우리의 감각은 세상을 경험할 수단을 제공하지만, 역으로 우리의 갑옷 사이로 난 틈새 역할을 할 수도 있다. 우리는 의지력만으로 자신의 지각을 잠재울 수 없다. 그래서 민감한 귀가 오히려 불리하게 이용될 수도 있다.

분노를 산 사람에게 고의로 음향을 사용해 괴롭히는 이야기가 신문의 헤드라인을 장식하기도 하지만, 소리는 모르는 사이에 광범위한 문제를 일으키고 있다. 현대 세계, 특히 바쁜 도시는 소음으로 가득 차 있다. 교통과 항공 소음, 사람들이 대화하는 소리, 바쁘게 일하는 소리, 심지어는 가게에서 소비 촉진을 목적으로 틀어놓는 음악에 이르기까지 온갖 것들이 현대의 삶을 소란스럽게 만드는 요소다. 도심부에서 눈에 더 쉽게 들어오는 다른 공해와 비교하면 사소해 보일 수 있지만, 실제로 소음은 측정 가능하고 놀라울 정도로 심오한 영향을 미친다. 이 분야의 연구 대부분은 소음이 아동에게 미치는 영향에 초점을 맞추고 있다. 여러 학교를 비교해 보면 배경 소음이 10데시벨만 증가해도 학업 성취도가 5퍼센트에서 10퍼센트가량 하락한 것으로 나타났다. 이것은 학생 집안의 경제적 배경과 같은 교란 인자confounding factor를 통제한 후에 나온 결과다. 또한 모든 학생에게 영향을 미치지만 학업에 어려움을 겪고 있는 학생들에게 특히 더 큰 영향을 미친다. 이런 일이 일어나는 핵심적인 이유는 여러 다른 원천에서 발생한 소음을 우리 귀가 파악하고 있고, 이 정보를 분류하는 과정에서 뇌의 노력과 에너지가 들어가서 인지 기능에 추가적인 부하가 걸리기 때문이다. 여기서 가장 안타까운 부분은 소음이 상대적으로 쉽게 해결할 수 있는 문제라는 점이다. 기본적인 방음 처리만 해도 놀라운 효과를 볼 수 있지만 예산을 쥐고 있는 사람들에게서는 그런 의지가 보이지 않는다.

소리가 비도덕적인 목적으로 사용되면서 알게 모르게 음향 환경을 오염시키기도 하지만 긍정적으로 이용되기도 한다. 레오나르도 다빈치Leonardo da Vinci가 15세기에 아이디어를 구상한 이후로 다양한 형태의 음파탐지기가 사용됐다. 음파를 이용해서 보는 수단으로 개발한 음향측심기echo sounder는 1912년에 있었던 **타이타닉호**

의 참사를 계기로 더욱 추진력을 얻었다. 그 개념이 광범위한 개선을 거치면서 결국에는 반사된 소리의 패턴을 이미지로 변환할 수 있는 장치가 탄생했고, 그 덕에 사실상 우리는 수백만 년 동안 박쥐, 돌고래, 고래가 해왔던 것처럼 반향정위echolocation●를 할 수 있게 됐다.

몇 년 전에 나는 다른 생물학자들과 함께 아조레스제도Azores 탐사에 참여해 향유고래의 행동을 연구했다. 향유고래는 대부분 소리를 통해 세상을 파악한다. 관찰 대상이었던 고래들은 수면으로 올라와 서로의 뒤를 따라 느긋하게 원을 그리며 움직였고, 수다를 떨듯이 스타카토 음을 계속해서 냈다. 그 소리는 마치 빠른 신디사이저 드럼 같았다. 보아하니 고래들은 물속의 낯선 존재인 내가 그들에게 별 위협이 아니라고 판단한 것 같았다. 이들이 나를 평가하는 데 사용한 방법이 꽤 특이하다. 집단의 우두머리인 거대한 암컷이 내게 가까이 다가와서 자신의 환경을 이해할 때 사용하는 정교하게 조정된 음파 탐지기로 나를 꼼꼼히 살폈다. 이 암컷 고래는 반사돼 돌아온 메아리를 수집해서 나에 대한 음향 표상을 머릿속에 그릴 수 있었다.

고래뿐만 아니라 우리도 어느 정도 이런 능력을 발휘할 수 있다. 데본에 살던 소년 리키 조델코Rikki Jodelko는 시력을 부분적으로 상실했지만 자전거를 타고 좁은 길을 달리는 데 어려움이 없었다. 성장하면서 리키의 시력은 급속히 나빠졌고, 20대 초반에는 번쩍이는 빛의 패턴만 간신히 인식할 정도였다. 바깥세상과 접촉할 수 있

● 음파나 초음파를 발산한 이후 물체에 반사해서 나오는 소리를 듣고 물체의 위치나 특성을 파악하는 것 - 편집자

는 방식에 근본적인 변화가 찾아오자 리키는 독립적인 생활을 유지하기 위해 어쩔 수 없이 환경에 적응해야 했다. 다른 시각장애인들과 마찬가지로 점점 더 다른 감각, 특히 청각에 의존하게 됐다. 요즘 리키는 소리 그림자sound shadow를 이용해서 길을 찾는다. 소리 그림자는 음파가 주변에 있는 물체에 가로막히거나 굴절되면서 생기는 결과물이다. 리키는 자신의 청각 능력이 남들과 다르지 않다고 말하지만, 청각의 사용 방법에는 분명 차이가 있다. 리키는 청각적 풍경soundscape에 대한 감수성을 훈련해 자신의 주변 환경에 대한 정신적 지도를 구축했다. 소리풍경에 대한 감수성은 시력이 정상인 사람이라면 인지하지 못하는 능력이다. 그는 아일랜드로 친구들을 만나러 갔다가 자신의 능력을 선보일 일이 생겼다. 시골길을 걷던 리키에게 한 친구의 아들이 청각 초능력을 보여달라고 졸랐다. 들판에서 꼼짝하지 않고 조용히 서 있을 테니 찾아보라는 요청이었다. 리키는 소년의 형태가 만드는 소리 그림자를 이용해서 쉽게 찾아낼 수 있었다. 시력을 상실한 후로 리키의 청력이 더 좋아졌을 가능성은 있지만, 그는 이 능력이 누구에게나 있다고 주장한다. 다만 정상 시력이라 활용하지 않을 뿐이라고 리키는 말한다.

언제 마지막으로 완벽한 침묵을 경험했는가? 그런 적이 있긴 했는가? 내가 겪은 가장 이상한 소리 경험은 시드니의 한 스튜디오에서의 일이다. 앞서 출간한 책의 내레이션을 녹음하러 갔을 때로 기억한다. 녹음실 바닥에는 방음 쿠션이 깔려 있었고, 벽에는 성냥갑 크기의 피라미드 모양 고무가 거품처럼 두껍게 덮여 있었다. 음파의 흡수와 분산을 목적으로 장착한 재료들인데 효과가 독특했다. 모든 소리가 생기라고는 전혀 없는 김빠진 소리로 들린다. 이런 곳에 오면 방향감각을 잃고 긴장하는 사람이 많다. 솔직히 말해 나 역시 묘한 기분이 들었다. 우리는 일반적인 닫힌 공간에서는 안에서 일어나는 반향이나 작은 메아리를 느끼지 못하지만, 방음 처리된 공간에서는 부재를 느낀다. 하지만 내 귀에는 여전히 무언가가 들리고 있었다. 희미하게 윙윙거리는 소리였는데 진원지가 어디인지는 도통 알 수가 없었다. 게다가 잡힐 듯 잡히지 않는 침묵을 찾아 나선 작곡가 존 케이지John Cage의 이야기를 읽기 전에는 그 소리가 무엇인지조차 설명할 수 없었다.

1952년 케이지는 자신의 가장 유명한 작품을 작곡했다. 아마도 이 작품을 접하면 제멋대로 해석을 가져다 붙인 사기극이라 여기는 사람도 있고, 생각을 자극하는 개념이라 여길 사람도 있을 것이다. '4′33″'이라는 제목의 작품은 음악가에게 가만히 있으라고 요구한다는 점에서 특이하다. 이 작품을 4분 30초 동안의 침묵이라고 표현하기도 하지만, 조용한 것과 침묵 사이에는 꽤 큰 차이가 존재한다. 케이지 자신은 그보다 1년 앞서 울림이 전혀 없는 무반향실anechoic room을 경험했을 때 이 차이를 발견했다. 무반향실은 과학 장비나 기술 장비를 시험할 때 사용되며 현존 최고의 방음 시설이라

할 수 있다. 도서관처럼 특별히 조용한 실내 공간에도 20데시벨에서 30데시벨 정도의 희미한 배경소음이 존재한다. 전문적으로 설계된 무반향실은 이보다 10배가량 조용하다. 심지어 데시벨 척도에서 마이너스값이 측정되기도 한다. 그런데도 케이지는 스스로 갈망했던 침묵을 찾지 못했고, 우리 몸이 어느 정도의 소리를 만들어내는지 깨닫게 됐다. 심장 박동 소리나 호흡 소리 같이 분명하게 느껴지는 소음도 있지만 조용하게 혈관을 흘러가는 혈액이 만드는 불분명한 소음이나* 청각 신경이 낮은 수준으로 흥분해서 만들어지는 웅웅거림도 있다. 케이지는 실망하지 않고 오히려 이 발견에서 영감을 얻었다. 그가 자신의 작품 '4′33″'을 통해 불어넣고자 한 것은 침묵이 아니라 평온한 사색의 순간이다. 사람들이 집중할 특정 대상을 제공하는 대신 주변에 있지만 자연스럽게 놓치는 작고 낮은 소음에 귀 기울이도록 했다. 케이지는 '4′33″' 때문에 대중으로부터 심한 비판을 받기도 하지만 이 작품을 가장 중요하게 여긴다.

케이지가 발견했듯이 삶에서 소리를 완전히 배제하기란 불가능하

* 조개껍질을 귀에 댔을 때 들리는 소리가 자신의 순환계에서 나오는 소리라고 주장하는 사람도 있지만, 사실이 아니다. 방음 처리된 공간에서 조개껍질에 귀를 대보면 아무것도 들리지 않는다. 조개껍질 소리는 주변의 잔잔한 소리가 조개껍질 내부 공간에서 공명을 일으키며 나오는 소리다.

다. 주변 공기를 끝없이 휘젓는 압력파는 단순해 보이지만 특별한 음향 경험의 출발점이다. 인간의 언어와 음악의 중심에는 귀 기울여 듣는 행위가 깊게 자리 잡았고, 소리는 감정과 긴밀하게 연결돼 우리 내면의 가장 깊은 감정을 끌어낼 수 있다. 언어를 통해 무한에 가까울 정도로 다양한 소리를 만들고 결합하는 능력이야말로 우리가 사회적 존재일 수 있는 토대이며, 그 덕분에 우리는 내면 깊숙한 곳의 생각과 느낌을 표현할 수 있다. 언어 자체는 인간의 모든 특성 중에서도 가장 근본적인 것으로 설명되며, 다른 어떤 특성보다도 우리 종의 운명을 결정짓는 데 큰 역할을 했다. 언어는 우리 종의 진화를 촉진하고 새로운 상황에 적응할 수 있게 했으며 문화의 토대를 형성했다. 궁극적으로는 우리가 지금 알고 있는 문명으로 발달할 수 있는 길을 활짝 열었다.

사람만 소리를 낼 수 있는 것은 아니다. 이 글을 쓰는 동안에도 창밖 뱅크셔 나무는 끝없이 활기 넘치는 수다를 떨고 있는 앵무새들로 흔들리고 있다. 앵무새들의 대화는 복잡한 언어적 기교보다는 열정과 시끌벅적함이 특징인 듯하다. 방 두 개 너머에서 작업 중인 두 명의 건축업자 사이에 오가는 대화와 아주 선명한 대조를 이룬다. 방금 건축업자 A가 아랫사람으로 보이는 건축업자 B에게 서로 다른 자동차의 상대적 장점에 대해 자신의 의견을 길게 얘기하더니 지금은 시멘트를 섞는 방법에 관해서 세세한 부분까지 지도하고 있다. 건축업자들 사이에서 오가는 대화는 다양한 개념을 표현할 수 있다는 점에서 앵무새들의 대화와 근본적인 차이가 있다. 인간의 언어는 분명 동물의 소통과 다르다. 어째서 복잡한 언어가 우리 종에서만 진화해 나왔을까?

대단히 흥미로운 질문이자 언어 자체가 존재한 기간 내내 논란이 끊이지 않았던 주제이기도 하다. 1866년에는 이 주제를 두고 학술적으로 논쟁이 이어지다가 결국 이 분야의 세계적 선도 기관 중 하나인 파리 언어학회Société de Linguistique de Paris에서 이대로 방치할 수 없다고 선언하기에 이르렀다. 학회는 이런 논쟁이 언짢다는 듯 자기네 모임에서는 인간 언어의 진화에 대한 논의를 금지했고, 이로써 이 분야는 수십 년 동안 사실상 사장되기에 이르렀다. 하지만 20세기 후반부에 유전학, 신경과학, 고고학 등의 학문 분야에서 발견이 이뤄지면서 황무지와도 같던 해당 주제가 활기를 되찾았다. 아직 가야 할 길은 멀지만 이제 우리는 해답의 조각들을 이어붙이기 시작했다.

침팬지와 보노보 등 우리와 제일 가까운 친척 유인원들은 다양한 몸짓과 서로 구분되는 몇몇 울음소리를 통해 소통할 수 있다. 인상적인 능력이기는 하지만 우리의 정교한 대화와는 거리가 있다. 사실 우리 언어와 다른 유인원의 언어 사이에는 적어도 3가지의 결정적 차이가 있다. 첫째, 성도vocal tract의 정교한 조절 능력이다. 이 과정은 뇌, 특히 수의적 운동을 지배하는 운동겉질motor cortex과 후두 사이의 신경 연결이 주도한다. 공기의 흐름과 성대주름vocal fold의 운동을 긴밀하게 통제해서 우리가 만드는 소리를 조절하는 것은 후두의 역할이다. 다른 유인원은 직접적으로 뇌와 후두를 연결하는 신경망이 없기 때문에 사람처럼 소리를 통제하지 못한다. 둘째, 빈대학교University of Vienna의 인지생물학과 교수 테쿰세 피치Tecumseh Fitch가 말하는 인간의 소통하고자 하는 성향이다. 유인원 친척을 비롯한 많은 동물에게 상호작용 및 정보 공유 능력이 있지만, 우리는 특히 개인적인 생각을 공유하려는 참을 수 없는 욕망이 있는 것 같다. 어린 아이들이 끝없이 수다를 떠는 것만 봐도 우리 삶에 말하기가 중심을 차지하고 있음을 어렵지 않게 이해할 수 있다. 마지막으로 우리의 언어가 조직화되고 구조화되는 방식 덕분에 우리는 복잡한 개념을 지적으로 표현할 수 있는 독특한 능력을 소유하게 됐다. 계층적 구문론 덕에 우리는 순서에 따라 나열된 단어에서 의미를 뽑아낼 수 있고, 이것이 인간 언어의 토대를 이룬다.

우리의 조상이 약 600만 년 전에 현대 침팬지의 조상과 갈라져 나온 이후로 우리 인류hominid● 혈통은 독자적인 진화의 길을 개척했다. 진화하는 동안 우리는 해부학적으로 적응하고 거기에 대한 정밀한 통제 능력을 획득해 더욱 세련된 소리를 만들어냈다. 우리의 정신과 문화는 거기에 보조를 맞춰 언어를 진화시킴으로써 정교한 소통 능력을 갖추게 됐다. 우리가 어떻게 머나먼 선조의 기본적 언어 능력에서 지금과 같은 언어 능력으로 전환할 수 있었느냐는 의문은 여전히 풀기 어려운 숙제다. 초기 사람과 동물은 현대의 유인원과 비슷한 방식으로 의사소통했고, 흔히 조어protolanguage라고 부르는 것이 있었을 가능성이 크다. 유인원들과 마찬가지로 조어와 더불어

● 현대 인간과 모든 원시 인류 - 옮긴이

서로 다른 몸짓의 어휘를 추가로 갖추게 됐는지도 모른다. 음성언어와 문자언어에 의존하는 오늘날에도 몸짓이나 제스처는 여전히 쓸모가 있으며 흔히 사용된다. 운전을 할 때도 나를 향한 제스처가 종종 보인다. 데이비드 아텐버러David Attenborough는 인류학자 경력 초기에 외딴 지역에 고립된 부족과 자주 마주쳤다. 1967년 파푸아 뉴기니 여행 당시에는 비아미족Biami 사람들을 만났다. 아텐버러와 비아미족은 공통 언어가 없어 몸짓과 표정을 이용해 소통했다. 고개 끄덕이기나 고개 젓기, 손가락으로 가리키기, 미소 짓기 등은 보편적으로 이해하는 것 같았다. 특히 아텐버러에게 강한 인상으로 남았던 것은 눈썹이 감정 표현에 유용하게 쓰였다는 사실이다. 그는 비아미족과 영국인 사이의 상호 이해를 돕는 데 눈썹의 역할이 컸다고 봤다. 우리는 공통의 음성언어 소통 채널이 없을 때마다 재빨리 흉내내기와 얼굴 표정을 사용한다. 이런 행동은 우리의 진화적 과거를 엿볼 수 있는 창이 된다.

하지만 이런 접근방식은 구체적 정보를 전달하는 데 이상적이지 못하다.* 소통이 발성의 레퍼토리로 확장된 것이 어쩌면 인류 역사에서 가장 중요한 혁신이었는지도 모른다. 이런 과정이 정확히 어떤 시간 경과를 따랐는지는 알 수 없지만 화석 증거를 바탕으로 보면 200만 년 전에 기본적인 상징 소통symbolic communication과 함께 시작해 5만 년에서 15만 년 전 사이에 진정한 언어가 발달해 나온 것으

* 단순한 몸짓과 수어 사이에는 아주 큰 차이가 있다는 점이 중요하다. 수어는 명칭이 암시하는 바와 같이 복잡한 형태의 소통 수단이다.

로 보인다. 생각을 상징적 단어로 옮김으로써 우리 선조들은 자신의 감정과 아이디어를 표현했을 뿐 아니라 사람, 장소, 사물도 지칭할 수 있게 됐다. 초기 단계에서 소리는 친족 간의 유대를 강화하고, 유인원의 털 고르기 행동에 해당하는 청각적 관계를 강화하는 수단으로 이용됐을 것이다. 더 나아가 발달 과정에서 언어는 주변 사람들과 어떤 과제를 공동으로 수행하는 데 사용하는 협력 수단으로 자리잡았다. 머나먼 과거 어느 시점에서 우리 선조들의 생활방식에 혁명이 일어났다. 주로 과일과 채소를 먹던 식생활이 고기 섭취가 많아지는 식단으로 바뀐 것이다. 발톱, 날카로운 이빨, 파괴적인 힘 등 사냥하는 데 필요한 핵심 도구를 갖추지 못한 인간 같은 종에서는 효과적으로 사냥할 방법이 협동밖에 없었다. 함께 일하며 사냥꾼 집단의 결집된 행동을 끌어내려면 지적 능력뿐만 아니라 의사소통 수단이 필요했다. 기본적인 공통 어휘가 이런 수단을 제공하면서 우리 종의 특징인 협업과 혁신을 위한 무대가 마련됐다.

몇 년 전 친구에게 메시지를 하나 받았다. 친구는 문자를 보냈지만, 메시지는 알고리즘을 통해 음성으로 전환돼 도착했다. 스쿼시 게임을 하고 싶은지 묻는 내용의 음성 메시지는 마치 터미네이터가 나를 도발하는 듯한 느낌을 줬다. 이후 인공지능이 크게 발전했음에도 컴퓨터로 만든 발성은 여전히 어색하게 들린다. 컴퓨터 음성은 끝없이 복잡하면서도 아름다운 음성언어라는 매체에서 감정을 제거해 무미건조하게 만든다. 정상적인 인간의 대화는 단어만 전달하는 게 아니다. 주고받는 메시지에는 말하는 이의 정서가 담긴다.

목소리톤을 높이는 것은 맥락에 따라 공포든, 환희든 '지금 감정이 고조돼 있어요.'라고 말하는 것이다. 아니면 말하는 톤을 변조함으로써 듣는 사람에게 지금 열정적으로 귀담아듣고 있다는 느낌을 전달할 수 있다. 가슴을 쥐어짜는 고통을 노래하는 가수는 미묘한 기교로 감정을 전달한다. 예를 들어 아델Adele은 가히 감정 전달의 대가라 할 수 있다. 아델은 그의 노래 〈Someone Like You〉에서 저항과 절망 사이를 오가며 가사 중간에 목소리의 끊김을 추가한다. 이것은 우리가 간신히 쥐어짜서 말할 때 나타나는 격렬한 감정의 특징이다. 아델이 가창에 섞은 기교는 자신을 더욱 연약하고 취약한 존재로 보이게 하며, 듣는 이로 하여금 노래에 감정적으로 빠져들게 한다.

영어는 비성조 언어non-tonal language로 설명될 때가 많다. '바나나'나 다른 단어를 말할 때, 끝에서 성조를 올리면서 발음하든 성조의 변화 없이 발음하든, 또 다른 창조적인 방식으로 발음하든 단어의 의미는 하나다. 어떤 식으로 성조를 변화시켜 말하더라도 '바나나'는 그냥 '바나나'다. 이와 달리 표준 중국어Mandarin나 광둥어, 베트남어는 성조에 따라 단어의 의미가 완전히 달라진다. 표준 중국어에서는 성조에 따라 '**마**ma'가 말이나 어머니를 의미할 수 있고, '**시옹마오**xiong mao'가 가슴털이나 판다를 의미할 수도 있다. '**웬**wen'이라는 동사를 사용하면 사람에게 무언가를 물어보고 싶다는 말일 수도 있고, 입을 맞추고 싶다는 말일 수도 있다. 영어에는 이런 교묘한 어법이 없지만 다른 톤을 사용함으로써 특정 단어를 강조해서 문장의 의미를 바꿀 수 있다. 다음과 같은 질문을 예로 들어보자. "Did you bring a chimpanzee to the party?(너 파티에 침팬지를 데리고 왔어?)" 여기서 'a(하나의)'라는 단어를 강조하면 침팬지를 더 데려왔어야 하는데 왜 한 마리뿐이냐는 의미다. 반면 'party(파티)'라는 단어를 강조하면 침팬지를 데리고 오는 것은 사회적 결례임을 암시한다.

낯선 언어로 말하는 것을 들을 때도 언어적 의사소통에는 화자話者의 감정을 쉽게 파악할 수 있는 정보가 담겨 있다. 프랑스인 야영장 주인이 프랑스어로 우리에게 소리를 지른다면 뭐라고 하는지 정확히 알지는 못해도 잔뜩 화가 난 상태임을 짐작할 수 있다. 마찬가지로 야영장 주인은 우리가 자신의 분노에 혼란스러워하고 있음을 직감할 수 있을 것이다. 서로 다른 문화권 출신의 사람들이 녹음한 메시지를 이용해 감정을 확인하는 능력을 테스트한 연구에서 그 언어가 익숙지 않아 화자의 말을 이해할 수 없는 상황이라고 해도 분노, 공포, 혐오, 행복, 슬픔, 놀람 등의 기본 감정basic emotion을 정확하게 파악할 수 있는 것으로 나타났다. 우리의 청각겉질auditory cortex은 분노에 특히 민감하게 조정돼 있다. 어떤 단어로 표현되든 간에 화난 목소리가 들리면 뇌 활동이 급격히 증가한다. 이것은 우리에게 잠재적인 위협 상황을 예상케 하고, 심장 박동을 조절하며 갈등에 미리 대비하게 한다. 즐거움, 성취감, 안도감 같은 다른 언어적 정서에 노출될 때는 직관적으로 감정을 파악하는 능력이 조금 떨어진다. 그럼에도 불구하고 우리는 단어 자체와 독립적으로 목소리에서 감정을 인식하는 데 능숙하다.

이와 유사한 방식으로 우리는 얼굴 표정과 감정을 연결하는 데도 능하다. 너무나 당연해 보일 수 있지만, 얼굴을 이용해 내적 상태를 전달하는 방식이 우리 종과 침팬지 사이에 꽤 많이 겹친다는 점을 알고 나면 더 놀랍게 느껴진다. 이것은 언어나 얼굴 표정 모두에서 우리가 기본 감정을 표현하는 방식을 제일 가까운 친척 종과 공유하며, 이런 능력의 기원이 아주 오래됐음을 의미한다. 더군다나 목소리와 그 목소리가 드러내는 감정에 대한 반응 능력은 아주 어린 시절에 발달한다. 아기들은 눈이 제대로 보이기도 전에 목소리에 담긴 감정을 파악할 수 있다. 심지어 태아도 엄마의 목소리에 반응하고, 만삭에 가까워질 즈음에는 엄마가 책을 큰 소리로 읽어주면 몇 초 안으로 긴장을 푸는 모습을 보여준다. 우리의 언어 능력은 타고난 것이지만 발달하는 데 시간이 걸린다. 하지만 단어를 습득하기 훨씬 전부터 우리는 목소리를 듣고 그 사람의 감정을 직관적으로 파악할 수 있는 능력을 내장하고 있다.

목소리로 감정을 전달할 수 있게 되면 음악에 감정을 실어 전달하는 것도 어렵지 않다. 4만 년 전 석기시대의 한 인간이 지금까지 알려진 것 중 가장 오래된 악기를 만들었다. 악기는 콘도르의 뼈를 깎아 만들었으며, 길이는 한 뼘 정도 된다. 꼼꼼하게 구멍을 뚫어 관악기의 형태를 갖춘 모양새가 페니 휘슬penny whistle●을 떠올리게 한다. 이 악기는 2008년 독일 남부에서 발견됐고 우리 선조의 음악 활동을 보여준 기존의 모든 증거보다 1만 년 정도 시기가 앞선다. 우리가 석기시대에 대해 알고 있는 내용을 보면 인생이 고달프고, 위험하고, 무엇보다도 수명이 짧았다는 인상을 준다. 하지만 음악은 분명 중요한 부분을 차지하고 있었다. 음악은 먹여주지도, 지켜주지도, 따듯하게 해주지도 않지만 기쁨을 준다. 마음을 움직이고, 다른 감각적 경험은 감히 넘보지 못할 방식으로 감정을 사로잡는다. 좋아하는 음악을 들으면 뇌의 쾌락 중추에서 도파민dopamine이 분비돼 소름이 돋는 미학적 전율을 경험한다. 나는 카탈루냐 광장에서 베토벤의 〈환희의 송가Ode to Joy〉를 공연한 오케스트라 플래시몹 동영상을 볼 때 이런 기분을 느낀다.● 고급스럽게 차려입고 거리의 악사 흉내를 내는 솔로 첼로 연주자가 서 있다. 한 어린 소녀가 그의 발밑에 둔 모자에 동전을 하나 넣자 느리게 후렴구 연주를 시작한다. 잠시 후 두 번째 연주자가 합류하고, 지나가던 행인들이 살짝 놀란 표정으로 그들을 바라본다. 차츰 더 많은 연주자가 악기를 들고 입장하고 청중이 모이기 시작한다. 처음에는 단순한 호기심에, 나중에는 강렬한 음악적 열정에 이끌려 모여든다. 마지막에 가서는 50명 정도의 연주자와 가수가 수백 명의 관객에 둘러싸여 연주와 합창을 한다. 음악이 절정을

● 금속과 나무로 만든 피리 형태의 악기 - 옮긴이

● 아직 보지 않았다면 유튜브에서 찾아 감상하기를 권한다. 베토벤이 청력을 잃은 후에 이 곡을 작곡했다는 사실을 알고 보면 더욱 감동적이다.

향해 달려가는 동안 사람들의 얼굴에는 즐거움이 역력하고 아이들도 신이 난다. 음악의 아름다움은 말할 것도 없고 사람들을 하나로 만드는 마법 같은 힘에 감동이 밀려온다. 음악 연주는 청중을 흥분시키고 영감을 불어넣는다. 심지어 동영상을 보는 것만으로 두 눈에 눈물이 맺힌다.

이처럼 음악에는 우리를 하나로 모으는 강력한 힘이 있다. 시인 헨리 롱펠로Henry Longfellow가 음악을 '인류의 보편적 언어'라고 언급한 이유도 여기에 있을 것이다. 대부분의 사람은 익숙한 멜로디가 아니라고 해도 음악을 들으며 베토벤 〈월광 소나타〉의 사색적 성찰이나 프로코피예프 〈교향곡 1번〉의 활기 넘치는 열정을 머릿속에 떠올릴 수 있다. 하지만 롱펠로가 말한 보편성을 충족하려면 음악이 문화적 차이를 초월해 서로 다른 문화적 전통에 동등한 느낌을 전달할 수 있어야 한다. 과연 가능한 일일까? 최근에 하버드대학교의 한 연구진이 이런 주장을 검증하기 위해 60개 국가에서 온 수백 명의 사람에게 전 세계의 짧은 음악 클립을 들려주며 음악에서 느껴지는 특징을 말해달라고 요청했다. 사람들은 인종과 음악의 다양성에도 불구하고 그 곡조가 자장가인지, 발라드인지, 치유의 노래인지, 춤곡인지 신뢰성 있게 파악할 수 있었다. 개별 음악 범주에 속한 곡들에는 문화적 배경과 관계없이 사람들이 이해할 수 있는 공통적인 특성이 있었다.

그렇다고 모든 문화권에서 똑같은 음악을 즐긴다는 의미는 아니다. 내가 학교를 졸업한 후 일했던 요크셔 브래드포드시의 홍미로운 점 중 하나는 제2차 세계대전 이후에 이 도시로 대거 이주해온 파키스탄 공동체의 놀라운 요리였다. 그들의 요리는 익숙해졌던 형편없는 음식을 모두 잊게 할 만한 해독제였고, 이국적인 향료의 냄새는 기름진 음식을 주로 파는 싸구려 레스토랑과는 차원이 다른 세계를 경험하게 했다. 다만 개인적으로 아쉬운 부분이 하나 있다면 피리 소리가 깔린 방그라 음악bhangra music이다. 내 귀에는 이 음악이 불협화음으로 들리며 산만하게 느껴졌다. 방그라 음악 마니아들은 분명 '유리 집에 사는 사람들은 돌을 던지지 않는다.[*]'라는 옛 속담을 들먹일 것이다. 당시 나는 지저스 앤 메리 체인The Jesus and Mary Chain과 뉴 모델 아미New Model Army 같은 인디밴드 음악에 빠져 있었기 때문이다. 음악적 취향은 주관적이라서 우리는 자라면서 듣고 자란 음악에 영향을 받아 나름의 선호도를 갖게 된다. 멜버른대학교의 닐 맥라클란Neil McLachlan에 따르면 특정 장르의 음악을 싫어하게 되는 이유는 일반적으로 그 음악의 규칙과 미묘함을 익히지 못해서일 때가 많다. 방그라 음악보다 나를 더 짜증나게 하는 것은 재즈, 그중에서도 현대 재즈다. 하지만 재즈에 열광하는 사람이 많은 것을 보면 음악이 아니라 내가 문제인 듯하다. 맥라클란은 연구를 진행하는 과정에서 우리가 잘 듣지 않는 음악 스타일이더라도 훈련을 하면 제대로 감상할 수 있다는 것을 알아냈다. 일단 특정 종류의 음악에서 특

[*] People who live in glass house shouldn't throw stones.
'똥 묻은 개가 겨 묻은 개 나무란다.'와 유사한 속담. 자신에게 비난받을 만한 점이 있다면 다른 사람을 비난하지 말아야 한다는 의미다.

징적으로 나타나는 구조와 소리의 조합을 익히면 그 음악을 즐길 수 있다. 이 과정은 보통 어린 시절에 경험한 음악을 바탕으로 유기적으로 일어나지만 언제든 자신의 음악적 지평을 넓힐 수 있다. 다만 노력이 필요할 뿐이다.

특정 음악에서 느끼는 즐거움에 결정적인 역할을 하는 한 가지 특징은 작곡가 겸 철학자 레너드 메이어Leonard Meyer가 말하는 기대expectation다. 일단 한 장르의 패턴에 정통하면 뇌는 무의식적으로 곡조가 어떻게 흐를지 예상한다. 음악을 즐길지 말지는 우리 기대에 어느 정도 부합하느냐 달려 있다. 기대에 부합한다면 어떤 욕망을 충족했을 때 얻는 보상감과 비슷한 기분을 느낀다. 음악이 흐르는 동안 뇌는 예측한 음과 실제 음이 얼마나 비슷한지 비교하는 상호작용을 지속한다. 따라서 우리가 음악적 모티브를 어느 수준까지 예측할 수 있는지가 음악을 통한 즐거움에서 핵심 역할을 한다. 단순한 동요처럼 곡조를 쉽게 예측할 수 있다면 관심을 끌지 못하고, 곡조를 전혀 예측할 수 없을 때는 관심 자체가 사라진다. 내가 방그라 음악을 들으면서 느낀 혼란과 산만함은 아마도 그 구조가 낯설어서 생긴 것 같다. 내 뇌는 그 곡조가 어디로 향하는지 이해하지 못했다. 이 양극단 사이에는 작곡가가 목표로 하는 최고의 균형점이 있다. 그곳에서는 음악이 우리의 관심을 붙잡을 수 있을 만큼 충분히 놀랍고 복잡하다. 하지만 전개와 반전을 따라잡을 수 없을 정도로 예측 불가능하지는 않다. 이런 균형을 달성하는 순간 도파민이 터져 나오면서 희열을 맛보게 된다.

1950년대에 메이어가 음악 감상에서 기대가 하는 역할에 관해 펼친 주장은 이미 잘 알려진 정보에 입각한 추측을 바탕으로 했다. 그로부터 70년여 지난 지금은 영상 기술을 이용해 사람들이 좋아하는 음악을 들을 때의 뇌 활동을 조사할 수 있고, 보상회로의 핵심 부위인 측좌핵nucleus accumbens이 익숙한 음악이나 좋아하는 음악에 더욱 활성화되는 것을 확인할 수 있다. 게다가 뇌 스캔 접근방식을 이용해 메이어의 주장을 검증해 볼 수도 있다. 지금까지 수집한 정보를 바탕으로 보면 메이어의 주장이 정곡을 찔렀던 것으로 보인다. 모든 종류의 소리는 일시적이어서 우리의 의식을 강물처럼 지나쳐 흘러간다. 우리는 이야기를 들을 때, 심지어 한 문장을 이해하려 해도 방금 전에 지나간 말을 기억해야 한다. 그래서 우리는 뇌의 이마엽겉질frontal cortex에서 제공하는 작업 기억working memory을 이용한다. 방금 지나간 소리를 떠올리는 게 간단할 것 같지만 생각만큼 쉽지 않다. 원숭이만 봐도 그렇다. 말 그대로 한 귀로 듣고, 한 귀로 흘리는 수준이다. 영장류가 더 복잡한 발성 능력을 발전시키지 못한 이유도 이것으로 설명할 수 있을지 모른다. 하지만 인간은 단기적인 청각 회상 능력이 뛰어나다. 이 기능을 음악과 관련지어 보자면 우리 뇌는 귀 기울여 듣고 있는 멜로디의 양상을 저장하고 처리한 다음, 그것을 이용해 무엇이 따라올지 기대한다. 작업 기억, 보상 시스템, 청각 처리 뇌 영역은 긴밀하게 연결돼 정보를 주고받는다. 이렇게 해서 음악의 논리와 감정적 연결이 서로 뒤섞여 음악적 취향의 토대를 형성한다.

우리는 어떤 음악을 좋아하고, 왜 좋아하는지 설명할 수 있지만 음악은 단순한 분석을 거부한다. 물론 2500년 전에 피타고라스가 그랬던 것처럼 음악을 해부해서 밑바탕에 숨은 심오한 수학적 원리를 들여다볼 수도 있다. 심지어 혁신적이고 흥미로운 음악을 만들어내는 알고리즘을 구축할 수도 있을 것이다. 하지만 이렇게 한다면 말로 형용하긴 어렵지만 본질적인 무언가를 잃게 된다. 음악은 결국 예술이다. 본질적으로 우리에 관한 것이자, 우리를 위한 것이며, 무엇보다 우리에 의한 것이다. 이는 음악이 우리에게 울림을 주는 이유다. 음악은 인간의 조건이 무엇인지 보여준다. 나 같은 신기술 반대자는 이렇게 물을 것이다. 과연 기계가 인간을 충분히 이해해서 우리가 좋아하는 예술가의 음악처럼 강력한 유대감을 불어넣는 음악을 창조할 수 있을까? 나는 잘 모르겠다. 하지만 좋든 싫든 기계는 음악의 최첨단 분야이기 때문에 어쩌면 그것을 통해 우리의 지평을 늘릴 수 있을지도 모른다.

몇 세기 전에 모차르트는 주사위를 굴려서 음악 작곡의 구조를 어떻게 잡을지 결정하는 실험을 했다. 요즘에는 컴퓨터가 모차르트의 작품 목록에 있는 모든 음을 수집해서 분석한 다음, 인공지능을 이용해 그의 스타일을 간단하게 매핑하고 흉내낼 수 있다. 인간 작곡가와 마찬가지로 인공지능도 과적합overfitting●을 피할 수만 있다면, 즉 너무 비슷하게 복사하지만 않는다면 기존의 작품들을 영감 삼

● 기계학습에서 모형이 학습 데이터에 지나치게 특화돼 새로운 데이터에 일반화시켜 적용할 수 없게 되는 문제 - 옮긴이

아서 놀라울 정도로 설득력 있는 결과물을 만들 수 있다. 물론 모차르트의 작품에 비할 것은 아니지만 다다보츠Dadabots라는 밴드는 지난 몇 년 동안 유튜브에서 데스메탈 음악을 쉬지 않고 스트리밍하고 있다. 이들은 사람이 아니라 알고리즘이기 때문에 지칠 일이 없다. 이는 놀라운 성취다. 특히 내가 현대 재즈보다 더 싫어하는 음악을 어떻게 해서든 만들어내는 방식만 놀라운 것이 아니라, 일관성 있는 음악을 무한히 만들어낼 수 있는 능력도 놀랍다. 다다보츠 팀은 록에서 팝, 비트박스, 그런지록grunge, 재즈에 이르기까지 다른 형식의 음악으로도 가지를 뻗고 있다. 내가 들어본 바로는 모든 음악이 거의 사악하다 싶을 정도로 끔찍하다. AI가 만들어낸 재즈의 음색이 내 귀에는 죽음의 문턱에서 분노한 설치류가 울부짖는 소리처럼 들렸지만 그래도 재즈구나 싶은 꽤 인상적인 음악이었다. 한편 엔델Endel이라는 어플은 우리의 마음 상태와 활동에 따라 개인 맞춤형 청각적 풍경을 만들어준다. 이 어플은 당신의 심박수, 위치, 행동을 추적하고 그 정보를 바탕으로 맞춤형 음악을 들려준다. 이런 놀라운 발전을 보면 이제 인간 작곡가가 안드로이드 작곡가의 금속처럼 차가운 숨결을 목덜미에 느끼게 될 날이 얼마 남지 않은 것 같다. 인공지능이 음악처럼 대단히 인간적인 영역을 잠식해 들어오는 것에 거부감을 느끼는 사람들에게 이 모든 것을 판단할 수 있는 시금석은 앨런 튜링Alan Turing이 고안한 테스트다. 구체적으로 말하면 과연 우리는 기계가 만든 곡을 인간이 만든 곡과 구분할 수 있는지에 대한 문제다. 그 대답은 '아마도'이지만 간극은 좁혀지고 있다. 언젠가 경쟁력 있는 음악가의 음악을 설득력 있게 흉내낼 수 있는 시점이 분명히 찾아오겠지만, 과연 인공지능이 인류가 낳은 음악 천재의 경지에 오를 수 있느냐는 완전히 다른 문제다.

풍부한 청각적 환경에 푹 빠져 말과 음악의 무한한 가능성에만 귀를 기울이다 보면 청각이 간단한 물리학을 기반으로 생겨나고, 즐거움이 아니라 생존을 위해 진화한 것이라는 사실을 잊기 쉽다. 우리가 '소리'라고 부르는 것은 환경 속에서 생긴 진동을 해석한 것이다. 진동의 에너지가 음원 바로 옆에 있는 공기 분자를 흥분시킨다. 이 분자들이 음원에서 더 먼 쪽의 분자들을 향해 밀려나면서 공기가 살짝 압축되고, 이 압축이 연못에 생긴 잔물결처럼 파동을 형성하며 음원에서 멀어진다. 하지만 잔물결과 달리 소리는 종파longitudinal wave다. 이 파동은 파동의 진행 방향에 수직인 위아래로 움직이지 않고, 도미노처럼 파동의 진행 방향과 나란하게 앞뒤로 진동하는 소밀파●를 형성하며 음원에서 멀어진다.

살아있는 생명체에게 이 음파는 빛이나 화학물질이 제공하는 것과는 다른 형태의 정보를 담고 있다. 이 음파에 맞춰진 별개의 감각 채널이 있으면 세상에 대한 전체적인 지각이 크게 강화된다.

● 밀도가 낮은 '소' 부분과 밀도가 높은 '밀' 부분이 반복되며 밀도의 변화로 생기는 파동 - 옮긴이

밤에 씨앗을 채집하러 나가는 쥐는 캄캄한 어둠 속에서 다른 동물이 보이지 않을 수도 있고, 바람이 부는 방향에 있는 동물의 냄새를 맡지 못할 수도 있다. 하지만 그 동물이 움직이는 소리는 들을 수 있고, 그것이 생사를 가를 수도 있다. 한편 올빼미는 어리석은 생쥐가 내는 희미한 소리만으로도 그 위치를 정확하게 짚을 수 있다. 소리는 이런 동물이 서로를 감시할 수 있게 해줄 뿐 아니라 정교한 소통도 가능하게 한다. 북미대륙에 사는 메뚜기쥐grasshopper mouse는 뒷다리로 서서 작은 늑대처럼 고음의 울음소리를 내면서 경쟁자들을 쫓아낸다. 새들의 새벽 합창은 자신의 영역을 알리거나, 짝짓기할 준비가 됐음을 알리는 역할을 한다.

우리는 소리를 청각하고만 연결하지만 사실 피부로도 소리를 느낀다. 예를 들어 콘서트에서 스피커 가까이 서 있거나 불꽃놀이를 감상할 때 에너지의 파동은 몸 전체로 전달된다. 이러한 경험은 청각과 촉각이 긴밀하게 연결돼 있음을 알려준다. 두 감각 모두 동일한 기본 감각에서 유래했지만 진화 과정에서 서로 다른 경로를 따르다 보니 결국에는 그 둘을 완전히 별개의 감각으로 구분하게 됐다. 하지만 우리의 생각처럼 명확하게 구분돼 있지는 않다. 거의 모든 포유류와 마찬가지로 우리의 귀는 대단히 예민하며, 귀 안에 있는 구조물과 뇌 속 구조물은 복잡한 소리를 해독해서 의미를 추출하는 데 경이로울 정도로 뛰어나다. 다른 생명체는 어떨까? 앞서 얘기했듯 아리스토텔레스는 꿀벌이 소리를 듣지 못한다고 주장했었다. 물론 지금은 그렇지 않다는 것을 안다. 하지만 장담하건대 대부분의 사람은 식물이 소리를 듣지 못한다고 확신하고 있다.

대부분이 그렇다고 했지, 모든 사람이라고 하지는 않았다. 영국의 찰스Charles 왕세자가 왕실의 온실에 들러 식물과 종종 이야기를 나눈다고 고백했던 일화는 유명하다. 찰스 왕세자만 그런 것이 아니다. 많지는 않지만 식물과 대화하는 헌신적인 사람들이 있다. 식물이 재치 넘치는 대화 상대가 될 수는 없지만 수다쟁이 정원사에게는 스트레스를 풀 수 있는 훌륭한 대상이 돼 준다. 식물에 말을 걸거나 음악을 틀어주는 것이 이롭게 작용하는지에 관해서는 꽤 많은 검증이 이뤄졌지만 지금까지 밝혀진 것은 얼마 없다. 이는 어쩌면 당연한 결과다. 생명체는 자기와 관련이 있는 자극에만 반응을 보이기 때문이다. 그렇다고 해서 식물이 소리에 둔감하다는 의미는 아니다. 2017년, 웨스턴오스트레일리아대학교University of Western Australia의 모니카 갈리아노Monica Gagliano와 동료들은 콩 묘목을 위아래가 뒤집힌 Y자 모양의 화분에 심었다. 식물의 지상부는 뒤집은 Y자 화분의 위쪽에서 하늘을 향해 자라고, 뿌리 부분은 두 가지가 갈라지는 분기점을 향해 자라난다. 뿌리가 분기점에 도달하면 좌우 중 어디로 자랄지 선택해야 한다. 정상적인 환경이라면 양방향으로 고르게 뻗어나간다. 하지만 물이 둘 중 한쪽에만 있다면 물이 있는 방향으로 곧게 뻗는다. 일반적으로 식물은 흙의 습기에서 수분을 찾아낸다. 하지만 갈리아노는 콩이 수분 감지에만 감각을 사용하는 게 아니라는

2022년 9월에 엘리자베스 여왕이 서거하면서 찰스 왕세자가 국왕의 자리에 올랐다. - 옮긴이

것을 보여줬다. 그는 한쪽 흙에만 PVC 파이프를 묻고 거기로 물을 펌프질해서 돌렸다. 이 파이프는 흙에 수분을 보태지 않았고 온도에도 영향을 미치지 않았다. 하지만 콩은 흐르는 물이 부르는 사이렌siren●의 노래에 반응해서 그쪽으로 뿌리를 뻗었다.

식물과 관련이 있는 소리가 콸콸 흐르는 물소리만 있는 것은 아니다. 곤충은 어떤 곤충이냐에 따라 요긴한 존재가 될 수도 있고, 저주가 될 수도 있다. 장대나물rock cress은 이파리를 갉아먹는 애벌레가 내는 진동을 감지할 수 있다. 이 애벌레의 접근은 많은 식물에게 나쁜 소식이다. 하지만 약간의 경고만 있으면 식물은 적어도 자신의 방어를 강화할 수 있다. 위험을 감지하면 장대나물은 애벌레가 먹으면 고약한 맛으로 느끼는 화학물질을 합성해서 이파리에 채워 둘 수 있다. 그러면 애벌레의 입장에서는 맛없는 이파리가 된다. 곤충이 이파리를 갉아먹는 소리와 나무를 쓸어가는 바람 소리가 우리 귀에는 비슷하게 들리지만, 식물은 놀랍게도 각각의 소리를 구분하는 것처럼 보인다. 어떤 곤충은 식물의 환대를 받는다. 꿀벌을 통해 꽃가루받이하는 식물이 대표적이다. 하지만 이 세계도 경쟁이 치열하다. 꽃이 곤충에게 함께 사업을 벌이자며 설득하려고 전략적으로 내놓는 유인책이 경쟁에서 중요한 부분을 차지한다. 달맞이꽃evening primrose은 근처에서 벌이 윙윙거리는 소리를 감지하면 꿀의 당도를 높인다. 장대나물처럼 달맞이꽃도 꿀벌의 소리와 다른 비행 곤충이

● 여자의 모습을 하고 아름다운 노랫소리로 선원들을 유혹했다는 신화 속 존재 - 옮긴이

내는 비슷한 소리를 구분할 수 있다. 물론 이 식물 중에 귀가 달렸거나, 우리 뇌와 비슷한 감각처리 기관을 가진 것은 없다. 하지만 이들에게는 진동에 엄청나게 민감한 이파리와 꽃이 있다. 식물이 인간의 청력과 관련이 있는 유전자를 일부 갖고 있다는 점 또한 흥미롭다. 그렇다고 식물도 들을 수 있다는 의미는 아니다. 청력, 혹은 진동 감수성의 토대가 되는 감각 장치의 요소를 공유한다는 의미다.

식물과 마찬가지로 지렁이도 인간과 닮았다고 하기에는 거리가 먼 존재다. 그래도 진화의 경로에서 보면 같은 동물이라는 점에서 식물보다는 조금 더 인간과 가깝다고 할 수 있다. 지렁이에게 귀는 없지만 초보적인 청각 능력이 있다. 찰스 다윈Charles Darwin은 《종의 기원On the Origin of Species》으로 명성을 얻기 한참 전 지렁이를 연구했다. 그리고 말년에는 바람을 피우다 돌아온 연인처럼 다시 지렁이에게 돌아왔다. 다윈은 이 보잘것없는 지하 생명체가 환경을 조작하는 데 큰 역할을 한다고 생각해 지렁이를 좀 더 이해하는 것을 사명으로 삼았다. 그는 광범위한 조사를 진행했다. 예를 들면 지렁이가 치즈에는 관심이 없지만 당근은 무척 좋아한다는 것을 알아냈다. 지렁이를 한 마리 초대해 함께 주말을 보낼 계획을 하는 사람이라면 알아둘 만한 가치가 있는 정보다. 다윈은 런던 근처 다운하우스Down House에 있는 자신의 집 주변에 1평방미터당 13마리의 지렁이가 산다는 사실도 알아냈다. 가장 심혈을 기울였던 연구 주제는 지렁이의 감각에 관한 것으로 수천 마리의 지렁이를 집안으로 들여와 당구대 위 단지에 키우며 가까이서 관찰했다. 다윈은 남들과는 전혀 다른 상상력을 발휘하며 다양한 실험을 했다. 지렁이에게 등불을 비추기도 하고, 딸들을 시켜서 지렁이에게 소리를 지르게 하고, 아들들에게는 지렁이에게 바순 연주를 들려주게 했다. 지렁이가 담긴 단지 안으로 연기를 불어넣기도 하고, 심지어 지렁이의 관심을 끌려고 작은 불꽃놀이까지 했다. 지렁이는 실험 내내 빛을 피하는 반응만 보일 뿐, 다른 특이 행동은 보이지 않고 느긋한 태도를 유지했다.

하지만 단지를 피아노 위에 올려놓고 연주하기 시작하자 지렁이의 느긋함이 온데간데없이 사라졌다. 다윈은 지렁이들의 모습이 마치 토끼가 땅굴로 뛰어드는 모습과 같았다고 설명했다. 피아노 위와 당구대 위에서 나타난 반응의 차이는 진동의 유무였다. 피아노 위에 있는 지렁이들은 피아노의 반향을 분명하게 느낄 수 있었고, 그에 따라 반응했다. 미국에서는 웜 그라울러worm growler라는 사람들이 지렁이의 이런 예민함을 이용한다. 웜 그라울링은 나무막대를 땅에 박은 후에 금속 조각rooping iron으로 문지르는 것을 말한다. 이 과정에서 진동이 땅속으로 전달돼 끔찍한 소리가 발생하고, 이에 반응한 지렁이가 지표면으로 올라온다. 웜 그라울러들은 지표면으로 올라온 지렁이를 수집해 낚시용 미끼로 사용한다. 다른 나라의 낚시꾼도 다양한 소리를 이용해 지렁이를 유인하는 전략을 사용한다. 지렁이가 이런 반응을 보이는 것은 웜 그라울링이 빗소리와 비슷해 익사할까봐 두려워서라는 주장도 있다. 하지만 사실상 땅 위에 고인 물이 지렁이에게 위험 요인으로 작용하지는 않는다. 지렁이가 진동에 반응하는 것은 두더지 같은 포식자가 내는 소리와 닮아서다. 포식자가 땅굴을 파면서 휘젓고 다닐 때 지렁이는 지표면으로 올라오는데, 두더지가 지표면까지 따라올 가능성이 크지 않기 때문이다.

진동을 감지하는 능력은 지렁이뿐만 아니라 다른 유형의 많은 무척추동물에게도 소중한 자산이다. 그중 지렁이의 청각 능력에서 크게 업그레이드된 것은 별로 없지만, 일부는 업그레이드된 능력을 갖추고 있다. 예를 들어 꿀벌은 특별한 기관이 있어서 둥지 동료들의 윙윙 소리를 들을 수 있고, 수컷 모기는 암컷 모기의 날갯짓이 내는 달콤한 음악 소리에 민감하다. 시끄럽게 먹는 습관 때문에 근처 식물들에 자신의 접근을 알려 경각심을 불어넣는다고 했던 애벌레도 자기를 잡아먹는 말벌의 날개소리 주파수를 정확하게 감지하는 능력이 있다. 이것들 모두 기발한 능력이지만 대부분의 무척추동물은 상대적으로 초보적인 소리 감각기를 갖고 있다. 그리고 대부분은 청각에 사용되는 감각기관과 촉각에 사용되는 기관 사이에 구분이 거의 없다. 그래서 이들의 청각은 우리와 다소 차이가 있다. 하지만 우리의 청각이 어디서 유래했는지 이해하려면 우리와 닮지 않은 동물들을 살펴봐야 한다. 출발점으로는 어류가 적당하다.

스노클링을 해보거나 수영장에서 머리를 물속에 담가본 사람이면 수중에서도 소리가 전달된다는 사실을 알 것이다. 실제로 소리의 전달은 공기 중에서보다 수중에서 4배나 빠르게 전달된다. 물 분자가 더 촘촘히 밀집돼 있어서 압력파를 더욱 효과적으로 전달하기 때문이다. 그래서 청각은 어류에게 대단히 소중한 감각이며 어류의 머리 안에 숨겨진 속귀inner ear의 작동방식은 우리와 공통점이 많다. 많은 어류가 속귀 말고도 몸통 양쪽에 한 줄로 배열돼 물의 움직임을 감지하는 옆줄lateral line을 갖고 있다. 물고기의 속귀와 옆줄에는 물고기뿐만 아니라 인간의 청각에 밑바탕이 되는 특수 세포가 가득 차 있다. 유모세포hair cell에는 최대 100개의 미세한 털로 이뤄진 다발이 위쪽 표면에 튀어나와 있다. 털들이 초가지붕처럼 덥수룩하게 튀어나온 것이 아니라, 전문가가 정해진 길이로 짧게 바짝 쳐올린 머리카락처럼 길이가 0.05밀리미터를 넘는 털이 없다. 압력파가 어류나 사람의 귀로 들어오면 이 털들이 바람에 풀이 눕듯이 구부러지면서 뇌로 메시지를 전달하기 시작한다.

척추동물의 진화에서 가장 획기적인 사건은 약 3억 9천만 년 전에 일부 어류종이 더 나은 삶을 찾아 물을 떠났을 때 일어났다. 이것은 갑작스러운 변화가 아니라 오랜 시간에 걸쳐 이뤄진 변화였고, 틀을 깨고 나온 이 최초의 생명체는 물에 접근하기 쉬운 육지 가장자리에 가까이 붙어살았다. 이런 변화는 결국 양서류, 파충류, 조류, 포유류, 인간을 탄생시켰다. 육지의 풀밭은 분명 신록이 더 우거져 있었지만 호흡부터 번식까지 모든 것을 다른 방식으로 접근해야 했고, 어류가 수중 세계를 인지하는 데 필요했던 감각들도 이상적으로 작동하지 못했으며, 그중에서도 청각은 가장 많은 영향을 받았다.

물속에 있을 때 수면 위에서 발생한 소리를 듣기란 행운에 가깝다. 공기 중에서 발생한 대부분의 소리는 수면을 뚫지 못하고 튕겨 나가기 때문이다. 소리가 물속에서 공기 중으로 나갈 때도 마찬가지다. 어류의 속귀는 물로 가득 차 있으며, 육상 척추동물에게 물려준 귀도 같은 구조를 하고 있다. 물과 공기의 경계면처럼 소리는 우리의 겉귀outer ear에서 물이 가득한 속귀로 잘 전달되지 않는다. 속귀의 구조만 놓고 보면 어류에게는 완벽하지만 육상 동물에게는 형편없는 구조다. 그래서 육상 생활로 인해 생기는 문제에 대응하기 위해 청각이 어떻게 진화했는지 알아내는 일이 오랫동안 생물학자들에게는 수수께끼였다. 물속 환경과 건조한 환경을 오가며 생활하는 현대의 생명체를 조사하면 단서를 얻을 수 있다. 폐어lungfish와 도롱뇽salamander 같은 생명체는 수백만 년 동안 이 문제를 극복하며 살아왔다. 이들은 몸으로 진동을 감지하는 능력을 청각의 수단으로 이용해 왔다. 예를 들면 뱀 중에는 땅에서 울리는 미세한 떨림을 포착하기 위해 머리를 땅에 대고 눌러서 청각을 강화하는 종이 많다. 소문에 의하면 베토벤은 말년에 소리굽쇠를 치아로 물고 반대쪽 끝을 피아노에 갖다 댔다고 한다. 피아노의 진동이 뼈전도bone conduction라는 과정을 통해 턱을 타고 속귀로 전달되게 한 것이다. 머리뼈의 다른 부분, 특히 귀와 제일 가까운 부분은 소리를 전도하는 효과적인 매질이 될 수 있다. 이런 방식은 일부 유형의 보청기에서 유용하지만 대부분의 사람에게는 보조적인 청각 수단이다.

진화의 시간을 빨리감기해서 포유류의 시대로 가보자. 여기서는 귀가 놀라울 정도로 정교한 감각기관으로 꽃 피운 것을 볼 수 있다. 머리 아래 깊숙한 곳, 턱뼈의 끝부분 근처에 자리 잡은 속귀는 수억 년 동안 청각의 심장부로 남아 있다. 한편 겉귀는 머리에서 바깥쪽으로 튀어나와 있다. 귀는 한 쌍의 위성 안테나처럼 소리 신호를 붙잡아 안쪽 외이도ear canal로 유도하는 기능을 한다. 귀가 두 개인 것은 외모를 대칭으로 보이게 하고, 안경을 거는 데도 필수적이지만 소리가 오는 방향을 판단하는 데도 유용하다. 옆에서 들려오는 소리는 먼 쪽 귀보다 가까운 쪽 귀에 아주 짧은 시간이나마 먼저 도착한다. 거기에 더해서 머리가 소리를 살짝 가리는 역할을 하므로 소리가 오는 방향의 반대쪽 귀에서는 소리 신호의 강도가 약해진다. 가장 인상적인 점은 소리가 여기저기 울리는 환경에서도 여전히 소리의 위치를 파악할 수 있다는 점이다. 이것은 정보를 알아보고 걸러내는 뇌의 탁월한 능력 덕분이다. 뇌는 귀에 처음 도달한 소리만을 이용해서 소리의 위치를 파악한다. 위나 아래서 발생한 소리는 귀의 형태 때문에 음높이가 미세하게 달라지고, 뇌는 음원을 찾으려면 고개를 들어야 하는지, 숙여야 하는지 판단할 수 있다.

겉귀는 외이도를 포함하고 있고 고막eardrum에서 끝난다. 고막은 들리는 소리에 맞춰 진동하는 직경 1cm 정도의 얇은 막이다. 하지만 여전히 풀리지 않은 의문이 있다. 귀가 물리학적 어려움을 극복하고 공기 중의 소리를 물속으로 전달하는 방법은 대체 무엇일까? 해답은 겉귀와 속귀 사이의 가운뎃귀middle ear에 있다. 이 부위에서 진화가 고안한 가장 놀라운 해법 중 하나를 찾아볼 수 있다. 각각 길이가 몇 밀리미터에 불과한 모루뼈incus, 망치뼈malleus, 등자뼈stapes라는 세 개의 작은 뼈가 연쇄적으로 이어져 고막에서 발생한 정보를 속귀로 전달한다. 통칭 귓속뼈ossicle라고 불리는 뼈 삼총사는 기계의 지렛대와 톱니바퀴처럼 서로 맞물려 움직이면서, 겉귀를 통해 들어온 공기 진동을 속귀의 액체 매질로 전달한다. 이상해 보일 수도 있지만 연속적으로 이어진 작은 뼈들은 소리 에너지 전달을 천 배가량 개선한다. 이들의 작동은 마찬가지로 미세한 작은 일련의 근육들이 제어한다. 이 근육들은 귓속뼈를 안정시키고 과도하게 큰 소리에서 귀를 보호한다. 극도로 작은 뼈와 근육으로 이뤄진 기이한 구조가 소리의 전달을 개선하고 증폭해서 우리가 들을 수 있는 소리의 범위를 넓힌다.

가장 기이한 부분은 이 작은 뼈들이 고대 어류의 아가미와 다른 머리 부분에서 완전히 다른 기능을 수행하기 시작했다는 점이다. 파충류가 지구에 등장하기 시작할 무렵에는 망치뼈와 모루뼈가 턱뼈 안에 있었고, 등자뼈 하나만 겉귀와 속귀를 연결하는 임무를 맡고 있었다. 이런 구조는 오늘날에도 현대의 파충류와 조류에서 계속 이어지고 있다. 그러던 약 1억 년 전 포유류의 망치뼈와 모루뼈가 턱에서 가운뎃귀로 이동했다. 어째서 이런 일이 일어났는지는 확실히 알 수 없지만, 포유류만의 식사 습관, 즉 씹는 행위와 관련이 있을 가능성이 크다. 뼈의 재배치가 이뤄진 이유에 대해 효과적인 씹기가 가능했기 때문이라는 시각도 있지만, 뼈를 분리함으로써 포유류가 자신의 씹는 소리 말고 다른 소리도 들을 수 있게 됐다는 시각에 무게가 더 실린다. 어떤 이유든 간에 귓속뼈는 포유류가 경이로운 청각을 발달시킬 수 있었던 주요 원인 중 하나였음이 분명하다.

우리가 예리한 청각을 갖게 된 또 다른 이유는 귓속뼈 바로 옆에서 찾아볼 수 있다. 이 작은 뼈들은 고막을 통과해 들어온 메시지를 또 다른 막인 안뜰창oval window으로 전달한다. 안뜰창은 속귀, 구체적으로는 달팽이관cochlea으로 들어가는 입구다. 달팽이 껍질처럼 둥글게 말려 있는 달팽이관은 원뿔 모양의 뼈로 된 관으로 청각의 경이로움을 만드는 완두콩 크기만 한 일꾼이다. 안쪽 벽을 덮고 있는 유모세포는 위치에 따라 서로 다른 주파수의 소리에 반응한다. 안뜰창과 제일 가깝고, 폭이 가장 넓은 달팽이관 부위에 있는 유모세포는 고음에 반응하는 반면, 중앙에 촘촘하게 말려 있는 부위의 유모세포는 중저음을 인식한다. 유모세포가 담당하는 또 다른 소리 해석 영역은 소리의 크기를 인식하는 것인데, 들어오는 진동에 자극을 받는 유모세포가 몇 개나 되는지에 좌우된다.

하지만 귀를 먹먹하게 할 정도로 큰 소리임에도 우리 귀에는 들리지 않을 수도 있다. 예를 들어 대왕고래blue whale의 울음소리는 제트기 엔진소리보다 몇 배는 크지만 우리 귀에는 쥐의 속삭임 정도로만 들릴 수 있다. 우리 귀는 대략 20헤르츠에서 20킬로헤르츠 사이의 특정 범위의 주파수만 인지할 수 있기 때문이다. 저음으로는 초당 20번 정도 진동하는 음까지 들을 수 있다. 반면 초당 2만 번 진동하는 음은 개가 놀라서 뒤로 자빠질 만큼 높은음이다. 실제로 내가 컴퓨터로 이런 소리를 냈을 때 고양이가 깜짝 놀라서 소파 아래로 숨었다. 이 범위 밖에도 소리는 있다. 다만 우리가 들을 수 없을 뿐이다. 우리의 가청 범위를 기준으로 진동수가 20헤르츠보다 낮은 소리는 초저주파infrasonic, 20킬로헤르츠 이상의 소리는 초음파ultrasonic라고 하며, 두 범위 사이의 소리는 음파sonic라고 한다. 고래는 확실히 시끄럽지만, 울음소리가 초저주파 영역에 속하므로 우리가 알아차리지 못하게 전달된다.

초음파 영역에서는 아주 많은 일이 일어난다. 우리가 모르는 사이에 많은 동물이 이 소리를 이용해 소통한다. 예를 들어 박쥐는 이 주파수를 이용해서 나방 같이 날아다니는 먹잇감의 위치를 파악한다. 나방도 나방 나름대로 박쥐의 사냥용 외침을 들을 수 있어서 한 마리가 뒤에 따라붙었다는 것을 감지하면 회피 행동을 한다. 실험정신이 투철한 사람이라면 가로등 주변같이 밤에 나방이 모이는 장소로 가서 열쇠 뭉치를 흔들어보라. 열쇠는 우리 귀에 들리는 짤그락 소리뿐만 아니라 우리가 인지하지 못하는 초음파 소리를 내며 나방을 경계하게 만든다. 일부 나방은 열쇠 소리를 박쥐가 사냥에 나선 것으로 착각하고 위기를 느껴 최후의 해결책으로 날갯짓을 멈추고 땅으로 몸을 던진다. 더욱 놀라운 이야기가 하나 더 있다. 앞서 식물이 진동을 인식하는 능력이 있다고 설명했는데 식물도 소리를 낼 수 있다는 이야기를 깜박했다. 식물은 스트레스를 받거나 손상을 입으면 높은 초음파 소리를 방출하며, 소리의 크기는 대략 우리가 대화를 나눌 때와 비슷한 65데시벨 정도다. 다만 우리가 귀 기울이지 않을 뿐이다.

우리는 고래의 중저음 대화, 사냥하는 박쥐의 초음파 소리, 식물의 새된 소리를 들을 수 없다. 하지만 우리가 들을 수 있는 소리의 범위는 인상적일 만큼 넓다. 이는 나선형으로 길게 말린 달팽이관 덕분이다. 동물과 비교해봤을 때 인간은 상당히 넓은 스펙트럼의 소리를 감지할 수 있다. 그중에서도 주파수 1킬로헤르츠와 6킬로헤르츠 사이의 소리에 민감하다. 이 주파수 안에서 우리 삶의 가장 중요한 청각 정보인 인간의 대화가 일어난다. 그리고 우리 귀는 시간의 흐름 속에서 그 범위의 소리에 제일 민감하도록 진화했다. 여기서는 유모세포가 큰 역할을 하지만 우리가 말에 민감해질 수 있던 것은 귀 전체가 노력한 덕분이다. 외이도의 크기와 귓속뼈의 작동방식 모두 사람의 목소리와 관련된 특정 주파수를 전달하는 데 최적화돼 있다.

우리는 다양한 음높이를 지각할 수 있게 무장하고 있을 뿐 아니라 음을 구분하는 데도 능숙하다. 코일처럼 감긴 달팽이관을 따라 제일 좁은 부위로 나아감에 따라 유모세포들은 점점 더 중저음에 반응한다. 우리가 얼마나 다양한 주파수를 구분할 수 있는지 알아내려 할 때는 상황이 좀 복잡해진다. 여기에는 우리가 청각 스펙트럼 중 일부 부위에서 다른 부위보다 구분을 더 잘한다는 점도 한몫한다. 음이 순수한지, 소리가 얼마나 큰지도 중요하다. 더 흥미로운 점은 청각도 다른 감각과 마찬가지로 훈련이 가능하다는 것이다. 어떤 감각에서 구분할 수 있는 최소의 감각자극 차이를 '변별역just noticeable difference'이라고 한다. 음높이와 관련해서 변별역을 확인하는 검사를 할 때는 참가자에게 두 음을 들려주며 구분할 수 있는지 물어본다. 사람의 귀 안에 있는 각각의 유모세포 무리는 달팽이관을 따라 자기 앞뒤로 있는 다른 무리들과 피크 감도peak sensitivity●에서 0.2퍼센

● 특정 유형의 자극에서 생명체나 시스템이 제일 민감한 반응을 나타내는 자극 강도 - 옮긴이

트 정도 차이가 난다. 하지만 귀 속에서 일어나는 일은 전체의 일부일 뿐이다. 뇌의 청각겉질은 입력을 처리하는 작업을 하는데 여기서는 훈련이 중요하게 작용한다. 전문 연주자들은 자기 악기를 놀라울 정도로 정확하게 조율할 수 있다. 우리의 청각이 가장 정확하게 작동하는 중간 범위 주파수에서 일부 연주자는 귀로만 듣고도 기준 음의 1~2퍼센트 안으로 조율할 수 있다고 알려졌다. 1퍼센트는 반음의 1000분의 1을 의미하므로, 이는 믿기 어려운 정확도다. 나처럼 평범한 사람은 10퍼센트 정도 차이가 나는 음만 구분해도 감지덕지다. 사실 이런 차이는 귀가 아니라 뇌의 놀라운 적응 능력에 달려 있다.

어조나 억양의 색깔tone colour, 즉 음색timbre은 음높이와 음량이 같은 소리를 구분하는 데 중요한 역할을 한다. 예를 들어 기타와 시타르sitar[*]처럼 서로 밀접하게 관련이 있는 두 악기의 소리를 들으면 같은 음악을 연주하고 있더라도 쉽게 구분할 수 있다. 서로 다른 악기의 고유한 특성인 음조를 색에 비유해서 음색이라 하는데, 이 비유를 확장하면, 화가가 눈을 즐겁게 하려고 노력하는 것과 마찬가지로 작곡가도 귀를 즐겁게 만드는 풍요로운 음악 작품을 만들기 위해 서로 대비되는 음색을 고르거나 다른 음색을 작품에 통합한다. 음색은 음의 성격이라고 할 수 있다. 단일 주파수로만 이뤄진 순음pure tone을 들으면 아무런 변화 없이 매끄럽고 단조롭다. 순음과 주파수가 같은 복합음complex tone을 들어보면 훨씬 다양한 요소가 귀에

[*] 기타와 비슷하게 생긴 남아시아의 악기 - 옮긴이

들어온다. 복합음에 섞인 주파수 중 제일 낮은 주파수인 기본 주파수fundamental frequency는 순음과 공통점이 많다. 하지만 그 위에 화성harmonic을 쌓아올리면 배음倍音, overtone이 음색에 생동감을 불러일으켜 더 흥미롭고 매력적인 소리로 만들어준다. 음성언어에도 이런 성질이 있으며, 이것이 우리 목소리에 개성과 특성을 부여한다. 최근까지도 인공지능 음성에는 이런 부분이 결여돼 단조롭고 비인간적인 소리를 들어야 했다.

우리는 귀에 들리는 서로 다른 음조는 물론, 소리 세기loudness의 변화도 감지한다. 음파의 크기*에 해당하는 이것을 우리는 음압sound pressure이라고도 부른다. 기본적으로 파동이 크면 소음도 크다. 소음의 수준을 측정해서 수량화할 때 사용하는 익숙한 측정치는 데시벨decibel이다. 이상한 일이지만 데시벨은 장거리 통신 초기시절에 전신 케이블에서 전력 손실을 연구하기 위해 고안한 계산법에 바탕을 둔 측정치다.**

0데시벨은 소리가 없다는 의미가 아니라 음압이 아주 낮은 수준이라는 뜻이다. 사실상 10데시벨 이하의 소리를 감지하는 사람은 극소수다. 그런데도 참을 수 있는 제일 큰 소음이 가장 조용한 소리보다 수천 배 크다는 점에서 우리 귀의 능력은 꽤 인상적이다. 데

* 기술 용어로 파동의 크기를 진폭이라고 한다.

** 데시벨이라는 단어에서 '벨bel'은 이 표준이 채택되기 직전인 1922년에 사망한 전기통신의 선구자 알렉산더 그레이엄 벨Alexander Graham Bell을 기리기 위해 집어넣은 것이다. 그래서 데시벨의 단위 dB에서 B를 소문자가 아닌 대문자로 표기한다.

시벨의 척도는 로그값logarithmic이다. 10데시벨 상승은 소리의 세기가 10배 증가한다는 의미다. 하지만 소리의 세기는 우리가 실제로 지각하는 강도와 직접적인 관련이 없다. 우리는 음량volume에 주목하며, 소리를 주관적으로 평가하기 때문에 10데시벨이 상승하면 음량이 대략 2배 증가하는 것으로 인식한다. '대략'이라고 말한 이유는 청각의 감도가 사람마다 달라서다. 어떤 사람에게는 속삭임으로 들리는 소리가 어떤 사람에게는 나팔 소리로 들릴 수 있다. 음의 높낮이에 따라서도 달라진다. 우리는 특정 주파수에 민감해서 두 소리의 세기가 정확히 같아도 가청 주파수 중간에 있는 소리를 음높이가 그보다 더 높거나, 낮은 소리보다 훨씬 명확하게 들을 수 있다.

데시벨 척도를 더 큰 상황 속에서 살펴보자. 조용한 방이라고 말은 해도 완벽하게 조용한 방은 드물다. 일반적으로 조용하다고 말하는 방 안의 음압을 측정하면 10데시벨 정도가 나온다. 이런 조건에서 방바닥이 단단하다면 핀이 떨어지는 소리도 들을 수 있으며 약 15데시벨이 나온다. 일반적인 환경에서 대화를 나눌 때는 약 60데시벨이 나오지만, 사람이 많은 식당에서는 음량이 70데시벨 정도라서 대화하려면 고함을 질러야 한다. 85데시벨이 넘으면 귀에 적신호가 켜진다. 특히 섬세한 유모세포에 악영향을 미친다. 유모세포는 자연 재생이 되지 않아서 한 번 사라지면 되돌릴 수 없다. 교통 소음, 사이렌 소리, 드릴 소리, 클럽의 큰 음악 소리 모두 이 범주에 속한다. 이런 소리에 노출된다고 즉각적으로 청력이 악화되는 것은 아니지만, 장기적으로 노출되면 그만큼 손상될 위험률이 상승한다. 청력 상실의 정도와 양상은 다양해서 얼마나 많은 사람이 이로 인해 고통받는지 정확한 수치로 표현하기가 어렵다. 보편적인 추정치를 밝히자면 전 세계적으로 성인 6명당 1명꼴이다. 청력 상실의 위험도는 살면서 소음을 얼마나 많이 겪느냐에 따라 높아진다.

청력은 큰 소리를 접할 때마다 점진적으로 손상을 입는 것이 아니라 완전히 망가지는 지점에 급격하게 도달한다. 몇 년 동안 가장 시끄러운 록 콘서트 기록을 유지한 딥퍼플Deep Purple의 공연은 117데시벨로 측정됐고, 관객 중 일부는 이 소리에 기절하기도 했다. 이후 2000년대 초 미국의 밴드 매노워Manowar는 관객을 증오라도 하는 것처럼 거의 140데시벨에 이르는 소리로 공연장을 채웠다. 이것은 머리 위에서 울리는 천둥소리보다 4배나 큰 값이다. 최대로 가동 중인 제트 엔진 바로 옆에 서 있거나, 머리 바로 뒤에서 산탄총을 쏘는 것과 같은 크기의 소리인 150데시벨 소음에 노출되면 고막이 찢어질 수도 있다. 다행히 생활 현장에서 이보다 큰 소리는 드물다. 소리가 200데시벨까지 커지면 압력파가 내부 장기를 파괴해 사망에 이를 위험이 있다. 이론상으로 음량의 절대적 최대치는 194데시벨이다. 전진하는 파면들 사이에 진공이 형성되면서 파동이 불안정해지고, 공기를 관통하며 잔물결처럼 퍼지는 대신 공기를 밀어내는 충격파가 생기기 때문이다. 아마도 인류가 경험한 가장 큰 소리는 1883년 인도네시아에 있는 크라카타우Krakatoa 화산의 폭발음이었을 것이다. 폭발지에서 약 60킬로미터 떨어진 곳에서 항해하는 영국 배의 선장은 자기가 심판의 날을 목격하고 있다고 확신했다. 당시 폭발음은 5000킬로미터가량 떨어진 곳의 사람에게도 들릴 정도였다. 전 세계 관측소에서 남긴 기록을 바탕으로 계산하면 폭발의 진원지에서는 크라카타우의 폭발음이 무려 310데시벨까지 올라갔던 것으로 추측된다.

크라카타우 화산 폭발음과 같이 큰 소리를 인식하는 데는 별다른 노력이 필요할 것 같지 않겠지만 듣는 것은 수동적인 과정이 아니다. 실제로 우리가 소리에 귀를 기울이기 시작할 때도 자동으로 일어나는 단순한 과정처럼 보인다. 이런 점에서 보면 뇌는 배우 마이클 케인Michael Caine이 말한 오리와 비슷하다. "물 위에 떠 있는 오리는 아주 우아해 보이지만, 물속에서는 미친듯이 헤엄치고 있다." 귀에서 발생하는 신경 정보 꾸러미는 처리해서 정리해야 한다. 자기와 제일 관련 있는 것에 집중할 수 있도록 서로 다른 소음을 해석하고 구분해야 하는데 청각겉질 안에 있는 수백만 개의 상호작용하는 뉴런 네트워크가 이 과제를 수행하면서 소리가 어디서 들려오는지 확인하는 일도 함께 담당하고 있다. 이 전체적인 과정은 대단히 정교하고 복잡하지만 놀라울 정도로 신속하게 수행된다. 귀에 도달한 음파를 소리로 인식하기까지 걸리는 시간은 약 40~50밀리초다. 훌륭한 경영의 비밀이 권한 위임인 것처럼 뇌도 특정 소리를 서로 다른 위치에서 처리한다. 사람의 오른쪽 귀는 언어를, 왼쪽 귀는 음악을 주로 담당한다. 몸의 양쪽에서 올라오는 감각 정보가 반대편 뇌로 넘어가기 때문이다. 그래서 좌뇌는 언어 해독에서 가장 중요한 역할을 하고, 우뇌는 음악을 감상한다. 왜 그런지는 정확히 알 수 없지만 이렇게 하면 뇌가 동시에 여러 과제를 더 효율적이고 신속하게 처리할 수 있기 때문인 듯하다.

소리는 한 사람의 뇌가 생각하는 것을 다른 사람의 뇌로 전달할 때 사용할 수 있는 가장 오래된 매체다. 물론 문자언어와 수화 등 다른 매체도 여기에 합류했지만 소리는 소통에서 여전히 우월한 자리를 지키고 있다. 음성언어는 말의 음높이와 음량을 정확히 듣고 이해하는 방식, 소리의 해석을 담당하는 신경조직의 발달, 뇌의 형성에 아주 큰 역할을 담당한다. 귀 바로 위에 있는 줄무늬처럼 생긴 뇌 영역인 위관자이랑superior temporal gyrus은 언어를 이해하는 데 핵심 역할을 담당하는 베르니케 영역Wernicke's area[*]이 자리 잡고 있는 곳이다. 뇌의 활성을 미세한 척도에서 조사할 수 있는 기술이 발전함에 따라 이 신비롭기 그지없는 기관의 작동방식을 연구할 수 있게 됐다. 이런 연구를 바탕으로 뇌가 음성언어를 다른 소리보다 더 우선시한다는 것을 알게 됐다. 비행기 승무원이 비즈니스 좌석 손님들을 특별 대우하듯 다른 소리보다 말을 좇는다는 의미다. 음성 소통은 다른

[*] 신경학의 선구자들은 뇌를 여러 구역으로 나눠 각각의 구역이 서로 다른 과제를 집중적으로 담당한다는 것을 밝혀내려 열심이었지만 좀 더 최근의 연구에 따르면 구역 나누기는 너무 단순화한 것이고, 우리가 한때 특정 영역이 담당하는 것으로 생각했던 기능도 서로 다른 뇌 영역의 협동으로 이뤄질 때가 많다는 것이 밝혀졌다.

소리와 분담돼 전담 뉴런 집단에 의해 따로 처리된다. 이렇게 소리를 분리하는 능력을 칵테일파티 효과cocktail party effect라고도 한다. 이것은 사람들이 많이 모여 시끄러운 와중에도 자기와 대화하는 사람의 목소리에 집중하고 나머지 소리는 뒤로 밀어 둘 수 있는 것을 말한다. 선택적 주의selective attention는 나이가 들수록 더 큰 노력을 요구하며, 누군가 우리 의식의 주변부에서 이름을 부르거나, '사람 살려!'라고 고함치면 이 효과가 깨질 수 있다. 이는 우리가 다른 정보 흐름을 완전히 무시하는 것이 아니라, 덜 중요하게 취급한다는 사실을 보여준다.

일단 어떤 사람과 대화를 시작하면 뇌는 구체적인 방식으로 말을 해석하기 시작한다. 언어는 문장, 단어, 음소로 점차 분해할 수 있으며 보편적으로 음소를 소리의 최소 단위로 간주한다. 그런데 뇌는 놀랍게도 음소를 더 작은 조각으로 분리한다. 예를 들어 d, p, t같이 뱉어내듯 발음하는 딱딱한 자음인 파열음과 c, s같이 좀 더 부드러운 자음인 마찰음도 분리한다. 모음도 말 안에서 각각의 특징이 있다. 뇌는 특화된 뉴런 집단이 각 부분에 집중할 수 있게 만든다. 이처럼 다양한 작업 부분에서 유입되는 정보를 뇌가 매끄럽게 이어붙이면 들리는 말을 이해하게 된다.

말의 깔끔한 연결은 뇌가 음성언어의 일관된 흐름을 놀라운 속도로 해석하고 조립하면서 일부 이뤄지고, 회백질이 우리에게 장난을 치면서 말이 부분적으로 연결되기도 한다. 우리가 귀 기울여 듣는 내용 중에 해석이 끊기는 부분이 있으면 뇌는 그 간극을 채운다. 이것을 연속성 착각continuity illusion이라고 하는데, 뇌가 기존 지식을 이용해서 빠진 부분을 예측하고 채워 넣기 때문에 생기는 현상이다. 뇌가 이 일을 어찌나 효과적으로 해내는지, 우리는 그런 일이 일어나는 것도 의식하지 못한다. 실제로 테스트를 해보면 사람들은 착각했다는 사실이 드러나더라도 생략된 부분을 틀림없이 들었노라고 우긴다.

언젠가 조지 버나드 쇼George Bernard Shaw가 말했던 것처럼 미국과 영국은 공통의 언어로 나뉜 두 개의 국가다. 영국인인 나는 미국 메릴랜드주를 여행하다가 핫도그 가판대에 들른 적이 있다. 핫도그를 주문한 후 상인과 나는 서로의 말을 이해하지 못하고 한동안 옥신각신해야 했다. 내 밋밋한 영국 북부식 모음 발음 때문에 문제가 생겼던 것 같다. 아마도 상인에게는 내 발음이 '오덕ot dug'처럼 들렸을 것이고, 내게는 상인의 발음이 '햇도으그hat dawg'처럼 들렸다. 이런 문제가 생기는 이유는 다양하지만, 뇌는 이런 면에서 적응 능력이 뛰어나다. 당장 알아듣기 힘든 음성과 마주하면 뇌는 소음에서 의미가 도출될 때까지 퍼즐을 새로 배열하고 분류하는 작업을 시작한다. 여기서 뇌는 음성에서 일관된 정보를 추출하기 위해 음성의 특징을 감지하는 서로 다른 뇌 영역들을 새로 조율하고 있는 것이다. 처음 듣는 낯선 목소리를 들을 때마다 뇌는 그 사람의 음조, 음색, 억양, 사투리에 맞춰 재조정하는 작업을 수행한다.

약 5000년 전 음성언어에 덧붙여 문자언어가 개발됐을 때 우리는 소통 방법에 시각, 더 정확하게는 글 읽기를 통합하기 시작했다. 우리의 사고 과정은 정보가 음파를 통해 도달하느냐, 빛의 광자로 도달하느냐에 따라 극적으로 달라지지는 않는 듯 보인다. 하지만 이 둘은 뇌에서 별개의 독자적인 경로를 통해 처리되는 물리적으로 아주 다른 매체이기 때문에 뇌가 이 둘을 별개의 방식으로 취급하리라 상상할 수 있다. 하지만 글을 읽을 때와 말로 들을 때 실제로 무슨 일이 일어나는지 조사해 보면 뇌가 이 둘을 매우 유사한 방식으로 취급하는 것을 볼 수 있다. 우리가 글을 읽을 때의 뇌 활성 패턴은 귀로 들을 때의 패턴과 높은 연관성을 보여준다. 우리가 큰 소리로 읽든, 마음속으로 읽든 뇌의 처리 방식은 구분하기 쉽지 않다. 일상적인 사고에서 글과 말을 굳이 구분하지 않는 이유도 이것일 가능성이 크다. 완전히 다른 두 개의 감각이 뇌에 동일한 정보를 제공하는 사례로는 이것이 자연에서 유일하며, 이는 인간의 뇌가 관여하는 감각과 상관없이 언어를 표상할 수 있게 적응했음을 보여주는 놀라운 증거다.

인간의 귀는 들어야 한다는 필요에 맞춰 만들어진 우수한 기관이지만, 방식은 너무나도 뒤죽박죽이다. 세상 그 어떤 공학자도 공기와 액체를 결합하고, 어류의 뼈를 빌려와 둘을 연결하는 복잡한 시스템을 설계하지는 않을 것이다. 귀는 음파를 기계적 에너지로 전환하고, 그것을 다시 유체 에너지로 바꾼 다음, 바침내 전기 신호로 변환하는 과정에서 소리를 음높이, 음색, 음량으로 분해한다. 하지만 이 모든 기이한 특성에도 불구하고 귀는 놀라울 정도로 적응력과 감도가 뛰어난 감각기관이다. 우리가 움직이거나 말할 때 귓속의 근육은 자체적으로 발생하는 소리를 죽이기 위해 불필요한 부분을 잘라낸다. 청각을 담당하는 핵심 수용기인 내유모세포inner hair cell들이 각각의 귀에 약 3500개밖에 없다는 것만 봐도 우리 청력은 놀라울 정도로 예민하다. 그 정도면 많다고 볼 수도 있지만 각각 수백만 개의 수용기를 자랑하는 시각이나 후각과 비교하면 보잘것없는 숫자다. 이렇듯 우리의 청각 능력은 상대적으로 적은 수의 세포 집단이 뒷받침하고 있지만, 이것은 청각의 시작일 뿐이다. 음향 환경에서 소리의 끝없는 진동을 감지할 능력을 장착해준 진화 과정은 소리를 듣는 능력뿐만 아니라 해석하는 능력도 장착해줬다. 인간의 뇌는 이 능력을 다시 확장해서 단어와 언어의 형태로 소리에 개념을 부여했다. 사실 청각을 담당하는 뇌는 귀의 발달 속도와 발맞춰 소리에 대한 폭넓은 지각 능력을 제공했을 뿐만 아니라, 상호소통 능력을 달성하는 데 필요한 지적 장치도 제공했다.

# 3

# 코가 맡는 세상

Scents and Scents Ability

냄새를 측정해 본 적이 있는가?

어떤 냄새가 다른 냄새보다 정확히 2배 강하다고 말할 수 있는가?

두 종류의 냄새 차이를 측정할 수 있는가?

제비꽃과 장미의 향기부터 아위asafoetida 💬에

이르기까지 수많은 종류의 냄새가 존재함은 분명하다.

하지만 냄새의 비슷함과 다름을 측정할 수 없다면

냄새의 과학적 연구는 불가능하다.

새로운 과학을 창시하겠다는 야심을 품은 사람이라면 냄새를 측정하라.

— 알렉산더 그레이엄 벨Alexander Graham Bell

💬 이란과 티베트 등지에서 나는 당근류의 수지로 고약한 냄새가 특징이다. 경련과 히스테리를 치료하는 약으로 사용한다. - 옮긴이

공기는 여러 가지 화학물질의 풍부한 혼합물이다. 대기를 구성하는 기체와 함께 우리 주변의 물체가 방출하는 다른 물질의 분자들이 뒤섞여 있다. 우리는 숨을 들이마셔 분자가 코 깊숙한 곳의 화학수용기와 접촉할 때 그 존재를 인식한다. 분자 자체는 냄새가 없지만, 우리의 수용기와 접촉하면 후각이라는 심오한 결과가 만들어진다.

분자 자체에는 냄새가 없음에도 우리는 그 분자를 내뿜은 물체에서 냄새를 감지한다. 어떤 물질이 냄새를 얼마만큼 방출하느냐는 휘발성volatility, 즉 분자를 공기 중으로 쉽게 방출하는 정도에 달려 있다. 물질은 뜨거울수록 휘발성이 높아진다. 무언가를 익힐 때 냄새가 더 강해지는 이유다. 그와 마찬가지로 얼린 음식은 상온에 둔 음식만큼 맛있는 냄새가 나지 않는다. 여름보다 겨울에 냄새가 훨씬 약한 이유 중 하나다. 온도가 낮으면 방출되는 냄새의 종류가 줄어든다.

후각이 작동하려면 코로 들어온 냄새 분자들을 포획할 수 있어야 한다. 얇은 층을 이루고 있는 끈적한 점액이 마치 파리 잡는 끈끈이 테이프처럼 지나가던 분자를 포획한다. 콧물을 떠올리면 더럽다는 생각부터 하겠지만 후각 능력에는 꼭 필요한 성분이다. 콧물은 코의 정교한 후각 장치를 보호할 뿐만 아니라 냄새 분자들을 구성 요소로 분해해서 재구성한다. 그다음 구성요소가 수용기로 전달되고 마침내 마법이 일어난다. 콧구멍에서 7센티미터 정도 더 들어간 비강 꼭대기에는 후각상피olfactory epithelium가 있다. 우표 크기만 한 이것은 수백만 개의* 후각 뉴런이 사는 집으로, 들어오는 화학물질을 탐험할 준비를 하고 대기 중이다.** 이 뉴런에는 섬모cilia라는 작은 털 같은 구조물이 점막으로 튀어나와 달려 있다. 섬모에는 냄새 분자를 수집하려고 대기 중인 수용기들이 박혀 있다.

후각의 특별한 측면 중 하나는 놀라울 만큼 다양한 수용기다. 사람의 유전체에는 400개가량의 후각 유전자가 있다. 각각의 유전자는 서로 다른 수용기를 암호화한다. 우리는 모든 유전자를 양쪽 부모에게서 하나씩 물려받는다. 그래서 변이 유전자 모두 충분히 구분되는 것들로 이뤄져 있다면 최고 800가지의 종류가 다른 수용기를 가질 수도 있다. 다른 감각들과 비교해 보면 미각은 수용기의 유형이 5~6개에 불과하고, 시각은 막대세포와 원뿔세포 단 두 개다. 이렇듯 후각 수용기의 종류가 많은 덕분에 우리는 다양한 냄새를 경험할 수 있으며, 후각은 폭넓음과 복잡성 면에서 타의 추종을 불허한다.

과학을 전공하지 않은 친구들이 말하듯 과학이라고 전부 다 아는 것은 아니다. 특히 후각에 관해서는 더욱 그렇다. 우리는 후각 수용기가 어떻게 서로 다른 분자를 인식하는지 정확하게 알지 못한다. 가장 보편적인 주장은 결국 수용기의 구조가 중요하다는 것이다. 냄새 분자는 온갖 모양과 크기로 존재하며 콧속 수용기들은 이

* 뉴런의 총 숫자에 대한 추정치는 400만 개에서 1억 개까지 다양하다.

** 코로 들어오는 화학물질의 흐름은 호흡의 속도로 결정된다. 호흡할 때마다 냄새가 났다가 사라지기를 반복하며, 깊게 호흡하면 더 강한 냄새를 맡게 된다는 의미다. 놀랍게도 뇌는 냄새를 고르게 느낄 수 있도록 호흡의 속도를 조절한다.

런 차이를 이용해 분자를 확인한다. 흔히 열쇠와 자물쇠에 비유해 냄새 분자의 모양이 특정 수용기를 여는 열쇠처럼 작용한다고 설명하지만 좀 부족한 면이 있다. 열쇠 하나로 여러 개의 자물쇠를 열 수도 있고, 하나의 자물쇠라도 열쇠가 여러 개 있어야 열리는 경우도 있다. 그렇지만 우리가 알기로는 이것이 바로 후각 뉴런이 어떤 화학물질이 들이닥쳤는지 알아내는 방식이다.

수용기가 적당한 종류의 분자와 결합하면 여기에 반응한 뉴런이 스스로 발견한 내용을 전기 신호로 바꾸고, 후신경olfactory nerve을 따라 후각망울olfactory bulb이라는 완두콩 크기의 구조물 한 쌍으로 보낸다. 도착한 정보는 개편을 거친 후에 더 높은 뇌 구조물로 전달돼 처리가 이뤄진다. 복잡하게 들리지만 후각상피에서 뇌까지의 거리가 짧아서 신경신호가 신속하게 해독된다. 코에서 포착된 분자가 냄새로 인식될 때까지 걸리는 시간은 5분의 1초에 불과하다. 냄새의 실체가 무엇인지 생각하면 더욱 놀랍다. 하루의 첫 커피 한 잔이 풍기는 풍부한 향을 맡는 것은 언제나 기분 좋은 일이다. 커피에는 특별한 커피 냄새 분자가 있다고 생각할 수도 있지만, 사실 커피가 내뿜는 향기는 800가지의 서로 다른 휘발성 성분으로 이뤄져 있다. 각각의 냄새 분자가 코에서 해당 수용기에 감지되고, 각 수용기가 정보를 뇌로 올려보낸다. 문제는 뇌가 쏟아지는 알림 정보를 모두 해독해야 한다는 것이다. 다행히 패턴 감지는 뇌의 전문분야다. 이렇게 얽히고설켜 입력되는 정보에서 뇌는 커피 향기라는 고유한 감각을 엮는다.

독특하고 개성 있는 냄새 대부분이 그렇듯이 커피 향기도 화학적 혼합물에서 생겨난다. 차 향기는 그보다 덜 복잡하지만 그래도 600개 이상의 휘발성 성분을 조합한다. 토마토에 있는 성분은 약 400개 정도이며, 냄새가 무난한 오이도 78개의 성분을 갖고 있다. 이런 복잡성 위에 냄새는 시간에 따라 변한다는 특성도 있다. 음식의 화학적 조성이 시간의 흐름에 따라 맛있는 향기에서 역한 냄새로 바뀌는 것은 누구나 알고 있다. 더 매력적인 점은 꽃이 시간대에 따른 곤충의 활동 패턴에 맞춰 전략을 변경하고, 꽃에서 내뿜는 향기 속 분자의 조합도 그에 따라 달라진다는 것이다.

성분들을 적절히 배합해 완벽한 냄새를 만드는 일은 예술이자 과학이며, 향수 제작의 대가들이 끝없이 추구하는 목표이기도 하다. 향수는 수천 년의 세월 동안 인간 문명에서 늘 함께한 동반자였다. 향수를 뜻하는 영어 단어 'perfume' 자체가 '연기를 피우다'라는 의미의 이탈리아어에서 유래했다. 요즘에는 찾아보기 어려운 관습이 됐지만 밀폐된 공간의 역한 냄새를 없애려 향을 피우는 것을 말한다. 비교적 최근까지만 해도 향수는 자주 씻지 않는 사람들이 체취를 가리는 용도로 사용했고, 역사적으로 보면 사람들 대부분은 잘 씻지 않았다. 하지만 향수는 부와 사회적 지위의 상징이었기에 그 사용자에게 사람을 유혹하는 매력을 선사했다. 한편 사람들이 목욕을 즐기는 요즘에는 향수가 하얀 도화지처럼 비어 있는 후각적 배경에서 작용해야 한다. 그래서 향수를 튀지 않는 미묘한 향기로 만들 수 있다. 하지만 조향사들은 자신의 제품이 **너무** 미묘하길 바라지 않는다. 예를 들어 불쾌한 냄새가 나는 무언가를 소량 섞으면 향기의 전체적인 복잡성을 강화할 수도 있다. 예를 들어 사향고양이 기름civet oil의 냄새는 매우 역하다. 달려들던 코뿔소를 멈춰 세우고 눈에 눈물이 핑 돌게 할 수 있을 만큼 강력하다. 하지만 이것을 향수에 일부 섞으면 마법과 같은 따듯함과 풍부함이 채워진다.

정신이 아찔할 정도로 복잡미묘한 후각을 이해하기란 만만치 않은 도전이다. 다른 감각은 빛의 파장이나 음압의 크기 같은 단일 매개변수를 지각과 직관적인 방식으로 연결할 수 있지만 후각은 훨씬 힘들다. 알렉산더 그레이엄 벨Alexander Graham Bell이 워싱턴 DC에서 졸업반 학생들에게 냄새를 측정하라는 도전 과제를 제시했던 것은 유명한 일화다. 벨은 과제를 성공적으로 수행하는 사람에게는 과학적 명예가 뒤따를 것이라고 장담했지만, 100년이 지난 지금도 여전히 갈 길이 멀다. 우리는 냄새의 화학적 구성성분을 분리할 수는 있지만, 무한에 가까울 정도로 다양한 조합을 특정 후각과 정확하게 연결하려면 시간이 좀 더 걸릴 듯하다. 본질적으로 각각의 냄새는 뇌가 수백 개의 서로 다른 수용기에서 들어오는 입력을 보정하고 비교하는 과정을 거친다. 하지만 어떻게 그렇게 복잡한 정보에서 의미 있는 감각을 끌어내는지는 1급 비밀로 남아 있다.

냄새가 우리 삶에 크게 기여하고 있음에도 현대 서구 사회는 후각의 가치를 과소평가한다. 미국과 영국에서 진행한 여론조사를 보면 인간의 오감 중 잃어도 관계없는 감각으로 제일 많이 꼽은 것이 후각이었다. 또한 영국의 십 대를 대상으로 한 연구에서 절반 정도가 스마트폰 없이 사느니 차라리 후각 없이 살겠다고 답했다. 2019년, 트위터에서 오감을 중요도 순으로 나열케 한 설문조사가 있었다. 이쯤이면 결과를 굳이 밝히지 않아도 꼴찌가 후각이었음을 예상했으리라. 우리는 몇 번이고 시각과 청각을 감각의 최고봉으로 떠받들며 후각은 열등한 감각으로 여겼다. 대체 이유가 무엇일까?

어쩌면 파란만장했던 후각의 역사와 관련이 있을지도 모르겠다. 인류의 역사 상당 부분에서 냄새는 경계 대상이었다. 질병이 유독한 냄새에서 생겨난다는 개념은 수 세기에 걸쳐 질병 전파의 유력한 이론이었다. 사람들은 불결한 거주지, 더러운 길가, 심지어 흙을 갈아엎는 과정에서 방출되는 자극적인 냄새 덩어리인 미아스마miasma가 몸을 오염시켜 여러 가지 질병을 유발한다고 생각했다. 또한 습지와 늪에서 생기는 열병을 '나쁜 공기'를 뜻하는 중세의 이탈리아어 'mal'aria'를 따서 '말라리아'라고 불렀다. 수 세기 동안 사람들은 끔찍한 전염병들이 부패하고 더러운 공기에서 나온다고 믿었다. 14세기에는 흑사병Black Death으로 알려진 림프절 페스트bubonic plague가 창궐하면서 셀 수없이 많은 희생자가 생겼다. 이 병은 사람들을 극심한 고통과 죽음으로 내몰았다. 흑사병이 발병하면 몸 상태가 급격히 나빠지면서 숨길 수 없는 역겨운 냄새를 풍겼다. 아마도 이것이 냄새가 질병의 근본 원인이라는 확신을 불어넣지 않았나 싶다.

여러 시대를 거치며 의사들은 치명적인 냄새에 대항하려고 다양한 허브와 향수를 활용했다. 17세기 의사들은 머리부터 발끝까지 모두 덮는 특이한 복장을 하고 다녔다. 옷 위에는 향기가 나는 온갖 물질을 발라 놓았고, 얼굴에는 악몽에나 나올 법한 새 부리처럼 생긴 구조물을 만들고 그 안에 포푸리pot pourri를 채워 넣어 숨을 들이쉴 때마다 신선한 공기가 유입되도록 했다. 부유한 사람들은 포맨더pomander●를 목에 걸고 다니기 시작했다. 안에는 사향과 백단유 같은 값비싼 향료가 들어있었다. 그들은 이런 행동으로 질병은 물론 가난한 자들의 냄새로부터 자신을 지켰다. 그럴 만한 형편이 안 되는 사람들은 임시변통으로 레몬을 사용했다. 역겨운 거주지는 훈증으로 소독하고, 방에는 식초와 테레빈유처럼 냄새가 강한 물질을 붓는 등 미아스마를 물리칠 수 있는 일이면 무엇이든 했다. 19세기까지도 이런 관념이 널리 퍼져 있었고, 비교적 최근인 1846년에도 사회개혁가 에드윈 채드윅Edwin Chadwick은 "모든 냄새는 질병이다."라고 단언했다.

과거의 냄새가 어땠을지 우리는 막연하게 추측할 수 있을 뿐이다. 사진, 동영상, 음성 파일 등에 비하면 냄새는 기록을 남기기

● 향이 좋은 꽃이나 이파리 등을 말려 담아두는 작은 통 - 옮긴이

가 어렵다. 보통은 냄새에 대한 묘사에 의존해야 하는데 이것이 오히려 다행스러운 일일지도 모르겠다. 목욕과 빨래가 일상이 되기 전의 시절에 살던 사람들과 마을에서 풍기는 냄새는 현대인의 코가 감당하기 힘든 것이었을 테니 말이다. 하지만 악취가 불쾌감을 초래함에도 우리는 주변 냄새를 정상으로 인식하는 경향이 있다. 습관화habituation 과정은 지속적인 자극을 뇌가 차츰 낮은 강도로 인식하면서 결국 배경음을 소음으로 여기고 무시하는 현상을 말한다. 장거리 비행을 할 때는 공기정화기가 작동하고 있어도 비행기 안 공기가 퀴퀴해진다. 하지만 몇 시간씩 혼탁한 냄새 속에 앉아 있으면서도 비행기에서 내릴 때까지 얼마나 악취가 진동했었는지 인지하지 못한다. 하지만 비행기가 착륙한 후에 문을 열어야 하는 승무원에게는 다른 문제다. 이들은 문을 열면 비행기의 배기가스 돌풍을 맞닥뜨린다. 이것은 후각적으로 얼굴에 뺨을 맞는 격이다. 반대로 지구 궤도에서 시간을 보낸 후에 지구로 귀환한 우주비행사들은 나무 냄새나 풀 냄새 같은 흔한 냄새를 아찔할 정도로 강렬하고 경이로운 냄새라고 표현한다.

냄새 자체는 불신의 대상이었던 반면, 후각에 관한 글을 써야겠다고 느낀 역사적으로 유명한 남성들은 모두 후각을 경멸했던 것으로 보인다(역사적으로 여성의 의견에 대한 자료는 대단히 부족하다). 크게 두 진영으로 나뉘는데, 후각을 상대적으로 덜 중요하다고 여겼던 진영과 후각을 타락과 연관 짓는 진영이다. 플라톤은 후각이 '기본적 욕구'와 관련 있다고 생각했으나, 어떤 사람은 후각을 퇴폐적이고 동물적이라고 묘사했다. 아리스토텔레스는 "인간은 냄새를 잘 못 맡는다."라고 적었고, 다윈은 "후각은 거의 쓸모가 없다."라고 주장했다. 프로이트Freud는 정상 발달에서는 유아기를 지나면서 냄새에 대한 매혹을 내려놓아야 한다고 결론 내렸다. 비단 프로이트만 이런 판단을 내린 것이 아니다. 우리는 사람, 특히 어른이 냄새를 맡으며 킁킁거리는 모습을 보면 불쾌하게 여길 때가 많다. 내 사촌 아만다Amanda는 어렸을 때 향기에 탐닉해서 온갖 것을 코에 갖다 대고 냄새를 맡았다. 아만다의 부모님은 딸의 행동을 이상하게 여기고 다시는 하지 못하도록 훈육했다.

더 넓게 보면 17세기와 18세기에 계몽주의의 영향으로 관찰이 강조되면서 검증의 수단으로써 시각이 융숭한 대접을 받게 됐다. '나는 본다I see'라는 구절을 '나는 이해한다I understand'라는 의미로 사용한 것만 봐도 알 수 있다. 이런 맥락에서 보면 시각은 세상을 이해하는 객관적이고 공정한 수단이었던 반면 모든 것이 모호하고, 감정과도 관련이 있는 냄새는 변방으로 밀려났다.

앞에서 언급한 후각을 비판적으로 보는 사람 중에서도 특히 한 명이 인간의 후각에 대한 관점을 형성하는 데 큰 영향을 미쳤다. 19세기 프랑스의 외과의사 겸 해부학자 폴 브로카Paul Broca는 뇌 탐구의 선구자였다. 진짜 미친 과학자 스타일이었던 브로카는 수백 개의 뇌를 포르말린 단지에 보존해서 파리에 있는 자신의 연구소에 보관했다. 그는 뇌의 서로 다른 구조물, 그중에서도 이마엽frontal lobe에 매료됐다. 이마 바로 뒤에 있는 이 영역은 의식, 기억 형성, 공감 능력, 성격 등 온갖 기능에서 결정적인 역할을 한다. 영장류는 다른 동물에 비해 이마엽이 특히나 크고 복잡하며, 영장류 중에서도 인간은 이 부위가 불균형할 정도로 발달해 있다. 신경학 초기시절의 목표는 뇌의 서로 다른 영역과 기능을 연결하는 것이었고, 이런 점에서 브로카는 대단히 성공적이었다. 그는 언어의 생성을 지배하는 이마엽 부위를 연구한 것으로 유명하다. 지금은 이 부위를 그의 이름을 따서 브로카 영역Broca's area이라고 부른다.

브로카는 연구를 발전시키면서 단점이 있음에도 불구하고 지금까지 영향을 미치는 개념들을 공식화했다. 실제로 그는 인간을 다른 종과 차별화할 증거를 찾고 있었고, 서로 다른 종의 뇌를 측정해서 증거를 찾아냈다고 생각했다. 그는 인간의 뇌에서 이마엽을 수용할 공간 확보를 위해, 냄새에 관한 정보를 받아들이는 후각망울의 크기가 줄어들었다고 봤다. 그리고 이 가설을 근거로 인간이 다른 동물보다 우월하다고 주장했다. 이는 2와 2를 더하면 22가 된다고 우기는 것과 다름없는 엉뚱한 논리다. 브로카는 "이마엽이 뇌의 헤게모니를 장악했으며, 인간이라는 동물을 이끄는 것은 후각이 아니다."라고 떠들었다. 브로카에게 후각은 미천하고 원초적인 감각이며, 후각을 포기한 것이 인간의 우월성을 보여주는 증거였다.

많은 과학자가 브로카의 주장에 따라 자신의 이론에 사실을 꿰맞췄다. 감각이라는 관점에서 인간의 진화를 재구성하는 사람들은 직립보행으로 코가 땅에서 멀어지면서 풍부한 냄새나 악취와 멀어졌으며, 그 과정에서 후각의 중요성도 떨어졌다고 주장했다. 더 과거로 가면 영장류의 눈이 얼굴 앞쪽으로 이동함으로써 눈이 얼굴 좌우 측면에 배열된 다른 많은 동물에 비해 입체시가 좋아졌지만, 그 바람에 후각 기관이 사용할 공간은 제한될 수밖에 없었다. 그리고 유인원에서 보이는 긴 코를 잃게 되면서 후각을 수용할 수 있는 공간이 더더욱 제한됐다. 마지막으로 영장류 전반, 특히 인간은 후각과 관련된 유전자를 잃었다. 우리에게는 약 400개의 작동후각유전자working olfactory gene가 있지만 유전 암호 속의 후각 유사유전자pseudogene는 500개에 가깝다. 유사유전자는 유전자의 화석에 해당한다. 후각 유사유전자는 과거에 후각을 도왔지만 이제 작동하지 않는 유전자다. 다시 말해 우리는 진화 과정에서 후각 유전자 중 절반 이상을 잃어버렸다.

포유류를 전반적으로 살펴보면 일정한 패턴이 보인다. 예를 들어 고래는 육상 동물에서 진화했지만 물속에 주로 머물면서 잠깐씩 수면으로 올라오는 생활을 수백만 년 동안 이어온 탓에 공기 중 화학물질의 냄새를 맡는 기능이 쓸모가 없어졌다. 그 결과 고래는 작동후각유전자를 사실상 모두 잃고 화석 같은 유사유선자만 남기게 됐다. 반대로 후각에 크게 의존하는 쥐는 우리보다 작동후각유전자가 훨씬 많고, 잔재로 남은 유사유전자의 비율은 훨씬 낮다. 다시 말해 후각에 크게 의존하는 동물은 작동후각유전자가 더 많은 경향을 보인다.

인간이 정교한 후각이 부족한 시각적 동물이라는 개념은 매우 확고하게 자리 잡았다. 따라서 이 의견이 파죽지세로 모든 의견을 압도한다. 오늘날까지도 후각은 과학연구 분야에서 다른 감각보다 등한시 되는 편이다. 인간의 감각과 관련한 연구 발표 건수를 기준으로 각 감각에 대한 관심도를 측정했을 때 후각에 관한 관심은 청각 대비 4분의 1 정도에 불과했다. 또 후각에 관한 논문은 시각 관련 논문 대비 20분의 1 수준에 그쳤다. 인류가 중력파gravitational wave 감지에 성공하고 화성에서 물을 발견하고 인간의 장기를 키울 수 있는 수준에 이르렀음에도 여전히 코의 작동방식을 완전히 이해했다고 주장하지 못하는 데는 이런 이유도 있다.

하지만 인간의 후각 능력이 열등하다는 브로카의 개념과는 거리가 먼 새로운 관점이 등장하고 있다. 인간의 후각망울은 뇌의 크기와 비교했을 때 다른 동물보다 더 작은 것이 사실이지만, 이는 중요한 점을 간과하고 있다. 상대적 비율로 따지면 작을지 몰라도 전체적인 크기로 보면 생쥐가 자랑하는 후각망울보다 큰 데다, 뉴런의 수도 뒤지지 않는다. 인간의 뇌가 진화를 거치면서 분명히 커졌지만 후각중추가 줄어든 것은 아니다. 브로카와 당시의 사람들은 구조에서 기능을 추론하는 데 만족했다. 뇌의 특정 영역이 비율에 어긋나게 크다면 그만큼 중요하다는 의미였다. 이런 판단 기준이 어느 정도 단서가 될 수는 있겠지만 정교함이 부족하다. 최악의 경우 쓸모없는 단서가 될 수도 있다.

유전학적 측면에서 보면 어떨까? 우리의 후각 유전자는 400개 정도로 다른 동물과 차이가 크다. 예를 들어 생쥐와 개는 후각 유전자가 우리보다 2배나 많고, 코끼리의 후각 유전자는 2000개에 달한다. 하지만 우리의 후각수용기 유형의 가짓수는 다른 감각에서 사용하는 수용기 유형보다 훨씬 많다. 게다가 후각 장치라는 면에서 우리가 다른 포유류보다 열등하다는 점은 인정하더라도 뇌의 처리 능력만큼은 사람이 가장 뛰어나다. 바꿔 말하면 무엇을 가졌느냐가 아니라, 가진 것으로 무엇을 할 수 있느냐가 중요하다고 할 수 있다.

요즘에는 더욱 정교한 실험이 가능해져서 인간의 후각 능력에 대한 관점도 부흥기를 걷고 있다. 1927년 발표된 한 연구 논문이 '인간은 적어도 1만 가지 냄새를 구분할 수 있다.'라고 언급하면서 이 통계치는 자체적으로 생명력을 얻었다. '적어도'라는 말은 자연스럽게 사라지고 여러 세대에 걸친 수많은 학생이 인간의 후각 팔레트의 가짓수가 1만이라고 배웠다. 그러다가 2014년 의문이 제기됐다. 록펠러대학교Rockefeller University의 캐롤라인 부시디드Caroline Bushdid가 이끄는 연구진이 인간은 1조 가지 이상의 냄새를 구분할 수 있다는 결론을 내린 것이다. 무려 1조 가지다! 이를 인간에게 있어 가장 중요한 감각이라고 여겨지는 시각과 청각이 다루는 범위와 비교해보자. 우리가 인식하는 가청음可聽音은 1000가지 정도이며, 구분할 수 있는 색은 최고 1000만 개다. 이래도 인간의 후각이 다른 감각과 비교해 열등하다고 할 수 있겠는가?

우리 후각을 다른 동물의 후각과 비교했을 때는 어떤 결과가 나올까? 흔히 이런 비교는 동물이 감지할 수 있는 냄새의 최저 농도를 측정해서 이뤄지는데, 이 측정치를 후각예민성olfactory acuity으로 판단한다. 인간은 1000억 분의 1 미만의 농도에서도 특정 화학물질의 존재를 감지할 수 있다. 이것은 올림픽 표준 수영장을 채운 물에서 물 한 방울도 안 되는 양이다. 다양한 생화학분자를 대상으로 한 연구에서 인간 참가자들은 깜짝 놀랄 정도로 좋은 성적을 올렸다. 때에 따라서 생쥐나 개처럼 후각의 챔피언이라 불리는 동물보다 뛰어난 결과를 보이기도 했다. 인간이 개와 정면으로 맞선 15가지 화학물질 중 5종목에서 인간이 우위를 보인 반면, 개는 나머지 부분에서 우세했다. 우리가 제일 예민하게 반응한 물질은 과일과 꽃에서 유래한 것인 반면, 개가 민감하게 반응한 냄새는 모두 먹잇감 동물에서 나오는 냄새에 들어있었다. 양쪽 종 모두 특정 냄새에 대한 민감성은 진화를 겪으며 조정됐다. 최초의 인류는 현대의 영장류와 공통점이 많았고, 특히 식생활에서 유사한 양상을 보였다. 초식동물이었던 우리 선조들에게는 과일을 향하는 후각이 유리하게 작용했을 것이다. 반면 개의 조상인 늑대는 육식생활에 적합한 후각적 단서에 주로 집중한다. 이렇듯 후각 능력을 비교하는 것은 어떤 대상의 냄새를 맡느냐에 따라 결과가 달라지므로, 후각이 제일 뛰어난 종이 무엇인지에 관한 물음에 답하기가 쉽지 않다.

하지만 이를 지나치게 확대해서는 곤란하다. 개는 동물계에서 가장 냄새를 잘 맡는 동물 중 하나이고 대부분의 측정 기준에서 우리를 능가한다. 개와 인간 사이의 협력은 자연에서 가장 특별하고 오래 지속된 동반자 관계 중 하나다. 개는 야생에서 살던 그들의 조상 때부터 인간의 초기 정착지를 지켜줬을 뿐만 아니라 사냥 효율도 극적으로 높여줬다. 개는 냄새에 민감한 코를 활용해 숨은 사냥감을 잘 찾아낸다. 사냥감을 좇아 지그재그로 움직이는 동안에도 개의 뇌에서는 양쪽 콧구멍으로 들어오는 입력 사이의 미묘한 차이를 끊임없이 비교한다. 이런 비교 작업으로 냄새의 진원지를 찾아내는 능력이 개만의 전유물은 아니다. 몇 년 전, 캘리포니아대학교 버클리 캠퍼스의 연구진은 잔디밭에 초콜릿 진액으로 흔적을 남긴 후, 눈을 가린 실험 참가 학생들에게 각자 잠재된 블러드하운드의 개코 기질을 발휘해보라고 했다. 쉽지 않은 과제였지만 학생들은 땅바닥에 엎드려 코를 땅에 대고 열심히 냄새를 맡았고, 각각의 콧구멍으로 들어오는 냄새의 강도를 비교하며 잔디밭을 따라가 냄새가 나는 위치를 찾아냈다. 솔직히 학생들이 개처럼 쉽게 과제를 푼 것은 아니었지만 테스트를 반복할수록 실력이 좋아졌다.

실력 향상은 후각과 미각 모두에서 보이는 특성이다. 양쪽 감각 모두 훈련을 통해 예리하게 연마할 수 있다. 이런 특징은 오랫동안 사냥의 동반자였던 개가 밀수품을 찾아내거나 냄새로 질병을 발견하는 수색견으로 활약할 수 있는 이유이기도 하다. 블러드하운드 견종은 증거와 도망간 범죄자의 수색 분야에서 최고로 손꼽힌다. 인간의 후각상피는 큰 우표만 한 크기지만, 블러드하운드는 후강상피 속에 있는 수용기의 수가 40배 정도 많다. 모두 펼쳐 놓으면 태블릿 면적과 비슷하다. 블러드하운드의 업적은 가히 전설적이다. 2주가량 지난 흔적이나 100킬로미터가 넘는 거리를 추적하는 데 성공할 정도다. 개의 후각적 지각 능력은 동물계의 또 다른 슈퍼 후각 동물들과 어깨를 나란히 한다. 폴 브로카의 개념이 지배적이던 시절에는 포유류 후각 능력을 스펙트럼으로 표현했을 때 개와 인간이 양 끝쪽을 차지했지만, 최근의 비교 연구에 따르면 우리의 후각 능력도 만만치 않아서 포유류의 스펙트럼에서 중간 정도를 차지한다.

우리는 인간의 후각에 대한 새로운 평가와 함께 개개인의 후각 차이가 어느 정도인지를 이해하기 시작했다. 나는 박사과정에 들어간 직후 연구진들과 함께 처음으로 유럽을 벗어나 캐나다로 현장 학습을 떠났다. 시청각을 자극할 새로운 풍경과 소리를 접하리라 예상했지만 완전히 새로운 후각적 세계까지 경험하게 될 줄은 몰랐다. 작업실 밖 소나무의 송진 냄새와 은은하게 깔린 감귤류의 향기는 고향에서 경험한 어떤 숲과도 달랐다. 스컹크의 충격적인 냄새도 있었다. 황 냄새와 고무 타는 냄새가 뒤섞인 지독한 냄새는 스컹크의 귀여운 외모와 조금도 어울리지 않는다. 그곳에서 맡은 수십 가지의 새로운 냄새 중 후각 테러라고 할 만한 것도 있었다. 구토가 치밀 만큼 메스꺼운 냄새가 동료들이 있는 몇 미터 거리 안에 들어갈 때마다 나를 괴롭혔다. 결국 냄새의 원천을 찾아냈는데, 팀의 선배 멤버 댄Dan이 사용한 헤어 제품이 원인이었다. 댄의 머리에서 캐러멜 토사물을 뒤집어쓴 것 같은 냄새가 풍겼다. 며칠 동안 그에게 눈치를 줬지만 전혀 알아차리지 못했고, 절박해진 나는 직접 문제를 해결하기로 했다. 부끄러운 일이지만, 사람들이 각기 무언가에 집중하느라 주위에 관심이 없던 저녁 시간을 틈타 역겨운 냄새의 원인인 헤어 제품을 찾아내 숨겨 버렸다. 다음날 댄은 제품이 사라져 당황했지만 나는 헛구역질 없이 편안하게 그와 함께 시간을 보낼 수 있었다.

어째서 유독 나만 댄이 쓰던 제품의 냄새에 힘들어했을까? 답은 사람이 저마다 독특한 코를 갖고 있고, 향기의 세계에 대한 시각도 서로 다르다는 데 있다. 어떤 그룹의 사람들에게 레몬 냄새를 맡게 하면 모두 그 냄새를 레몬 냄새라 표현하는 데 동의할 것이다. 하지만 냄새의 강도나 유쾌함 같은 다른 속성에 대해서는 주관적인 경험을 하게 된다. 이런 현상이 생기는 근본적인 이유는 후각을 전문으로 하는 수용기의 종류가 워낙 많고, 사람들 사이에 유전적 차이도 있어서다. 우리가 가진 400가지 후각수용기는 특정 유전자에 암호화돼 있지만 면역계를 뒷받침하는 유전자를 제외하면 후각 유전자는 우리 몸에서 가장 다양한 유전자다. 전 세계적으로 400가지 후각 유전자의 변이가 적어도 100만 가지나 된다. 다시 말해 두 사람이 동일한 수용기군을 갖고 있을 확률이 0이라는 의미다. 사실상 임의로 두 사람을 비교했을 때 이런 측면에서 약 30퍼센트 정도 차이가 있다고 알려졌다. 궁극적으로 우리 각자에게는 고유한 후각 경험이 있으며, 이를 후각 지문olfactory fingerprint이라고 한다.

범죄학자들이 범죄자를 확인할 때 지문을 이용한 기간은

100년이 넘는다. 지문에 새겨진 특유의 무늬를 데이터베이스에 수록된 다른 지문 자료와 비교하는 방식이다. 정확하게 일치하는 지문을 찾으려면 지문의 세부 특성이 얼마나 일치하는지가 중요하다. 일치하는 특성이 많을수록 좋지만 40개가 넘으면 대부분 일치하는 것으로 판단한다. 후각 지문의 원리도 놀라울 정도로 유사하다. 후각 지문을 채취할 때는 냄새를 묘사하는 단어의 목록을 이용해서 일련의 냄새에 대한 특징을 설명하라고 요청한다. 사람들의 후각에서 나타나는 차이는 크기 때문에 34가지 독특한 향기에 대한 반응만 살펴보면 살아있는 모든 사람을 구분할 수 있을 정도다. 사람의 후각 지문은 주로 유전자에 크게 좌우되며 평생 일관성을 유지한다. 후각 지문의 목적은 흉악범을 잡는 것이 아니다. 의료 분야에서 이 기술을 이용하면 장기나 골수 기증 적합자를 비침습적인 방법으로 찾아내는 용도로 사용할 수 있다.

우리가 경험할 수 있는 잠재적인 냄새의 종류가 수조 개임을 감안하면 모든 냄새에 대한 우리의 반응을 카탈로그로 정리해 놓지 않은 것이 당연해 보인다. 하지만 우리 사이의 차이를 보여주는 흥미로운 사례 연구가 몇 가지 있다. 나는 평소 공중화장실 자판기에서 파는 물건에 흥미가 없지만, 몇 년 전에 우연히 정말 터무니없고 웃긴 제품을 발견했다. 문제의 제품은 남성 구매자가 사용하면 여성들에게 참을 수 없는 매력을 풍길 수 있다고 보장하는 스프레이였다. 이 제품의 마법 성분은 안드로스테논androstenone이었는데, 암컷 돼지의 욕정을 불러일으키는 능력으로는 최고의 물질이다. 좀 더 구체적으로 말하면 이 물질은 수컷의 몸에서 만들어지는 페로몬으로 암컷 돼지의 욕정을 활활 타오르게 만든다. 하지만 사람에게는 같은 효과가 나타나지 않는다. 사람이 페로몬을 통해 소통한다는 증거도 없거니와, 생각 없이 이 스프레이를 돼지 농장 근처에서 뿌렸다가는 발정이 난 암퇘지들이 떼로 몰려와 사람에게 구애하는 장관이 펼쳐질 것이다.

안드로스테논이 돼지의 경우처럼 인간을 흥분시키지는 않지만, 사람들에게 다양한 반응을 유발한다는 점에서 흥미로운 연구 대상이긴 하다. 어떤 사람은 그 냄새를 전혀 맡지 못하는 반면, 꽤 달콤하고 기분 좋은 냄새가 난다고 말하는 사람도 있다. 하지만 대다수는 땀 냄새와 오줌 냄새가 난다고 묘사한다. 각자의 성격이 까다롭거나 무던해서 서로 다른 반응을 보이는 것이 아니다. 세 집단의 반응은 유전자에 의해 결정된다. 안드로스테논은 돼지 아가씨의 눈동자를 초롱초롱 빛나게 만드는 효과도 있지만, 돼지고기 냄새를 만드는 원인이기도 하다. 이것 때문에 돼지고기를 역겹게 느끼는 사람도 있다. 인간이라는 종이 처음 등장했을 때 우리는 안드로스테논에서 끔찍한 냄새가 나서 돼지고기 먹기를 꺼리게 만드는 후각 유전자 변이를 갖고 있었다. 하지만 인류가 아프리카 너머로 영역을 넓히면서 이 유전자에 돌연변이가 일어나 우리의 지각을 바꿔 놓았다. 이 유전자 변이를 가진 사람은 안드로스테논 냄새를 아예 맡지 못하거나 무덤덤했다. 유전자 변이 덕분에 중동지역, 그리고 그와는 독립적으로 현재 중국의 위치에서 돼지를 가축화할 수 있는 무대가 마련됐고, 결국 돼지고기는 세계 곳곳에서 식탁에 빠지지 않는 메뉴로 자리 잡게 됐다. 요즘에도 원래의 유전자 변이는 아프리카에서 제일 흔하고, 유럽과 아시아에서는 돼지 냄새에 좀 더 관대한 변이가 주류를 이루고 있다. 이렇듯 단일 물질에도 온갖 반응이 나타난다는 것은 인간의 감각적 지각이 믿기 어려울 정도로 다양하다는 것을 보여주는 실례다.

유전자와 더불어 문화도 우리의 지각을 빚어내는 데 결정적인 역할을 한다. 서구에서 후각을 상대적으로 무시하고 있다는 것은 사용하는 언어로 알 수 있다. 영어에서 우리가 사용하는 단어의 약 4분의 3은 시각적 경험을 기반으로 하며, 후각과 관련된 단어는 1퍼센트 미만이다. 이는 사람들이 냄새에 관해 이야기하는 일이 거의 없다는 것뿐만 아니라, 냄새를 타인에 대한 평가 수단으로 생각하지 않음을 보여준다. 예를 들어 누군가를 보며 보기 좋다고good-looking 긍정적으로 말할 수 있지만, 누군가에게 냄새가 난다고 말할 때 칭찬일 가능성은 희박하다. “당신한테서 ‘좋은’ 냄새가 난다.”라고 ‘좋은’을 덧붙여 말할 때도 자연적인 체취가 아니라 그 사람이 쓴 향수를 칭찬하는 말일 가능성이 크다. 일반적으로 냄새를 말로 전달할 때도 우리는 보통 다른 것과 연관을 지어서 이야기해야 한다. 예를 들면 “계피 같은 냄새가 난다.”라는 식이다. 자체로는 별다른 정보가 없는 ‘퀴퀴하다musty', '향기롭다fragrant' 등의 단어를 제외하면 이런 식의 표현이 최선이다.

향기를 분석하려는 서툰 시도가 향기에 대해 생각하는 방식에 영향을 미친다. 영어가 냄새를 이해하는 데 실패하는 바람에 냄새는 원래 이해할 수 없는 것이라는 생각을 낳았다. 냄새는 특히 색이나 소리와 비교하면 형언할 수 없는 모호한 존재로 여겨진다. 물론 냄새 자체도 전혀 모호하지 않을 때가 많다. 스컹크를 가까이 접해본 사람이라면 잘 알 것이다. 그런데도 영어 어휘에 냄새에 대한 명확한 용어들이 부족하다 보니 우리는 냄새 자체가 모호한 것이라고 여기게 됐다. 이는 영어뿐만 아니라 다른 유럽 언어에도 적용되는 이야기다. 우리의 대화에는 냄새에 관한 내용이 다른 감각만큼 풍부하게 존재하지 않는다.

게다가 자연에서 벗어나 후각적 풍경이 제한된 도시의 현대적인 삶을 살게 되면서 후각의 소외는 더욱 가속화됐다. 우선 공기의 오염은 후각을 방해하는 대표적 요인이다. 또한 실내에서 보내는 시간이 점점 더 길어지는 것도 문제다. 평균적으로 미국인들은 깨어 있는 시간의 3분의 2 이상을 실내에서 보낸다. 인류가 숲을 떠난 이후로 우리의 동반자였던 장엄한 자연의 냄새가 지금은 냄새에 굶주린 우리의 코와 분리되고 차단됐다. 우리의 주의를 점점 더 많이 차지하게 된 스크린은 시각과 청각을 자극하지만 후각을 자극할 요소는 제공하지 않는다.

서구인들에게 실험을 통해 흔한 냄새의 이름을 맞춰 보라고

했을 때 형편없는 성적을 받는 이유를 언어적인 결함과 생활방식의 변화로 설명할 수 있다. 사람들이 커피 냄새는 정확히 알아맞힐 것으로 생각하겠지만 눈을 가린 미국의 대학생들을 대상으로 한 연구에서 커피 냄새를 처음부터 정확하게 맞힌 사람은 4명 중 1명에 그쳤다. 오렌지는 더 쉬웠지만 그 경우도 절반의 학생만 정확히 맞췄다. 바질이나 땅콩의 냄새를 정확하게 맞힌 사람은 20퍼센트 정도에 불과했고, 냄새만으로 치즈를 맞힌 사람은 극소수였다. 서양에서는 이러한 연구 결과와 냄새에 관한 언어가 거의 없다는 점 때문에 인간이 보편적으로 후각을 중요하게 생각하지 않는다고 결론 내렸을지 모른다. 하지만 서구 너머로 눈을 돌리면 상황이 달라진다. 지난 수십 년 동안 연구의 범위가 확대되면서 다른 문화권을 아우르게 됐고, 거기서 나온 결론은 놀라움 그 자체였다. 여러 문화권의 사람들은 후각에 큰 중요성을 부여했다. 많은 문화권에서 냄새는 삶의 핵심으로 자리 잡았다. 감각 자극이 풍요로운 환경인 아마존 우림에 사는 데사나족Desana은 스스로를 위라Wira라고 부른다. '냄새를 맡는 사람들'이라는 뜻이다. 이들은 어릴 때부터 '바람의 가닥wind threads', 즉 냄새의 흔적을 추적해서 향기로 식물과 동물을 알아차릴 수 있고, 냄새의 감각적 네트워크를 이용해 숲에서 길을 찾을 수도 있다. 이 지역의 다른 부족들은 각각의 집단을 자기가 사는 장소에서 유래한 특정 냄새로 구별한다. 이곳에서는 냄새가 너무도 중요하기 때문에 배우자를 선택할 때도 영향을 미친다. 부부끼리는 반드시 냄새가 달라야 하기 때문이다. 데사나족처럼 또 다른 아마존 부족인 수야족Suyá도

동물을 냄새에 따라 분류한다. 이들은 또한 공동체에 속한 서로 다른 구성원에게도 성별과 인생의 단계를 구분하는 냄새를 부여한다. 일부 문화권에서는 개인의 냄새가 너무 중요해서 서로의 체취가 섞이지 않도록 주의한다. 이곳에서는 체취를 그 사람의 본질로 여기기 때문에 두 사람이 너무 가까이, 너무 오랫동안 함께 앉아서 다른 사람과 냄새가 섞이는 것을 규제한다.

안다만 제도의 온지족Ongee도 냄새를 중시하는 세상에 살고 있다. 이곳에서는 각각의 계절이 그 시간에 피는 꽃의 향기로 정의된다. 달력이 후각적 풍경을 통해 설정된 것이다. 온지족은 사악한 정령이 냄새로 제물의 위치를 찾아낸다고 믿는다. 그래서 이들은 숲을 가로지를 때 한 줄로 움직여 냄새가 뒤섞이게 만든다. 이들은 서로 만나서 인사를 할 때 "코는 어떠십니까?"라고 인사한다. 이런 인사법이 낯설겠지만 인사할 때 냄새를 중시하는 문화권은 생각보다 많다. 인도의 일부 지역에서는 한때 상대방의 머리 냄새를 맡는 것이 가장 다정한 인사법이었다. 북극에서 폴리네시아에 이르기까지, 서부 아프리카에서 필리핀에 이르기까지 코를 비비며 상대방의 냄새를 맡는 것은 오랫동안 전통적인 인사법으로 사용됐다. 감비아에서는 한때 반갑다는 인사법으로 상대방의 손등 냄새를 맡는 것이 일반적이었다.

데사나족과 온지족의 아이들은 서구 사람들과는 근본적으로 다른 방식의 감각적 경험을 통해 세상을 학습한다. 영국이나 미국의 아이들은 구글에서 꽃 사진을 검색하겠지만 다른 문화권에서는 꽃을 확인하는 일이 후각, 촉각, 미각을 아우르는 감각적 경험이다. 어떤 문화권에서는 냄새가 너무 중요해 후각 능력이 거의 초능력에 버금갈 정도로 발달해 있다. 유럽인과 볼리비아 치마네족Tsimane 원주민들의 후각 민감도를 비교한 실험에서 볼리비아인들이 후각 능력은 일반 유럽인들보다 훨씬 뛰어났을 뿐 아니라, 그중 4분의 3가량은 테스트에 참여한 유럽인 200명 중에서 최고로 민감한 사람보다도 뛰어났다. 심지어 이는 실험 당시에 치마네족 원주민 중 상당수가 감기를 앓고 있던 와중에 나온 결과였다.

서로 다른 문화권의 감각적 경험, 특히 많은 곳에서 냄새에 부여하는 가치는 지각의 다양성에 크게 기여했다. 그리고 그 경험은 언어 속에 소중히 간직돼 있다. 수렵채집인인 말레이시아의 자하이족Jahai은 냄새를 표현하는 어휘가 풍부하다. 이것은 그들의 삶에서 냄새가 중요하다는 사실을 반영하는 데서 그치지 않고 그들의 반응에도 영향을 미친다. 우리가 냄새를 묘사하려 할 때 적당한 표현을 생각해내지 못해 더듬거리는 것과 달리 자하이족은 우리가 레몬을 노란색이라 묘사할 때처럼 능숙하게 냄새를 언어로 표현한다. 이들에겐 자기가 맡는 냄새를 머릿속 개념과 연결할 수 있는 능력이 있다. 이로써 냄새를 평가할 수 있는 능력이 더욱 향상되고, 그 덕분에 냄새를 더 명확하고 풍부하게 지각할 수 있는 문이 열린다. 요크대학교York University의 아시파 마지드Asifa Majid의 연구에 따르면 자하이족은 서구인들과 비교했을 때 냄새를 더 신속하고 정확하게 파악했을 뿐 아니라, 냄새에 관해서 서로 더욱 긴밀한 합의에 도달하는 것으로 나타났다. 그들에게는 냄새가 모든 사람이 공유하는 명확하고 빤한 기준이다. 이런 연구 결과는 냄새가 명확히 묘사할 수 없는 모호한 감각이라는 개념을 완전히 뒤집는 것이다. 그저 서구에서 후각을 오래도록 무시했을 뿐이다. 이런 새로운 관점에서 바라보면 우리가 후각이라는 감각을 얼마나 놓치고 살아왔는지 분명하게 드러난다.

후각 능력을 결정하는 것이 유전자와 문화만은 아니다. 모든 감각과 마찬가지로 후각 기능도 나이가 들면서 약화된다. 후각 능력은 80세까지 점차 약화되며, 노인층의 4분의 3 정도가 후각에 큰 결함을 안게 된다. 이는 특별한 날을 기념하려 외출하는 노인들이 어지러울 정도로 향수를 진하게 뿌리는 이유이기도 하다. 후각 기능 저하는 대개 신체 기능 저하에 따른 후각 뉴런과 후각 점액 상실로 인해 나타나지만, 슬프게도 다른 요인이 작용할 가능성도 있다. 후각 상실은 여러 질병에서 나타나는 증상의 하나다. 물론 최근에는 코비드 19에 감염된 사람 중 절반가량이 갑작스러운 후각 상실을 경험했다. 대다수는 후각을 회복하지만 코비드 19가 어째서 이런 영향을 미치는지는 아직 밝혀지지 않았다.

성별도 후각에 영향을 미친다. 남성에게는 안타까운 소식일 수 있으나 감각 분야에서 남성은 여성을 따라잡을 수 없다. 후각도 마찬가지다. 남성이 여자친구에게 청결 문제로 잔소리를 들으면서 억울함을 호소할 때가 있다. 이런 문제는 남성이 여성만큼 효과적으로 냄새를 맡을 수 없어서 발생할 가능성이 크다. 그의 몸에서 풍기는 불쾌한 냄새miasma가 남성이 알아차릴 수 있는 임계점에는 도달하지 못했지만, 여성의 임계점을 넘어섰다면 여성에게는 눈물이 날 정도로 고역스러울 수 있다. 여성은 저농도의 냄새를 인지할 수 있을 뿐만 아니라 후각적 경험도 남성보다 풍부한 편이다. 이런 차이가 생기는 이유는 후각 처리 영역의 뉴런이 남성보다 여성에게 50퍼센트가량 더 많기 때문이다.

한 가지 의문이 꼬리를 물고 다른 의문을 낳는다. 왜 여성이 남성보다 뛰어난 후각을 갖게 된 걸까? 엄마와 갓 태어난 아기의 유대감을 강화하기 위해서일 수도 있고, 배우자를 선택하는 문제와 관련이 있을 수도 있다. 하지만 임신과 관련된 설명이 가장 설득력이 있다. 후각은 좋은 냄새로 우리를 즐겁게 만드는 역할도 하지만, 무엇보다 중요한 역할은 유해 물질을 피하도록 돕는 것이다. 건강한 성인에게는 별 영향도 없는 물질이 태아에게는 커다란 손상을 입힐 수 있다. 진화가 이뤄지는 동안 독성 물질을 피할 수 있는 후각을 갖춘 여성은 더 건강한 아이를 낳았을 것이다. 임신 중에 후각 능력이 증폭되고, 일부 여성이 특정 물질에 고도로 예민해지는 이유도 이것으로 설명할 수 있을 것이다. 예를 들어 커피 향을 구성하는 화학물질 중 인돌indole은 커피 애호가인 예비 엄마에게 문제를 일으킬 수 있다. 사람들은 대개 인돌에서 구취나 똥내를 느끼는데, 커피에 함유된 수백 가지의 냄새 중에 인돌의 향을 알아차릴 사람은 거의 없다. 하지만 임신한 여성 중 일부는 인돌의 악취를 생생하게 느끼면서 커피의 기분 좋은 향을 완전히 망쳐 버리는 경우도 있다.

꼭 임신해야만 슈퍼스멜러supersmeller가 될 수 있는 것은 아니다. 50명 중 한 명 정도가 민감한 후각을 지니고 태어났으며, 전문 용어로는 후각과민증hyperosmia[💬]이라고 한다. 대체 무엇이 이들에게 후각적 초능력을 부여하는지는 여전히 수수께끼로 남아 있다. 유전자 주사위 던지기에서 행운이 찾아온 것일 수도 있지만 훈련에 의한 것일 가능성이 제일 크다. 어떤 냄새에 익숙해질수록 그 냄새를 감지할 수 있는 역치는 낮아진다. 냄새를 맡는 훈련에 약간의 노력을 기울이면 후각이 개선된다. 소믈리에나 향수 제작자들 사이에서는 오래전부터 알려졌던 사실이다. 이런 사람들의 뇌는 후각적 필요에 적응해서 변화를 거친다. 뇌 스캐너 영상으로 보면 전문직종에 종사하는 사람들은 후각 처리 뇌 영역에서 재구조화와 개선의 징조가 뚜렷하게 보인다. 보디빌더가 근육을 단련하듯 향수 제작자도 후각 근육을 단련할수록 능력이 향상한다. 훈련의 효과가 전문가들만의 전유물은 아니다. 낯선 냄새에 규칙적으로 짧은 시간[🐈] 동안 노출해도 인상적인 결과를 얻을 수 있다. 퀘백대학교University of Quebec의 시리나 알 아인Syrina Al Aïn과 동료들이 수행한 연구는 후각 훈련을 받은 사람들의 뇌가 불과 6주 만에 발달했다는 증거를 보여줌과 동시에 후각 기능이 향상됨을 밝혀냈다. 우리가 느끼는 행복감에 미치는 후각의 중요성을 감안하면 훈련을 시도하는 것도 나쁘지 않을 듯하다.

[💬] 후각이 과도하게 발달한 것을 두고 굳이 우리말로 '후각과민증'이라는 이름을 붙여준 것을 보면 우리나라에서도 후각의 발달을 남다른 능력이라기보다는 질병의 일종으로 보는 시각이 있는 것 같다. - 옮긴이

[🐈] 매일 몇 초씩만 투자해도 충분하다.

다른 감각과 마찬가지로 후각도 동전의 양면이 있다. 하나는 스스로 맡는 냄새이고, 다른 하나는 다른 개체에 전하는 냄새다. 내가 감각 생물학을 연구하며 줄곧 씨름했던 의문 중에는 동물이 서로를 어떻게 알아보느냐도 있었다. 한 지역에 해당 종의 개체가 수백에서 수천 마리까지 있을 수 있지만 이들이 상호작용하는 방식은 무작위가 아닌 것으로 밝혀졌다. 동물도 인간처럼 패거리를 이룬다. 가까운 개체와 시간을 더 보내고 다른 개체는 무시한다. 나는 큰가시고기 stickleback라는 작은 어류에 호기심이 생겨 캐나다로 여행을 간 적이 있다. 큰가시고기와 같은 미물은 함께 어울릴 동료를 고를 때 가탈이 전혀 없을 것으로 예상하겠지만, 사교 문제에서는 굉장히 까다로운 것으로 밝혀졌다. 누가 누구하고 어울리는지 연구하며 개체군을 분석해 보니 우리가 연구한 캐나다 호수의 큰가시고기들은 전형적인 '작은 세상' 네트워크의 일부였다. 이들은 서식지를 여기저기 옮겨다니는 동안에도 가까운 동지들끼리 무리를 짓고, 다른 무리에 속한 아는 얼굴들과는 느슨한 관계를 유지한다.

여기서 질문 하나! 큰가시고기는 서로를 어떻게 알아보는 걸까? 어류를 포함해 지구에 사는 동물 대부분은 냄새로 서로를 인지한다. 모든 개체에는 화학적 지문 같은 고유의 냄새가 있다. 이런 냄새 정체성은 워낙 중요해서 많은 종에서 후각이 다른 감각보다 우선한다. 나는 물고기들이 각자 같은 종의 물고기와 무리를 이룰지, 아에 다른 종과 무리를 이룰지 선택권을 주고 결과를 관찰하는 실험을 진행했다. 실험적 속임수를 이용해 실험체의 눈에 보이는 것은 같은 종이지만 냄새는 다른 종인 경우와 눈에 보이는 것은 다른 종이지만 냄새는 같은 종인 경우를 제시하고 둘 중 하나를 선택하게 했다. 실험 결과 물고기들은 코를 더 신뢰했다. 보이는 모습의 불일치는 상관하지 않았고, 올바른 냄새가 나는지를 중요하게 여겼다.

물고기를 포함한 모든 동물은 다른 동물이 알고 싶어 하는 정보 대부분이 담긴 냄새를 풍긴다. 어떤 동물은 냄새를 감추려 하지만 성공의 수준은 다양하다. 개를 키우는 사람 중에 방금 몸단장을 마친 강아지가 신이 나서 비료 더미로 직행해 뒹구는 모습을 보고 경악해보지 않은 사람이 있을까? 침노린재assassin bug는 자기에게 희생당한 곤충의 사체를 등껍질에 붙이고 다닌다. 둘 다 자신의 냄새를 감추고 사냥감과 비슷한 냄새를 풍기려고 하는 것이다. 인간은 조금 다른 형태의 후각적 가면을 쓴다. 우리가 체취 제거제에 쓰는 돈은 1년에 200억 달러가 넘고, 향수에 쓰는 돈은 그 두 배 정도로 추산된다. 역설적이게도 우리는 다른 동물에서 나온 냄새로 체취를 가린다. 주로 사슴, 사향고양이, 비버 같은 동물의 민망한 부위에 있는 분비샘에서 나온 냄새일 때가 많다. 향수에는 이런 동물에서 채취한 사향과 해리향castoreum뿐만 아니라 약간의 오줌 냄새를 포함하기도 한다. 끔찍하게 들리겠지만 우리 코는 그 냄새를 좋아하는 것 같다. 하지만 개든 침노린재든 사람이든 자신의 냄새를 감추는 데는 한계가 있다.

인간도 각자 특유의 냄새가 있다는 점에서 여느 동물과 다를 것이 없다. 이 냄새는 부분적으로 우리의 신체 대사, 피부에 사는 보이지 않는 세균 무리, 유전자 등과 관련이 있다. 유전학이 냄새에 영향을 미친다는 사실은 자신의 친척이 누구인지, 친해지고 싶은 사람이 누구인지 알아볼 수 있는 수단을 제공한다. 주조직적합복합체Major Histocompatibility Complex, MHC는 질병에 대한 면역에서 핵심 역할을 하는 유전자 집합으로, 침입해 들어온 병원체를 알아볼 수 있게 한다. 또한 MHC는 우리의 화학적 지문chemical signature에도 커다란 영향을 미친다. MHC 유전자는 다형성polymorphic이 높아서 우리 각자에게 고유 냄새를 부여한다. 그래서 우리는 유전적으로 결정된 냄새를 바탕으로 사람을 구분할 수 있다. 인간은 혈육과 유전자를 공유하는 특성이 있어서 가족 구성원 단위로 비슷한 냄새를 풍긴다. 엄마는 냄새만으로 아이가 입었던 옷을 가려낼 수 있고, 아기는 수유패드의 냄새로 엄마를 확인할 수 있다. 게다가 아이들은 형제도 알아볼 수 있다. 일란성 쌍둥이는 서로 비슷한 냄새가 나기 때문에 추적견이 사람을 추적할 때 다른 쌍둥이가 그 길에 끼어들면 엉뚱한 흔적을 따라가게 속일 수 있다. 이 모든 것은 친척 알아보기에 도움을 준다. 그 덕분에 가까운 친척에게서는 성적으로 매력이 없는 냄새가 나서 근친상간의 위험을 피할 수 있다.

성적 매력에서 냄새의 역할은 오랫동안 논의된 분야다. 1995년 스위스의 연구자 클라우스 베데킨트Claus Wedekind는 여성 참

인간종에서는 MHC를 인간백혈구항원 복합체Human Leucocyte Antigen complex, HLA라고도 부른다.

가자들에게 남학생들이 이틀간 입었던 티셔츠의 냄새를 맡고 평가해 달라고 요청했다. 후각의 공평성을 위해 티셔츠를 입는 남학생들에게는 체취 제거제나 향수의 사용을 금했다. 실험 결과는 놀라웠다. 여성들은 자기와 MHC가 다른 남성이 입었던 티셔츠를 선호했다. 이런 선호도 뒤에는 근친교배를 피하고자 자연이 마련한 건강한 생물학이 자리 잡고 있다. 심지어 우리가 키스하는 이유도 이것 때문이라는 주장이 있다. 키스로 잠재적 배우자의 냄새와 맛을 표본검사해볼 수 있다는 것이다. 이렇게 생각하니 키스의 낭만이 와장창 깨지는 느낌이지만, 이는 냄새가 어떻게 무의식적으로 우리의 행동을 인도하는지 잘 보여주는 사례다. 베데킨트의 연구에 참여한 여성들이 티셔츠의 냄새만으로 관계를 이어가겠다고 생각했을 리는 만무하지만, 상대방의 매력을 판단할 때 배우자로서의 적합성에 대한 평가가 어느 정도 영향을 미친다고 할 수 있다. 두 부모의 유전자를 재조합해서 아이를 만드는 목적은 유전적 위험을 분산하기 위함이다. 따라서 자기와 MHC가 다른 사람과 아이를 낳는다는 것은 그 자손이 광범위한 스펙트럼의 MHC 유전자를 물려받을 확률이 높고, 결국에는 더욱 경쟁력 있는 면역계를 가질 확률이 높아진다는 의미다. 바꿔 말하면 여성의 후각이 미래에 더 건강한 아이를 낳을 수 있도록 유도하고 있는 셈이다. 흥미롭게도 티셔츠 냄새를 평가하는 여성이 구강 피임제를 복용하는 동안에는 선호도가 역전됐다. 오히려 자기와 MHC가 비슷한 남성의 냄새에 끌린 것이다. 이 결과의 의미는 첫째, 호르몬이 배우자 선택 문제에 영향을 미친다는 것이다. 둘째, 피임제의 메커니즘은 사실상 몸이 스스로 임신 중이라고 착각하게 만드는 것이기에 여성으로 하여금 친척을 비롯한 사회적 내집단 social ingroup에 더욱 끌리게 한다는 점이다.

25년여 전 베데킨트의 연구 결과가 처음 발표된 이후로 후속 연구들이 여러 차례 진행됐고, 뒤섞인 연구 결과가 나왔다. 어쩌면 그리 놀랄 일은 아니다. 인간이 느끼는 매력이란 대단히 복잡하고 난해한 문제니까 말이다. 이런 개념의 옳고 그름을 판단할 수 있는 시금석은 역한 냄새가 나는 티셔츠의 매력에 대한 평가가 여성의 배우자 선택과 상관관계가 있는지 알아보는 것이다. 한마디로 답하자면 '별로 그렇지 않다'이다. 미국의 부부들 사이에서는 MHC가 우연에 따른 예상치를 조금 벗어나는 경향이 있다. 이는 베데킨트의 연구를 뒷받침하는 것이지만, 자기와 MHC가 아주 다른 사람에게 강력하게 끌린다기보다는 MHC가 너무 비슷한 배우자를 피하기 위함이라는 주장도 있다. 베데킨트의 입장에서 보면 그의 원래 의도는 인간이 잠재적 배우자의 유전학을 바탕으로 냄새의 차이를 감지하고 반응할 수 있는지 판단하려는 것이었다. 다른 많은 동물과 마찬가지로 인간도 그것이 가능하다. 하지만 배우자 선택에서의 역할은 미약해 보인다. 냄새가 중요하지 않다는 의미는 결코 아니다. 나는 동료 스텔라 엔셀Stella Encel의 도움을 받아 이성애자 여성들에게 잠재적 파트너의 본래 체취가 매력을 판단할 때 얼마나 큰 영향이 있는지 묻는 비공식 여론조사를 시행했다. 답변은 만장일치에 가까웠다. 불쾌한 체취는 관계를 깨는 역할을 했고, 좋은 체취는 그 자체가 매력으로 작용하는 것으로 나타났다. 이들의 관점은 사람의 향이 인간의 배우자 선택에서 중요한 요인임을 암시한 설문조사 결과와도 일치한다. 여성이 남성보다 냄새를 더 중시하는 경향이 있지만, 양쪽 모두 냄새를 높게 평가한다. 냄새에 대한 사회의 태도, 특히 냄새를 형성하는 다양한 요소들이 어떻게 뒤섞이는지 생각하면 더욱 흥미로워진다.

사춘기의 시작은 누구에게나 어려운 시기다. 나 역시 온갖 변화를 겪기 시작했는데, 특히 체취 변화가 골치 아팠다. 몸 전체에 퍼져 있는 일반적인 땀샘*이 아니라 모낭hair follicle과 함께 존재하는 특수한 종류의 땀샘이 문제였다. 아포크린샘apocrine gland은 털이 난 신체 부위, 특히 겨드랑이와 사타구니에 집중돼 있으며, 우유 같은 액체를 흘리는데 이것이 피부기름샘sebaceous gland에서 나오는 다른 물질과 섞여 유탁액emulsion을 만든다. 이것이 처음 나왔을 때는 별로 냄새가 없지만 머지않아 미생물의 손아귀에 들어가면 사정이 달라진다. 우리 피부에 들러붙어 살아가는 수백 종의 세균 가운데 두세 가지 종이 악취를 만든다. 그중 하나인 **코리네박테리아**Corynebacterium는 디프테리아**를 일으키는 병원체의 가까운 친척이다. 이 세균은 우리가 흘리는 복잡한 분자를 자르고 편집해 부티르산butyric acid 같은 단순한 분자로 바꾼다. 부티르산은 상한 치즈나 토사물의 냄새가 나는

* 에크린샘eccrine gland

** 호흡기에 염증을 일으키는 감염 질환 - 편집자

성분이다. 이에 질세라 **포도상구균**Staphylococcus 속 세균들이 죄 없는 우리 분비물을 재구성해 썩은 달걀 냄새가 살짝 섞인 고기 냄새나 양파 냄새가 나는 티오알코올thioalcohol, 유기황화합물organosulphur을 만들어낸다. 여기에 더 많은 세균이 달려들어 아미노산을 식초의 사촌 같은 불쾌한 냄새가 나는 프로피온산propionic acid으로 바꾼다. 우리의 체취에는 피부에 사는 세균총과 위생 상태에 따라 이 역한 성분들이 조금씩 다르게 뒤섞여 있다. 하지만 일반적으로 남성은 **코리네박테리아**가 많아서 치즈 냄새가 나고, 여성의 겨드랑이는 **포도상구균**이 살기 좋아서 양파 냄새가 난다고 알려졌다.

앞서 소개한 냄새 중에 일반적으로 기분 좋은 냄새로 묘사되는 것은 없다. 옷에서 새어나오는 암내를 포착하면 우리는 적어도 어떤 어색함을 느끼게 되지만 항상 그랬던 것은 아니다. 나폴레옹Napoleon은 연인이었던 조세핀Josephine에게 체취를 더 키우라고 간청한 것으로 알려졌다. 나폴레옹이 남긴 "Ne te lave pas, j'accours et dans huit jours je suis là."를 번역하면 다음과 같다. "몸을 씻지 마시오. 서둘러 돌아가고 있으니 8일이면 도착할 거요." 일주일 넘게 발효시키고 나면 조세핀에게서는 분명 말 그대로 코를 찌르는 냄새가 났을 것이다. 하지만 전하는 이야기에 따르면 나폴레옹은 그 냄새를 아무리 맡아도 질리지 않았다고 한다. 취향이 독특하다며 조롱하는 사람도 있겠지만, 사실은 현대인들이 더 이상하다. 우리의 진화 역사는 섹스와 냄새의 이야기다. 일례로 우리 몸의 특정 부위에 털이 계속해서 무성하게 자라는 이유를 생각해 본 적이 있는가? 한 주장에 따르면 그것은 우리의 직립 자세와 냄새의 자기 광고 효과가 결합해 생긴 결과다. 특히 겨드랑이는 다른 사람의 코와 가까운 위치에 있어서 체취에 가장 크게 기여하는 것으로 보고 있다. 그곳에서 자라는 털은 체취를 발생시키는 미생물들이 살기에 아주 안락한 환경을 제공하는 동시에 수분과 휘발성 화학물질을 풍기는 심지 역할을 하므로 대기 중인 관중에게 자신의 체취를 알리는 역할을 한다.

우리가 성적으로 성숙하면서 체취가 함께 발현된다는 사실은 냄새의 근본적 이유가 무엇인지에 관한 힌트를 준다. 우리의 개인적인 냄새는 자신의 성적 특질을 광고하는 효과를 낸다. 예를 들어 독신 남성은 테스토스테론의 수치가 더 높아서 여성과 관계를 맺고 있는 남성보다 더 강한 냄새가 난다. 이성애자 여성은 남성을 냄새로 판단하며, 익숙한 남성의 체취에서는 긴장이 풀리는 느낌을 받는다고 알려졌다. 여성이 남성의 몸에서 나는 특정 화학물질을 감지하는 능력은 대단히 뛰어나다. 남성의 체취에 있는 일부 요소를 남성이 감지할 수 있는 농도보다 수백 배 낮은 농도에서도 감지할 수 있으며, 가임기에는 절정에 이른다. 한편 이성애자 남성은 가임기 여성에게서 매력적인 냄새가 난다고 말한다. 정자와 난자가 수정할 수 있는 결정적인 순간에 이런 화학적 음모가 남녀를 하나로 묶어주는 것이다. 여성이 뿜어내는 향은 이성애자 남성의 행동을 유도하는 효과도 있다. 남성이 여성의 냄새를 감지하면 성적 반응을 조절하는 뇌 영역이 활성화되기 때문이다. 다양한 냄새가 남녀를 사랑의 황홀경에 빠져들게 하는 마법을 발휘한 후에 정자는 무엇을 길잡이 삼아 난자를 찾아갈까? 이때도 정자의 자체적인 후각을 사용한다. 그게 아니면 뭐가 있겠는가?

냄새가 매력의 후각적 작용에 기름을 부을 수는 있지만, 섹스가 냄새의 전부라고는 할 수 없다. 우리의 화학 지문은 우리의 냄새를 맡는 모두에게 풍부한 정보를 제공한다. 그리고 우리가 먹는 음식이 화학적 지문에서 중요한 부분을 차지한다. 우리는 상쾌한 입냄새를 위해 민트를 이용하고, 과학자들이 수줍은 듯 장내가스flatus라고 부르는 방귀를 일으키는 성질 때문에 콩 요리를 먹을 때는 조심한다. 아스파라거스는 소변 냄새에 영향을 미치는 것으로 유명하다. 아스파라거스를 섭취하는 것은 후각수용기 유전자 OR2M7을 어떤 버전으로 갖고 있는지 알아낼 수 있는 유쾌한 방법이다. 하지만 소변을 통해 광범위하게 소통하는 다른 대부분의 척추동물과 달리 인간에게는 소변 냄새가 냄새의 레퍼토리에서 특별히 중요하진 않다. 그보다는 땀 전문가나 겨드랑이 마니아라고 할 수 있고, 식생활은 땀의 화학과 직접적으로 관련이 있다.

채식주의자들에게 희소식이 있다. 붉은 살코기가 많이 들어간 식단은 체취의 강도와 특성을 강화한다. 땀에서 고기 냄새가 나는 것은 아니지만, 식생활이 피부의 세균 집단을 지배할 세균의 종을 결정하는 데 중요한 역할을 한다는 증거가 쌓이고 있다. 붉은 살코기 위주의 식생활을 하면 **코리네박테리아**가 체취에 크게 기여하도록 부추기는 역할을 한다. 붉은 살코기와 함께 가공 탄수화물 음식도 체취를 불쾌한 냄새로 바꾼다. 패스트푸드 메뉴에서 이들 식재료를 결합한 상품이 많다는 점을 고려하면 붉은 살코기와 가공 탄수화물의 조합은 체취의 재앙을 불러오는 레시피인 셈이다.

체취를 개선하는 최고의 방법은 과일과 채소가 풍부한 식단을 애용하는 것이다. 이는 체취 스펙트럼에서 온순한 쪽에 해당하는 미생물들에 힘을 실어줄 뿐만 아니라 타인에게 호감을 주는 체취로 만들어준다. 우리의 식습관을 분명하게 보여주는 다른 음식으로는 쿠민cumin, 호로파fenugreek, 무서운 마늘 같은 허브와 향료가 있다. 마늘을 무섭다고 말하는 이유는 우리 선조에 해당하는 기존 세대가 마늘에 품었던 깊은 의심이 내 머릿속에 뿌리박고 있어서다. 마늘을 먹으면 입 냄새가 심해진다는 사실이 마늘의 불온함을 말해주는 증거였다. 다행히도 요즘 영국인들은 담백한 요리만을 고집하던 굴레에서 벗어났고, 현대 요리에서는 마늘을 요긴하게 활용한다. 마늘이 입 냄새에 영향을 미치는 것은 사실이지만, 엄격한 검증을 통해 마늘 섭취가 기분 좋은 체취를 강화하고 체취의 강도도 줄여준다는 사실을 발견했다. 이것은 마늘이 건강에 이로운 다른 식품의 특징을 공유하고 있으며 겨드랑이 세균 군집에 항균작용을 하기 때문일 수 있다.

좋은 식단은 건강에 중요하고, 건강은 곧 체취로 이어진다. 우리 후각은 건강한 사람의 냄새에 긍정적으로 반응한다. 몸에 질병이나 장애와 같은 생화학적 변화가 생기면 냄새로도 발현된다. 그리스의 의사 히포크라테스는 진단에서 냄새의 가치를 처음으로 얘기했고, 그 중요성은 오늘날까지 이어진다. 스코틀랜드의 간호사 조이 밀른Joy Milne의 이야기는 최근 가장 유명한 사례로 떠올랐다. 조이는 남편의 소변에서 평소와 다른 냄새를 감지하고, 고약한 이스트 냄새라고 표현했다. 그 일이 있은 지 10년 후에 조이의 남편은 파킨슨병 진단을 받았다. 이런 쇠약성 질병의 조기 신호를 감지할 수 있으면 병을 치료하는 의사들에게 대단히 유리한 장점을 제공할 수 있다. 조이는 코 하나로 다른 증상이 발현되기 한참 전에 변화를 감지할 수 있었으며, 다른 사람에서도 파킨슨병의 신호를 감지할 수 있다는 것이 분명해졌다. 안타깝게도 조이의 남편은 파킨슨병을 앓다가 목숨을 잃었지만, 남편이 눈을 감기 전에 이들 부부는 조이의 재능을 실용적으로 사용할 계획을 세웠다. 의학계에서 일부 사람들은 이 특별한 능력에 대해 처음에는 회의적인 시선을 보냈지만 검증을 통과하자 조이의 말에 귀를 기울이기 시작했다. 그 결과 독특한 냄새를 유발하는 몇 가지 화합물을 찾아낼 수 있었고, 냄새를 이용한 진단법이 곧 개발되리라는 희망이 생겼다. 이 진단법은 암, 성홍열, 결핵, 황열병, 당뇨, 알츠하이머병 등 우리 몸의 화학을 통해 존재가 드러날 수 있는 다른 수많은 질병에도 그대로 적용할 수 있다. 이 단순한 사실은 체취를 바탕으로 한 센서를 활용해 건강을 신속하게 파악하는, 새로운 의학 진단의 시대가 열릴지도 모른다는 기대를 불러일으킨다.

건강과 생활방식이 체취에 영향을 미친다는 의견은 오래전부터 있었지만 기질과 성격에도 영향을 미칠지 모른다는 사실에 더욱 놀라지 않을까 싶다. 심리학자들은 성격을 다섯 가지(개방성openness, 성실성conscientiousness, 외향성extraversion, 우호성agreeableness, 신경증neuroticism) 주요 특징으로 나눠 정의한다. 각각의 특성은 혈액 속의 호르몬과 신경전달물질neurotransmitter에 영향을 받는다. 예를 들어 세로토닌serotonin과 테스토스테론testosterone은 공격성과 주도성dominance에 영향을 미친다. 도파민은 충동성과 외향성과 관련이 있다. 여기서 한 가지 의문이 생긴다. 생화학이 우리의 성격과 관련이 있다면 개개인의 성격 유형을 냄새로 알 수 있을까? 폴란드 브로츠와프대학교University of Wroclaw의 아그니에슈카 소로코브스카Agnieszka Sorokowska는 티셔츠 실험으로 해답을 구하려 했다. 티셔츠 제공자들은 심리측정 검사로 성격을 평가받고 사흘 동안 티셔츠를 입은 후 그 옷을 실험 참가자들에게 제공해 냄새를 맡도록 했다. 실험 결과는 놀라웠다. 냄새를 맡은 사람들은 티셔츠 제공자가 얼마나 우호적인지, 성실한지, 개방적인지는 파악할 수 없었지만, 외향성 및 내향성extraversion-introversion, 신경증 및 정서적 안정성neurotic-emotionally stable, 사회적 주도성 및 복종성social dominance-submissiveness 척도에서 어디쯤 해당하는지는 굉장히 잘 파악했다. 일부 사례에서는 이 검사에 참여한 평가자들의 수행 점수가 짧은 동영상 클립을 바탕으로 성격을 평가하는 검사보다 성적이 더 좋았다. 우리가 시각적 단서를 중요시하고, 후각적 정보를 의식적으로 인식하는 일이 거의 없다는 점을 고려하면 놀라운 결과다.

성격뿐만 아니라 기분과 감정의 변화도 화학적 지문에 반영된다. 사람이 겁을 먹으면 개만 알아차리는 것이 아니다. 우리도 알아차린다. 예를 들어 사람은 운동하러 간 사람의 옷과 초보 스카이다이버의 옷을 땀 냄새로 분간할 수 있다. 더군다나 우리는 겁을 먹으면 다른 겁먹은 사람의 체취를 더 쉽게 감지한다. 두려움은 조기경보시스템처럼 전염성을 띠며 퍼진다. 행복한 사람(이 경우 코미디를 보는 사람)도 식별할 수 있다. 우리는 다른 사람의 정서적 상태를 감지할 수 있을 뿐 아니라 반응도 한다. 감정에 북받쳐 나오는 눈물에는 눈을 윤활하기 위해 나오는 눈물이나 양파를 썰 때 나오는 눈물과는 다른 화학성분이 들어있다. 실험 참가자들에게 감정적 눈물이 담긴 병을 주고 냄새를 맡게 하면 측정 가능한 생리적 반응이 나타난다. 본질적으로 이들의 몸은 공격적 충동을 억제하고 공감할 준비를 하도록 조절됐다. 우리는 인식하지 못하지만 우리의 일상적인 사회적 상호작용의 뒤에서는 냄새라는 언어를 통해 미묘하면서도 중요한 대화가 이뤄지고 있다.

우리의 관심이 다른 사람의 체취에만 국한되지는 않는다. 자신의 향기는 우리가 세상에 제시하는 감각 꾸러미에서 중요한 일부를 차지한다. 즉, 냄새가 좋으면 기분이 좋아지고, 행동에도 영향을 미친다. 이와 같은 효과를 확인할 수 있는 실험이 있다. 실험군인 남성들에게 향기와 항균제가 섞인 스프레이와 그런 성분이 담기지 않은 대조군 스프레이를 각각 지급하고 사용토록 했다. 며칠이 지난 후 향기가 있는 제품을 사용한 남성들은 조금씩 나쁜 체취를 풍기기 시작한 대조군보다 자신감 넘치는 행동을 보여줬다. 여성 관찰자들에게 이 남성들을 촬영한 동영상을 보여줬더니 냄새를 맡아볼 수 없음에도 향기 스프레이를 사용한 사람들이 더 매력적이라고 평가했다. 이는 자존감과 자신감에 향기가 대단히 중요하며, 생각보다 그 향기를 더 자주 확인한다는 것을 보여준다.

우리는 대개 혼자 있는 공간에서 은밀하게 자신의 체취를 확인한다. 이때 누군가에게 걸리면 민망해하곤 하는데, 가엾은 요하임 뢰브Joachim Löw만큼 민망했던 경험을 한 사람은 없을 듯하다. 뢰브는 독일 축구 국가대표팀을 이끌어 2014년 브라질 월드컵에서 우승을 차지하는 영광을 누렸지만, 사람들 사이에서는 '냄새 맡는 사람Schnüffler'으로 더욱 유명해졌다. 2년 후 유럽선수권대회에서 독일 대표팀이 우크라이나 대표팀과 경기를 벌이는 동안 경기장 옆에 서 있던 뢰브는 재빨리 사타구니를 긁고 손가락 냄새를 맡았다. 안타깝게도 그 장면이 카메라에 잡혀 수백만 명의 시청자들이 목격하고 말았다. 뢰브는 경기를 마친 후 기자회견에서 다음과 같이 해명하며 수치심에 정면돌파했다. "가끔은 무의식적으로 나오는 행동이 있습니다. 아드레날린과 집중력 때문에 생긴 일입니다." 솔직한 인정에도 그를 향한 조롱은 계속됐고, 언론에서는 뢰브를 '긁고 냄새 맡는 감독'이라고 부르기 시작했다. 그가 말한 아드레날린과 집중력은 토너먼트에서 재등장했다. 슬로바키아와의 경기에서 똑같은 행동을 한 것이다. 사람들은 뢰브의 행동을 풍자하며 놀렸지만 사실 그의 행동이 이례적인 것은 아니었다. 뢰브는 운이 없어 그런 행동을 만인 앞에서 들켰을 뿐이다. 크게 보면 그의 엉큼한 냄새 맡기 행동은 하나의 종으로서 인간에 관한 무언가를 드러내고 있다.

노암 소벨Noam Sobel은 이스라엘 와이즈만 연구소Weizmann Institute에서 사람의 후각계를 연구하고 있다. 2020년 소벨과 연구진은 우리와 우리의 가장 가까운 영장류 사촌이 아무도 보는 이가 없다고 생각할 때 무엇을 하는지에 관해 깜짝 놀랄 통계 자료를 제시했다. 침팬지, 오랑우탄, 고릴라 등의 유인원은 1분에 한 번 정도씩 놀라울 만큼 규칙적으로 자신의 얼굴을 만진다. 사람은 이들만큼 자주는 아니지만 몇 분마다 한 번씩 비슷한 행동을 보였으며, 깨어 있는 시간의 4분의 1 정도는 적어도 한 손을 코 근처에 대고 있다. 요하임 뢰브의 말대로 우리는 그런 사실을 인식조차 못 할 때가 많다. 왜 그런 행동을 하는 것일까? 소벨은 이런 행동이 자신과 주변 환경에 대한 후각적 표본 추출을 용이하게 하는지도 모른다고 생각했다. 그리고 이것이 사실이라면 우리는 손이 코 근처에 왔을 때 숨을 더 많이 들이쉴 것이라고 추론했다. 아니나 다를까! 연구진이 코로 냄새 맡기 속도를 측정한 결과 추론이 사실로 드러났다. 사람들은 손의 냄새로 무엇을 감지하는 걸까? 자신에게 나쁜 냄새가 나는지 확인하기 위함일 수도 있고, 고유의 화학적 지문에서 안정감을 느끼기 위함일 수도 있다. 이 중 후자에 더 신뢰가 가는데, 충격이나 스트레스를 받았을 때 유독 손을 얼굴에 갖다 대는 행동을 보이기 때문이다. 이런 행동을 스스로는 인식하지 못할 수도 있지만 사람들은 자신의 냄새를 맡으면서 안정감을 얻곤 한다. 손으로 만진 것의 냄새를 맡기 위한 점도 있다. 특히 다른 누군가를 만졌을 때 이런 행동이 나온다. 소벨은 연구 참가자들이 악수한 후에 재빨리 자기 손의 냄새를 맡으며 타인의 체취를 확인하는 것을 목격했다.

다른 사람의 냄새를 확인해야 할 이유는 너무도 많다. 이와 더불어 냄새는 오랫동안 '같음'을 '다름'과 구분하는 수단으로도 이용됐다. 가장 위대한 인도의 작가로 인정받는 칼리다사Kālidāsa는 이렇게 적었다. "모든 인간은 자기와 냄새가 같은 사람을 신뢰한다." 문제는 차이가 차별이 되고, 냄새로 사람을 폄하할 때 생긴다. 여러 세기에 걸쳐 유대인들을 사탄 및 타락과 관련된 존재로 묘사하기 위한 수단으로 '유대인의 악취fetor Judaicus'라는 미신이 널리 퍼져 있었다. 1836년에 나온 윌리엄 키드William Kidd의 《런던 안내서London Directory》는 이렇게 경고한다. "유대인들의 피부에는 고약한 냄새가 가득 스며 있어 비누로도 지워지지 않는다." 이런 관점을 받아들인 이들의 입장에서 보면 유대인의 악취는 단순히 청결의 문제가 아니라, 유대인들의 고질적인 타락을 드러내는 선천적인 냄새였다. 히틀러가 이런 주장을 신봉했다는 것은 새삼스러운 일이 아니다. 그는 이렇게 불평했다. "유대인들은 다른 냄새가 난다. 이 냄새가 비유대인들로 하여금 유대인과의 결혼을 단념하게 했다." 독일계 유대인 기자 벨라 프롬Bella Fromm은 용감하게도 1933년에 열린 축하연에 참석해 나치의 고위간부 앞에서 이런 믿음을 비꼬며 풍자했다. 당시 축하연 현장에는 방문 계획에 없던 히틀러가 등장했다. 그는 행사장에 있던 여인들의 손에 입을 맞추며 입장했다. 여인 중 한 명이었던 프롬은 히틀러의 행동을 신랄하게 비판했다. "총통께서 감기에 걸리셨나 봅니다. 10마일 밖에서도 유대인의 냄새를 맡을 수 있다고 하던데요. 그렇지 않나요? 보아하니 총통의 코가 오늘 밤에는 일을 제대로 안 하나 봅니다."

유대인들과 마찬가지로 흑인들도 오랫동안 혐오스러운 대우를 받았다. 노예제도를 정당화하기 위해 흑인이 열등하다는 증거가 조작됐고, 체취는 여기서 빠질 수 없는 요소였다. '냄새가 코를 찌르는rank', '동물 같은animalistic', '불결한unclean' 등의 일부 형용사는 후각적 인종차별을 여실히 보여준다. 뇌리에 깊이 각인된 인종차별은 미국의 유명한 소송인 **플레시 대 퍼거슨 사건**Plessy v. Ferguson에서 고조에 달했다. 1890년 루이지애나주는 대중교통에서 백인과 흑인을 위한 객차를 따로 마련하는 인종분리정책을 시행했다. 이에 젊은 아프리카계 미국인 남성 호머 플레시Homer Plessy는 정책의 부당함을 알리고자 일부러 백인 전용 객차에 승차했다. 그는 피부색으로 보면 백인이었지만 조상 중에 흑인이 있었기 때문에 법적으로는 흑인으로 분류됐다. 자신의 문제 제기에 시동을 걸기 위해 그는 승무원에게 자신이 사실은 흑인임을 설명해야 했다. 플레시가 주장한 핵심은 흑인과 백인을 구분하는 것이 불가능한 상황에서 이런 말도 안 되는 인종분리정책을 강제할 수는 없다는 것이었다. 이에 대한 반론으로 루이지애나주의 지방 검사 존 퍼거슨John Ferguson은 인종차별주의자들의 고정관념을 끌어들여 "플레시가 흑인이라는 사실을 냄새를 통해 확인할 수 있으므로 눈으로 인종을 확인할 수 있는지는 중요하지 않다."라고 주장했다. 지금의 시각으로 보면 터무니없이 부당하고 노골적인 인종차별의 사례에 해당하지만 당시 법정에서는 검사의 손을 들어줬다.

인종별로 냄새가 다르다는 생각은 미신에 불과하다. 임의의 두 사람 사이에서 유전자형genotype 차이는 무시할 수 있을 정도로 작기 때문이다. 여기서 주의할 점이 하나 있다. ABCC11 유전자는 체취와 관련이 있으며, 이상하게도 귀지와 깊은 관련이 있다. 약 4만 년 전에 동아시아 지역에서 이 유전자의 새로운 변이가 등장했다. 이것은 아포크린땀샘과 그 땀샘에서 나오는 성분 중 겨드랑이 세균이 체취로 바꿔 놓는 분자의 활성을 떨어뜨리고 귀지를 건조하게 만든다. 처음 등장한 이후로 이 변이는 한국, 일본, 중국에서 확고하게 자리를 잡았고, 전체 인구의 80퍼센트에서 95퍼센트 정도가 이 변이 유전자를 갖고 있다. 그에 반해 유럽 혈통과 아프리카 혈통의 사람 중에 이 변이를 가진 사람의 비율은 3퍼센트 미만이다. 이 유전자가 아시아에서 확고한 발판을 마련할 수 있었던 이유는 알 수 없지만 현재 나와 있는 작업가설working hypothesis●은 사람들이 아프리카를 떠나 추운 지역으로 이동하면서 땀 분비를 제한하는 유전자가 생존상 이점이 있었다는 것이다. 이유야 무엇이든 간에 그 영향으로 동아시아인들의 암내는 크게 줄었다. 하지만 우리가 만들어내는 화학물질 혼

● 여러 가지 실험 결과를 토대로 다음 실험계획을 세우기 위해 잠정적으로 세우는 가설 - 옮긴이

합물을 분석해 보면 인종 간에 유의미한 차이는 드러나지 않는다.

우리 사이에서 생기는 차이점은 유전학에서 오는 것이 아니라 식생활과 문화의 차이에서 온다. 예를 들어 유럽 무역상들이 일본에 처음 도착했을 때 그 지역 사람들은 외국인들의 냄새에 경악했다고 한다. 식단의 차이, 특히 당시 일본인들에게는 낯설었던 유제품을 서구인들이 선호했다는 점이 여기에 크게 기여했을 것이다. 일본인들은 서구인들이 스스로 인식하지 못하는 악취의 주범을 버터라고 생각해서 유럽인들을 '바타쿠사이bata-kusai', 즉 '버터 구린내'라고 불렀다.

유전자 하나에 생긴 변화를 제외하면 인종 사이에는 차이가 거의 없다. 그렇다면 냄새에 관한 불쾌하고 막강한 고정관념은 어떻게 등장했고, 어째서 계속 이어지는 것일까? 스티브 레이처Stephen Reicher가 이끄는 세인트앤드루스대학교University of St Andrews와 서식스대학교University of Sussex의 연구진이 이런 심리학에 대해 흥미로운 통찰을 제공했다. 연구진은 실험에서 학생들에게 흔히 보이는 티셔츠를 주고 냄새를 맡게 한 다음 거기서 느끼는 역겨움의 수준을 보고하도록 하고, 그 후에 얼마나 신속하게 손을 씻으러 달려가는지도 측정했다. 이 실험에는 한 가지 반전이 숨어 있었다. 일부 티셔츠에는 자기네 대학의 로고가 선명하게 새겨져 있는 반면, 어떤 티셔츠에는 라이벌 대학교의 로고가 새겨져 있거나, 로고가 아예 없었다. 모르는 사람의 겨드랑이 냄새를 맡는 것이 유쾌한 경험은 아니다 보니 학생들은 실험용 티셔츠에 거부감을 느꼈다. 반응의 차이는 자기 대학교의 티셔츠 냄새를 맡고 있다고 믿을 때와 다른 대학교의 티셔츠 냄새를 맡고 있다고 믿을 때 나타났다. 학생들은 내집단의 냄새라고 여길 때는 훨씬 덜 역겹다고 느꼈다. 우리는 자기와 가까운 사람, 혹은 자기와 공통점이 많은 사람의 몸에서 나온 것이 외부인이나 이방인의 것보다 훨씬 덜 불쾌하다고 느끼는 것 같다.

겨드랑이에서 풍기는 암내가 불쾌하기는 해도 우리가 만들어내는 최악의 냄새는 아니다. 우리는 보통 하루에 열 번 정도 방귀를 뀐다. 혼자 몰래 끼는 것은 그렇다 쳐도, 다른 사람과 함께 있는 자리에서 방귀를 뀌는 것은 대부분의 문화권에서 무례함으로 간주한다. 정중하게 대화를 나누다가 방귀를 뀌는 것만큼 사회적 위신이 떨어지는 일은 없다. 특히 주변에 누명을 씌울 개라도 없으면 더 그렇다. 우리 모두 방귀를 뀌지만 자기 방귀 냄새보다는 다른 사람의 방귀 냄새를 훨씬 역하게 느낀다. 자기 방귀에 자기가 놀랄 일은 없다는 것도 이유가 될 수 있겠지만 대부분은 사람들, 특히 이방인이 전파할 수 있는 오염이나 질병의 위험에 대해 우리 내면 깊숙한 곳에서 올라오는 반응이다. 어쨌거나 자기가 자신에게 병을 옮기는 일은 별로 없지만 다른 사람한테 감염될 수는 있기 때문이다. 그 결과 우리는 자신을 위험에 빠뜨릴 수 있는 것은 무엇이든 피하려는 본능을 갖게 됐다. 물론 방귀가 질병을 전파할 가능성은 지극히 낮지만 그 냄새를 맡으면 대변 냄새가 떠오르고, 대변은 실제로 질병을 전파할 위험이 있다.

역겨움은 진화에서 필수적이다. 역겨운 감정이 없다면 우리는 온갖 유해한 화학물질, 환경, 생명체에 오염될 위험을 감수해야 한다. 우리가 의식적으로 코를 사용할 때가 언제일까? 냉장고 구석 귀퉁이에 있던 음식을 꺼냈는데 유통기한이 지났음을 알게 됐을 때가 아닐까? 용감한 사람은 위험을 감수하고 먹어볼 가치가 있는지 판단하기 위해 냄새를 맡아볼 수도 있다. 먹을 만한 상태가 아니면 냄새를 통해 알 수 있을 것이다. 우리 후각계는 우리를 위험에서 물러서게 할 준비가 돼 있으니 말이다. 나쁜 냄새는 좋은 냄새보다 뇌를 훨씬 강하게 자극한다.

감정과 냄새는 양방향으로 연결돼 있다. 냉장고에서 꺼낸 병에서 끔찍한 냄새가 나리라 예상된다면 불안감이 병에서 냄새를 만드는 역할을 한다. 결과적으로 아무런 문제가 없는 음식이라도 편견 때문에 버려지는 일이 생길 수 있다. 이를 검증하기 위한 실험에서 연구자 레이첼 허츠Rachel Herz와 줄리아 폰 클레프Julia von Clef는 일련의 물질을 가져다가 사람들에게 어떤 냄새가 나는지 평가해 보라고 요청했다. 여기서 한 가지 속임수를 사용했다. 두 개의 같은 물질을 배치하고 긍정적인 이름표와 부정적인 이름표를 각각 붙여 놓은 것이다. 실험 참가자들에게는 이 사실을 알리지 않은 채 일주일 간격을 두고 각각의 냄새를 맡도록 했다. 예를 들어 소나무 오일pine oil에는 '크리스마스트리' 또는 '화장실 세제'라는 이름표를 붙여 놓고, 이

소발레르산isovaleric acid과 부티르산의 혼합물에는 '파르메산 치즈'와 '토사물'이라는 이름표를 붙여 놓았다. 예상한 대로 사람들은 긍정적인 이름표가 붙은 물질의 냄새가 더 좋다고 평가했다. 같은 냄새에 대한 평가에서 이처럼 큰 차이가 나타난다는 것은 우리가 편견에 굉장히 취약함을 증명한다.

코는 기대의 포로가 될 수 있고, 때로는 후각적 환각까지 일으킬 수 있다. 이것과 관련해 두 편의 대담한 TV 사기극이 눈부신 효과를 입증했다. 1965년 BBC는 완벽한 스멜로비전smell-o-vision● 을 갖고 있다고 주장하는 자칭 저명한 교수라는 사람과의 인터뷰를 방송에 내보냈다. 그는 양파를 기적과도 같은 자신의 기계에 넣으면서, 시청자들에게 텔레비전과 1.8미터 떨어진 거리에 서 있으면 양파 냄새 분자가 제일 잘 도달할 것이라고 말했다. 그날이 만우절이었음에도 시청자들은 방송국에 양파 냄새가 났을 뿐 아니라 매워서 눈에 눈물도 났다는 독자 투고를 보냈다. 몇 년 후에는 브리스톨대학교University of Bristol의 강사 마이클 오마호니Michael O'Mahony가 스튜디오의 다양한 전선이 연결된 커다란 솔방울로 시청자들의 관심을 끌어들인 다음, 진동을 이용하는 소리의 형태로 냄새를 전송할 수 있으니 그 소리를 들으면 '기분 좋은 시골 냄새'가 날 것이라 말했다. 오마호니는 자세한 설명을 생략하고 시청자들에게 TV 방송국으로 전화해서 어떤 냄새가 나는지 설명해 달라고 했다. 수십 명의 시청자

● 영화, 게임, 텔레비전 프로그램 등에서 시청각과 후각을 결합해 현실적인 경험을 제공하는 특수 효과 기술 - 옮긴이

가 전화했고, 그중 절반 이상이 건초나 풀 냄새가 났다고 말했다. 심지어 어떤 사람은 그 실험 때문에 건초열hay fever●에 걸렸다고 화까지 냈다.

후각은 전략 수립에서 사회적 행동에 이르는 모든 것에 영향을 미친다. 2015년 리버풀대학교University of Liverpool와 유니레버Unilever의 연구자들이 진행한 실험에서는 다양한 향기를 피워주며 그동안 사람들의 도박 성향이 어떻게 나타나는지 조사했다. 사전 정보가 전혀 없는 실험 참가자에게 자스민 냄새, 또는 구취와 방귀의 핵심 성분인 메틸머캅탄methylmercaptan 냄새를 풍기며 선택에 어떤 영향을 미치는지 관찰했다. 그 결과 연구진의 예상대로 메틸머캅탄의 악취는 사람들을 더 신중하게 만들어 손실을 줄이고 위험을 회피하게 했다. 냄새는 현 상황에 변화가 찾아오리라는 전조 신호가 될 수 있다. 작은 경제적 손실을 무시무시한 검치호sabre-toothed tiger●●와 맞닥뜨린 선조들의 경험과 비교할 수는 없지만, 불쾌한 냄새는 우리 본능에 깊이 새겨진 위험 회피 본능을 활성화할 수 있다.

냄새는 더 폭넓은 도덕적 판단에도 영향을 미칠 수 있다. 코넬대학교의 연구자 요엘 인바Yoel Inbar는 젊은 이성애자를 대상으로 동성애자와 노년층을 향해 느끼는 기분을 테스트해서 유명해졌다.

● 공기 중에 떠 있는 꽃가루가 입이나 코, 눈의 점막 등을 통해 몸으로 들어오면 생기는 알레르기 반응. 고초열이라고도 한다. - 편집자

●● 검치호랑이라고도 한다. 고양잇과의 화석 동물로 휘어진 칼처럼 생긴 송곳니가 특징이다. - 편집자

이 실험에서 준 약간의 반전은 피험자들이 설문 작성을 할 때 평범한 실내에서 작성하거나, 방귀 스프레이를 뿌려 악취를 퍼뜨린 실내에서 작성하게 했다는 점이다. 피험자들이 유황 냄새를 알아차리지 못하게 만들었는데도 결과는 분명했다. 냄새가 나는 실내에 있던 사람들의 태도에 편견이 심해진 것이다. 다시 말해 우리 감각은 우리가 세상에 대해 생각하고, 세상과 상호작용하는 방식에 심오한 영향을 미친다.

냄새에 관한 심리연구가 사람들을 방귀 냄새로 괴롭히면서 어떻게 반응하는지 살펴보는 것 말고는 없을까 궁금할 것이다. 사실 연구자들도 가끔은 향기 스펙트럼에서 행복한 쪽에 관심을 기울인다. 이때는 실험자들이 피험자들을 기분 좋게 만드는 실험을 한다. 예를 들어 사람들은 대개 귤 냄새가 좋은 냄새라는 데 동의할 것이다. 감귤류는 상큼하고 신선한 매력적인 냄새를 갖고 있어 제조업체들은 제품 홍보에 냄새를 이용한다. 특히 레몬은 오랫동안 청소에 사용했기에 지저분한 부엌 작업공간이나 욕실을 청소할 때 이 과일의 향기를 즐길 수 있다. 2012년 두 명의 네덜란드 연구자 르네 베이크René Wijk와 수제트 질스트라Suzet Zijlstra는 감귤류 향기에 노출된 피험자들의 의견만 청취하는 것이 아니라 일련의 심리적, 생리적, 행동학적 반응도 함께 살펴봤다. 피험자들은 감귤류의 향기를 만끽했고, 단순한 검사에도 더욱 능동적으로 참여해 좋은 점수를 얻었으며, 더욱 긍정적인 감정을 표현했다. 이들은 뷔페 식사에서도 선택이 달라져, 치즈는 덜 먹고 귤을 더 많이 먹었다.

광고주들은 전통적으로 시각과 청각을 자극하며 우리에게 호소했다. 하지만 똑똑한 광고업자들은 소비자의 지갑을 열기 위해 다른 감각들을 광고에 활용하는 움직임을 보이고 있다. 감각이 우리 행동을 좌우하기 때문이다. 예를 들어 경매장에서 실내에 미묘하게 감귤류 향기를 추가하면 사람들의 경매 호가가 3분의 1 이상 높아지고, 기분 좋은 냄새를 카지노에 추가하면 도박을 즐기러 온 사람들이 더 오래 머물면서 슬롯머신에 50퍼센트 더 많은 돈을 지출한다. 단순하게 냄새에 노출하는 것만으로도 행동의 변화를 광범위하게 유도할 수 있는 것을 보면 향기의 힘이 무의식적으로 우리의 지각에 얼마나 큰 영향을 미치는지 알 수 있다.

의식적으로든, 무의식적으로든 냄새는 통증 조절 수단으로의 가능성을 보여준다. 냄새는 크게 주의를 기울이지 않아도 신속하게 지각할 수 있다는 점만으로도 통증 완화에 활용할 수 있는 강력한 후보다. 유쾌한 냄새는 기분을 좋게 하고 가벼운 치료를 받는 사람들의 불안감을 줄여줄 수 있다. 문제는 불쾌한 냄새가 정반대 작용을 하고, 그 효과가 훨씬 강력하다는 점이다. 병원 냄새에 익숙한 사람이 많을 것이다. 그 냄새를 꼭 객관적으로 끔찍하다고 할 수는 없지만, 학습을 통해 그 냄새를 공포 및 스트레스와 연관 지을 수 있기 때문에 통증의 영향력과 강도가 커져 일종의 악순환 고리가 만들어질 수 있다. 새로운 냄새를 학습한 다음 그것을 긍정적이거나 부정적인 경험과 연관 짓는 것은 우리의 특기다. 미국 브라운대학교Brown University의 레이첼 허츠Rachel Herz가 진행한 연구는 어렵거나 짜증나는 과제를 수행하는 동안에 사람들을 새로운 향기에 노출시키면 그 냄새를 짜증과 연관 짓게 돼, 다음에 그 냄새를 맡으면 어려운 과제를 시도하려는 의지가 약해진다는 것을 보여줬다.

참고로 우리가 기분 좋은 냄새를 맡았을 때 경험하는 긴장이 풀리는 느낌이 아로마테라피aromatherapy의 밑바탕이다. 현재의 형태로 발명된 것은 1920년대였지만 아로마테라피는 고대부터 이런저런 형태로 계속 존재했다. 하지만 아로마테라피는 그것을 과학적으로 접근한 아로마콜로지aromachology와는 다르다. 아로마콜로지는 엄격하고 객관적인 접근방식을 통해 냄새가 우리에게 미치는 영향을 연구하기 때문이다. 간단히 말하면 아로마콜로지는 아로마테라피를 아예 부정하려는 것이 아니라 거기서 나오는 과도한 주장을 차단하고, 개인적인 증거에서 벗어나 객관적 자료로 나아가려는 것이다. 향기 화합물이 코와 폐의 점막을 통해 혈류로 들어갈 수 있다는 증거는 있지만 농도가 아주 낮아서 기존의 의약품에서 사용하는 용량과는 비교할 수 없는 수준이다. 더군다나 그 성분이 혈류로 들어가더라도 혈액뇌장벽blood-brain barrier을 뚫고 들어가 정신에 직접적으로 영향을 미치기까지 15분 정도가 걸린다고 예상할 수 있다. 반면 사람들 대부분은 향기가 이것보다 훨씬 빠른 몇 초 만에 작용한다고 보고한다. 전체적으로 보면 이것은 냄새에 대한 사람들의 반응이 주로 감정적·심리적으로 생겨나는 것임을 암시한다. 그렇다고 라벤더 오일이나 여러분이 좋아하는 제품의 향기를 맡는 것이 무가치한 일이라는 의미는 아니다. 단지 그 향기의 작용방식이 의약품과는 다름을 말하고자 하는 것이다.

기분 좋게 만드는 냄새는 맡는 사람마다 다르고 개인차가 현저하게 나타날 수 있다. 예를 들어 동아프리카의 다사나치족Daasanach은 목축업 중심의 사회를 이루고 있어 소를 중요하게 여기고, 소 냄새를 가장 좋아한다. 그래서 소의 분뇨와 버터를 몸에 바르기까지 한다. 다사나치족의 소를 향한 진한 팬심을 따를 엄두는 나지 않지만 소의 따듯하고 달콤한 냄새에 무언가 기분 좋아지는 구석이 있다는 점은 동의한다. 유럽인과 미국인 사이에는 노루발풀wintergreen의 냄새에 대한 문화적 차이가 존재한다. 노루발풀은 북미대륙 토착종인 상록관목이다. 민트 향과 소독제 냄새가 섞인 듯한 향이 있으며, 미국에서는 껌, 캔디, 치약뿐만 아니라 루트비어root beer(이 음료에 열광하는 이유를 도무지 이해할 수 없다)의 첨가제로도 사용된다. 미국인은 이 향기를 좋아하지만, 유럽인에게 루트비어를 먹어보게 하면 대부분 질색하는 반응을 보인다. 비슷한 문화권에 사는 사람들임에도 같은 향을 두고 이렇게 다른 반응을 보이는 이유는 무엇일까? 냄새 자체가 떠올리는 연상과 관련이 있을지도 모른다. 나를 포함한 수많은 유럽인은 노루발풀에서 치과를 떠오르게 하는 구강청결제 냄새를 맡는다. 미국인들은 어린 시절부터 익숙한 냄새로 받아들이며 대부분 기분 좋은 기억을 떠올린다. 하지만 선호도 차이에만 집중하면 무엇이 좋은 냄새인지에 대한 의견이 불일치보다 일치가 훨씬 많다는 점을 놓치기 쉽다. 후각을 생물학적으로 설명하면 냄새가 좋은지, 아닌지는 자신에게 도움을 줄지, 해를 입힐지에 따라 결정된다고 할 수 있다.

하지만 후각은 그보다 훨씬 복잡한 현상이며 그 기본 생물학 위에는 각각의 향에 의미를 부여하는 여러 가지 감정과 연상이 겹겹이 쌓여 있다.

모든 감각 가운데 옛 추억을 되살리는 능력은 후각이 단연 최고다. 시간과 장소, 심지어 감정까지도 특정 냄새를 통해 우리의 잠재의식 속에 닻을 내리며 아주 희미한 냄새만으로도 지나간 순간을 생생하게 되살릴 수 있다. 이런 현상은 마르셀 프루스트Marcel Proust의 소설《잃어버린 시간을 찾아서》에서 차에 적신 케이크를 맛보다가 **데자뷰**를 경험하는 모습이 등장하는 것을 기념해 '프루스트 효과Proust Effect'라고 한다. 미각과 후각은 다른 감각보다 선명한 회상을 유발하는 데 탁월한 능력이 있는 듯하다. 이와 관련해 우리 뇌의 조직 방식과 관련이 있을 것이라는 의견이 있다. 특히 후각의 신경로는 후각망울뿐만 아니라 기억의 형성과 회상에서 본질적인 역할을 담당하는 둘레계통limbic system과도 긴밀하게 연결돼 있다.

향기와 회상의 긴밀한 연결은 흔한 경험이다. 구체적인 냄새는 모두 다르지만 사람들은 익숙한 냄새를 맡고 과거의 어느 순간으로 되돌아간 듯한 이상한 느낌을 경험한다. 예를 들어 나는 향신료로 쓰이는 아니스의 씨앗, 아니시드aniseed 냄새를 살짝만 맡아도 어린 시절로 돌아가는 기분이 든다. 운전대를 잡은 어머니와 조수석에 앉은 내가 지금도 즐겨 먹는 사탕을 입에 물고 함께 도로 위를 달리던 때가 생생하게 떠오른다. 많은 사람이 냄새가 불러일으키는 과거 어느 날의 회상을 경험한다. 이렇게 떠올린 기억은 시각적 단서에서 나온 것보다 더욱 생생하고 감정이 충만하다. 리버풀대학교의 사이먼 추Simon Chu와 존 다운스John Downes에 따르면 냄새는 만 6세에서 10세 사이의 기억을 떠올리게 만든다. 이런 측면은 회고 절정reminiscence bump이라는 패턴과 대비돼 더욱 흥미롭다. 추억을 떠올릴 때 머릿속에 그려지는 장면은 연령층에 따라 달라지는데, 40세가 넘은 사람에게 추억은 사춘기 초기에서 20대 중반 사이의 기억을 의미할 때가 많다. 일반적으로 이 시기에 성격이 발달하고, 인지 능력이 절정을 이루며 새롭고 흥미진진한 일에도 노출되기 때문이다. 하지만 후각적 기억은 이보다 훨씬 이른 시기에 확립된다. 후각 체계는 감정과 깊은 관계가 있으며, 이는 후각적 기억에 더 깊은 의미가 있음을 암시한다.

최근 연구에 따르면 후각은 본질적으로 환경 탐색과 연결돼 있다. 가까운 친척 관계에 있는 동물종을 비교하면 뇌의 형태와 그 종의 이동 거리 사이에 관련성이 드러난다. 멀리 이동하는 종일수록 후각망울과 해마의 크기가 더 크다. 해마는 학습과 기억에서 근본적인 역할을 담당하는 뇌 영역이며 변연둘레의 구성 요소다. 앞서 살펴봤듯 변연둘레는 후각과 긴밀하게 연관돼 있다. 냄새를 통한 탐색에서 연어나 비둘기처럼 특정 냄새를 향해 곧장 나아가는 능력만 중요한 것이 아니다. 뇌 속에서 한 지역에 대한 일종의 후각적 풍경 지도를 만들어 동물의 길잡이 역할을 한다는 점에 주목해야 한다. 예부터 뱃사람이나 초기 비행사들은 먼 거리를 탐색할 때 이런 능력을 이용했다. 예를 들면 숲에서 나오는 테르펜terpene이나 해조류marine algae에서 분비하는 다이메틸설파이드dimethyl sulphide 등의 화학물질 냄새를 이용했다. 캘리포니아대학교 버클리캠퍼스의 루시아 제이콥스Lucia Jacobs와 동료들은 실험 연구를 통해 눈을 가린 사람이 서로 다른 냄새의 모자이크를 이용해 실내에서 정확히 방향을 잡고 길을 찾아갈 수 있음을 보여줬다.

2014년, 신경과학자 존 오키프John O'Keefe, 메이 브릿 모저May-Britt Moser, 에드바드 모저Edvard Moser는 뇌가 공간 정보를 암호화하는 방식을 연구한 공로를 인정받아 노벨상을 받았다. 환경 지도는 해마에 있는 장소세포place cell라는 특화된 뉴런과 격자세포grid cell가 협력해 구축한다. 동물이 환경 속을 돌아다니면 서로 다른 장소세포가 활성화된다. 이때 격자세포가 환경의 좌표를 지도로 작성해서 핵심 요소로 제시한다. 이 두 가지 유형의 세포가 협력하면서 일종의 내장형 GPS를 제공하는 것이다. 후각은 신경 GPS를 개발하고 유지하는 데 필요한 입력을 제공하는 수많은 감각 중에 핵심 역할을 한다. 격자세포와 장소세포뿐만 아니라 뇌 속의 인접 구조물인 앞후각신경핵anterior olfactory nucleus도 후각망울, 해마 모두와 소통한다. 이러한 조합이 냄새 정보의 맥락을 정리해서 정보를 접했던 시간과 장소에 관련된 기억을 만들어낸다. 궁극적으로 냄새 기억과 그것이 유발하는 감정은 어린 시기에 환경에 대해 학습해야 하는 우리의 필요와 관련이 있는 듯하다.

우리 후각은 기억을 정리하는 데 도움을 줄 뿐 아니라 위험한 오염물의 존재를 경고하거나, 무언가의 냄새가 이상하다는 것을 알려주는 경보시스템으로도 작용한다. 이렇듯 인간의 코가 여러 면에서 경이롭기는 하지만 가끔은 다른 동물을 끌어들여 도움을 받아야 할 때도 있다. 송로 채취꾼이 곰팡냄새에 예민한 돼지와 함께 작업하는 것이나, 탐지견을 이용해서 온갖 밀수품과 폭발물을 찾아내는 것을 생각해보자. 조지아대학교University of Georgia의 연구자들이 개발한 와스프하운드WaspHound는 크기가 작은 버전의 탐지견이라 할 수 있다. 작은 말벌을 훈련시켜 작물의 질병이나 다이너마이트에 이르기까지 온갖 물질을 극소의 농도에서도 감지하도록 만들 수 있다. 훈련을 마친 말벌은 행동에 변화가 찾아와 말벌 통 안에서 대단히 활발해진다. 말벌을 훈련할 때는 탐지 훈련을 시키려는 냄새가 존재하는 상황에서 설탕 알갱이를 준다. 일단 이런 식으로 학습이 이뤄지면 말벌은 냄새만으로도 설탕이 있다고 판단해 흥분한 모습을 보인다.

동물의 정교한 민감성을 다른 방식으로 이용해 우리를 보호할 수도 있다. 폴란드의 전설적인 연체동물인 바르샤바 조개Warsaw clam는 팻 캐시 양수장의 상수도관에 서식하면서 여느 조개류처럼 물을 빨아들여 맛있는 입자를 걸러낸다. 이들은 오염물질에 극단적으로 민감해, 중금속이나 다른 위험 물질을 감지하면 뚜껑을 닫아 양수장에 경보를 보내고 해로운 화학성분이 상수도로 유입되는 것을 막아준다.

이 모든 것이 기발한 방법이기는 하나 모든 분야에 적용할 수 있는 방법은 아니기 때문에 기술이 등장한다. 인간의 후각계 수준으로 작동하는 센서를 개발하기는 쉽지 않은 일이었지만 우리는 마침내 알렉산더 그레이엄 벨이 제시한 과제를 받아들여 냄새를 측정하기 시작했다. 전자코electronic nose는 1960년대 초반부터 있었지만 근래에 들어서야 한낱 수집품 이상의 존재로 자리 잡았다. 이 기계의 중심부에는 화학 센서가 배열돼 있고 각각의 센서는 특정 유형의 냄새 분자를 감지한다. 센서가 감지한 정보는 소프트웨어로 전달돼 전체적인 혼합물에 대한 패턴 인식이 진행된다. 이런 방식으로 전자코는 실제 코와 비슷하게 작동한다. 하지만 아직은 냄새에서 의미를 추출할 수 없다. 이 부분은 여전히 뇌의 전유물이다.

식품 산업에서는 '전자코'를 활용해 안전하게 먹을 수 있는 음식인지, 음식이 상하기 시작했음을 알리는 세균 번식 징후가 나타나는지 판단할 수 있다. 전자코는 원재료부터 완제품의 예상 기준 충족에 이르기까지 모든 부분의 품질관리에 사용할 수 있다. 실제 전 세계적으로 막대한 양의 음식폐기물이 발생하는 것을 감안하면 머지않아 음식 포장에 기본적인 센서를 통합하는 것이 가능할 수도 있다. 예를 들어 내용물이 상했을 때 센서의 색으로 경고할 수 있다면 유통기한이 지난 음식을 먹을지 말지 결정하기 위해 룰렛판을 돌릴 필요가 없어질 것이다. 시장에는 이미 이런 비슷한 방식으로 과일의 익은 상태를 판단하는 제품이 나와 있다. 라이프센스The ripeSense는 아보카도와 배가 완전히 익으면 소비자에게 알려준다. 전자코는 먹는 것을 보호하는 일을 넘어 의학진단, 환경보호 등에도 사용할 수 있으며, 이에 따라 탐지견의 역할이 조만간 사라질 수도 있다. 이것을 뒷받침하는 기술이 언젠가는 후각상실증 환자들의 후각을 회복해줄 해법을 제공할지도 모른다.

미래에는 냄새의 감지를 넘어 냄새의 창조가 이뤄질 것이다. 개인의 선호에 따라 맞춤형 향수를 개발하는 연구는 이미 진행 중이다. 몇 가지 세부사항을 향수 프린터에 입력하면 당신의 취향에 맞는 향기가 뿜어져 나올 것이다. 비슷한 기술을 이용해서 언젠가는 '후각 영상smell vision'이라는 꿈을 실현할 수 있을지도 모른다. 영화에 적절한 향기를 결합하자는 아이디어는 역사가 길지만 큰 벽에 가로막혀야 했다. 우선 냄새를 등장시켰다가 신속하게 사라지게 만들기가 어렵다. 하지만 착용 기술wearable technology을 이용하면 시각, 청각과 함께 일관된 방식으로 후각을 자극하는 것이 가능해질지도 모른다. 그렇다고 모든 영화에서 후각 경험을 원하지는 않을 것이다. 역한 냄새가 진동하는 좀비 영화를 누가 보고 싶겠는가?

백색 냄새olfactory white라는 새로운 냄새도 등장했다. 이는 백색소음의 냄새 버전으로 보면 된다. 광범위한 스펙트럼의 다른 냄새들을 조합해서 서로 상쇄시킴으로써 좋지도, 나쁘지도 않은 특징 없는 냄새만을 남긴다. 30개 이상의 냄새를 합쳐 놓으면 후각계가 뇌에 정보 과부하를 일으키기 때문에 뇌가 서로 다른 요소를 감지할 수 있는 능력을 잃게 된다. 이 개념은 실제로 적용할 수 있다. 예를 들면 현재 우리는 나쁜 냄새를 없애는 데 방향제를 사용한다. 하지만 경험상 이렇게 하면 악취와 신선한 냄새가 서로 뒤엉켜 전투를 벌이는 모양새가 되고 결국에는 두 냄새 모두 패자가 되고 만다. 이와는 대조적으로 백색 냄새는 원치 않는 냄새를 제거해서 공중화장실과 병원에서 완전히 중립적인 냄새가 나게 만들 수 있다.

이런 발전이 흥미진진하기는 하지만 후각의 경이로움을 잊어서는 안 된다. 후각은 생명의 오랜 역사에서 처음으로 발달한 감각이었고, 현재도 우리와 함께 지구에서 호흡하는 생명체들에게 가장 널리 퍼져 있는 감각이다. 단세포 동물도 환경 속 화학물질을 감지한다. 이는 거의 모든 세균이 갖추고 있는 능력이고, 효모 같은 곰팡이류, 심지어 식물도 할 수 있다. 감각 정보를 처리할 뇌가 진화하면서 이 원초적인 '화학감각chemosense'이 후각으로 발전했다. 결국에는 코 같은 후각 전용 구조물이 발달해서 냄새를 감지하고 위치까지 파악할 수 있게 됐다. 인간은 후각이 발달하지 않았고, 후각은 부차적인 감각이라는 낡은 생각이 우리 머릿속에 깊숙이 자리 잡고 있는데, 이런 생각이 차츰 바뀌고 있다. 후각은 우리 삶에서 근본적인 역할을 한다. 갓 태어난 아기는 첫날부터 엄마의 젖꼭지 주변에서 분비되는 화학물질을 길잡이 삼아 젖꼭지의 위치를 찾는다. 진화는 기회나 위험을 나타내는 냄새에 맞춰 후각 팔레트를 조율해 놓았다. 우리가 제일 민감하게 반응하는 냄새는 인류의 역사에서 가장 중요한 역할을 했던 냄새라고 가정해도 무리가 없다. 따라서 잘 익은 과일 향기, 화재를 의미하는 황 냄새, 수질오염을 알려주는 지오스민

geosmin[*] 같은 냄새에 대해 감지의 역치가 낮은 것은 그만큼 그것이 우리 생존에 중요한 역할을 하는 냄새였다는 방증이다. 간단히 말해서 우리가 하나의 종으로 성공을 거둘 수 있었던 것은 후각 덕분이었고, 후각은 계속해서 우리를 보호하고, 우리에게 즐거움을 주고 있다. 후각은 우리의 식욕을 지배하고, 성생활을 통제하고, 섬세한 감정을 불러일으키는 역할을 한다.

[*] 지오스민은 말 그대로 '흙냄새'를 의미한다. 이 화합물은 남조류blue-green algae와 다른 세균에 의해 만들어지며, 고농도에서는 잠재적으로 인간의 건강에 영향을 미칠 수 있다.

# 4

# 혀가 맛보는 세상

Accounting for Taste

수없이 많은 향미가 내 혀 위에서 터지고,

내 입속에서 춤을 추고,

내 맛봉오리를 후려치며 더러운 놈들이라 부르는데,

나는 이 맛이 정말 마음에 든다.

— 스테이시 제이Stacey Jay

나는 지금 거센 바람이 몰아치는 아이슬란드의 추운 겨울을 피해 친구들과 따듯한 술집에 앉아 있다. 몹시 흥분한 내 얼굴에는 긴장감도 함께 드러난다. 흥분한 이유는 아주 특별한 경험에 동참하기를 주저했던 친구들을 설득하는 데 성공해서다. 긴장한 이유는 그리 유쾌한 경험이 되지 못할 것 같아서다. 사서 고생한다는 말이 지금의 상황과 너무 잘 맞아떨어진다. 나는 지금 아이슬란드의 별미 **하우카르틀**hákarl(삭힌 상어 요리)을 맛보러 왔다.

요리에 관한 한 아이슬란드 사람들은 항상 창의성을 강조했다. 아이슬란드인은 수 세기 동안 바다오리puffin, 양머리, 시큼한 양의 고환, 일부 대형 어류 등 다양한 선택지에 마음을 열고 살아야 했다. 북대서양의 풍부한 자원 중 하나인 그린란드 상어Greenland shark는 길이가 7미터, 무게가 1톤까지 자란다. 음식에 대한 안목이 있는 사람에게는 안타까운 얘기지만, 우리가 먹는 동물 대부분은 오줌으로 독성이 있는 요소urea를 체외로 방출하는 반면, 상어는 자기 혈액 속에 저장한다. 이것 때문에 향미flavor를 잃게 될 뿐만 아니라, 신선한 상어고기를 먹으면 위험할 수 있다. 너무 많이 먹으면 죽을 수도 있고, 조금만 먹어도 '상어에 취할 수 있다shark drunk'.

현대 아이슬란드인의 지혜로운 조상들은 이 문제를 해결할

양고기에서 신맛이 난다는 것도 놀랄 일이 아니다.

flavor는 '맛'을 의미하기도 하지만 단순히 혀로 느끼는 맛뿐만이 아니라 냄새, 맛, 질감 등의 조합으로 느껴지는 종합적인 감각을 의미하기 때문에 여기서는 '향미'라는 단어로 번역했다. - 옮긴이

방법을 고안했다. 상어를 얕은 자갈 무덤에 묻는 것이었다. 상어를 내버려 두는 것이 가장 현명한 선택이 아니겠냐고 하겠지만, 아이슬란드인은 생각보다 더 거칠었다. 3개월 정도가 지나면 세균들이 한바탕 잔치를 벌여 티스푼만 한 상어고기에 어마어마한 수의 세균이 득실거린다. 세균은 상어 사체를 부패시키는 데 그치지 않고 요소도 암모니아로 바꿔 놓는다. 이 시점이 되면 아이슬란드 사람들은 상어가 알맞게 삭았다고 여기고 자갈 무덤에서 꺼내 곪은 고기를 커튼처럼 걸어놓는다. 이제 남은 것은 먹는 일밖에 없다.

**하우카르틀**은 독한 냄새를 맡고 말이 놀라는 일이 없도록 밀폐식 유리 용기에 봉인해서 잘게 썬 조각으로 배달됐다. 나는 조심스럽게 유리 용기를 열고 함께 제공된 이쑤시개로 작은 조각 하나를 꺼냈다. 참가를 완강하게 거부한 친구들은 나의 모습을 흥미롭게 지켜봤다. 이제는 돌이킬 수 없다. 나는 그 끔찍한 것을 입에 집어넣었다. 듣자하니 처음 시도한 사람 중에는 구역질을 하는 사람도 많다던데 다행히 구역질은 하지 않았다. 향미의 물결이 혀 위로 퍼져나가는데 특히나 더럽기로 평판이 자자한 공중화장실의 맛을 콜라주한 것 같았다. 변기의 물줄기를 용감하게 거슬러 헤엄치는 늙은 물고기 기운이 느껴졌다. 식감에도 문제가 있기는 마찬가지였다. 마치 고무를 씹는 느낌이었다. 이 경험을 요약하면 '고무 경화 처리를 한 애완동물용 대소변통' 같았다.

전 세계적으로 인간의 문명은 주변에서 구할 수 있는 음식으로 실험을 이어왔다. 그중에는 따로 손질하거나 요리하지 않으면 독성을 띠는 음식도 많았다. **하우카르틀**은 물론 전 세계적으로 인기 많고 익숙한 뿌리채소인 감자도 여기에 해당한다. 안데스산맥에서 자랐던 감자의 야생 선조에는 솔라닌solanine과 토마틴tomatine 같은 독성 화합물이 들어있다. 열을 가해 익혀도 독소에는 아무런 영향이 없다. 그럼 어떻게 감자의 방어 메커니즘을 깨뜨리고 식용으로 사용하게 된 걸까? 수 세기 전에 안데스 지역 사람들이 과나코guanaco 같은 동물에게 재주를 배웠을지도 모른다. 과나코는 라마llama의 가까운 친척으로 독이 든 식물을 먹기 전에 점토를 핥는다. 이 점토가 식물의 독과 결합해 불활성화시킴으로써 독소가 동물의 몸을 해를 입히지 않고 통과할 수 있게 만든다. 초기에 감자를 좋아했던 안데스 사람들도 이와 비슷한 행동을 했을 가능성이 크다. 덩이뿌리 식물을 먹을 때 일명 진흙 소스를 함께 곁들인 것이다. 물론 그 후로는 선택적 교배를 통해 독 없는 감자를 만들어냈다. 하지만 지금도 독성 감자는 일부 열렬한 애호가들 사이에서 인기를 끌고 있다. 이 품종은 서리에 강해서 고도가 높은 지역에서도 재배할 수 있다는 이점이 있다. 페루와 볼리비아의 시장에 가면 치명적인 독이 든 감자와 함께 필수 양념인 점토를 구입할 수 있다.

감자를 비롯한 많은 식물이 초식동물의 접근을 막기 위해 화학적 방어 메커니즘을 채용하고 있다. 벨라도나, 독미나리, 협죽도

남미 안데스산맥의 야생 라마 - 옮긴이

남미에서 털을 얻거나 짐을 운반할 때 사용하는 가축 - 옮긴이

oleander 같은 식물은 독이 강하기로 악명이 높다. 아주까리가 만들어 내는 리신ricin은 1978년에 소련 KGB에서 불가리아의 반체제인사 게오르기 마르코프Georgi Markov를 암살하는 데 사용한 것으로 유명하다. 이 정도로 강한 독을 품고 있는 식물은 드물지만 심각한 효과를 일으킬 수 있는 식물은 많다. 이런 상황에서 어떻게 우리 선조들은 익숙하지 않은 식물의 식용 가능성을 탐색하면서 중독을 피할 수 있었을까? 여기서 미각이 등장한다.

인체로 침투해 들어올 수 있는 것이라면 무엇이든 잠재적으로 유해하다. 이런 면에서 입은 우리 방어기전의 최전선이라고 할 수 있다. 우리 몸은 우리를 보호하는 기능을 갖춘 복잡하고 다면적인 센서를 갖추고 있다. 새로운 음식을 한 입 베어 물었을 때 우리는 맛을 통해 음식의 화학적 조성에 대해 감각적으로 평가한다. 평가한 내용은 뇌로 전달해 신속하게 처리한다. 맛이 괜찮다는 피드백이 돌아오면 우리는 계속 씹는다. 그렇지 않을 때는 해를 입기 전에 신속하게 뱉어 버린다. 이렇듯 미각은 해로운 것으로부터 우리를 안전하게 보호해줄 뿐만 아니라 음식이 가진 영양분을 탐색하고 즐길 수 있게 해주는 감각이다. 듣기에는 아주 단순해 보이지만 사실 우리가 맛이라 생각하는 것은 서로 다른 감각이 협동해서 만들어낸 합성물이다.

여행의 묘미 중 하나는 다른 문화권의 음식을 맛보는 것이다. 나는 음식을 통해 한 문화에 대한 감각적 통찰을 얻는다. 그렇다고 **하우카르틀**이 아이슬란드를 상징하는 모든 것의 결정체라는 의미는 아니고, 아이슬란드의 역사와 관습에 있어 작지만 중요한 한 가지 측면이라는 의미다. 나는 운이 좋게도 캐나다의 비버테일beaver tail🐈, 케냐의 **우갈리**ugali로 알려진 옥수수죽, (무엇보다도 고역스러웠던) 도쿄의 낫또에 이르기까지 온갖 것을 맛볼 수 있었다. 낫또는 발효한 콩으로 만든 음식인데 적어도 내게는 오래 삭은 양말처럼 강력한 냄새가 났고, 끈적거리고 미끈거리는 질감 때문에 도저히 먹을 수가 없었다. 일반적으로 맛taste이라고 하면 향미flavor를 대신하는 약칭으로 사용할 때가 많다. 하지만 향미는 미각, 후각, 질감, 화학감수성chemesthesis의 조합으로 완성된다.

엄밀히 말하면 미각은 입 여기저기에 흩뿌려져 있는 미각 전담 맛세포가 수행하는 감각적 경험의 일부다. 이 세포들은 오대 미각인 단맛, 짠맛, 신맛, 쓴맛, 감칠맛umami(또는 '짭짤한맛savoury')에 해당하는 서로 다른 형태로 존재한다. 우리가 지각하는 맛은 이렇지만 조금 더 깊이 들어가 각각의 맛세포가 정확히 무엇을 감지하는지 알아보자. 염수용기salt receptor를 자극하는 것이 무엇인지는 말하지 않

🐈 비버의 신체 일부가 아니라 빵 이름이다.

아도 알 테지만 짠맛을 제공하는 것은 주로 나트륨염sodium salt이다.[●] 칼륨potassium 같은 다른 금속염은 건강을 신경 쓰는 사람들에게는 유용한 소금 대용품이 될 수 있지만 그다지 향미가 좋지 않고 심지어 쓴맛으로 느껴질 수도 있다. 흔히 염화나트륨sodium chloride이라고 알려진 식탁용 소금table salt은 타액에서 나트륨 이온과 염소 이온으로 나뉜다. 짠 음식을 먹을 때 입안에서 나트륨 이온의 농도가 올라가면 신경 자극이 발생하고, 뇌는 이것을 짠맛으로 해석한다. 현대식 식단에서 소금 섭취가 과다하다는 우려가 있지만 적당한 수준의 나트륨 이온은 생리학적으로 필수 영양소다. 소금의 맛이 좋은 이유는 결국 몸에 좋아서다.

신맛은 pH가 낮은, 즉 산성의 음식을 먹거나 마실 때 생기는 지각이다. 물질 속에 수소 이온이 많을수록 산성이 강해지고, 우리는 소금을 감지할 때와 비슷한 방식으로 신맛을 인식한다. 맛세포가 이온 농도의 증가에 반응하는 것이다. 음식에서 신맛이 나면 상했다는 뜻일 수도 있지만, 신맛의 음식은 인간의 식단에서 중추를 이루고 있고, 대부분 과일과 여러 가지 채소뿐만 아니라 빵과 쌀 등에도 포함돼 있다. 심지어 우유, 치즈, 달걀, 육류도 살짝 산성을 띠고 있다. 하지만 모든 음식의 신맛이 똑같지는 않다. 우유가 중성 바로 아래

[●] 일반적으로 영어 단어 'salt'를 '소금'이라는 의미로 알고 있지만 화학적으로는 '염'이라 표현한다. '염'은 산과 염기가 반응할 때 물과 함께 생성되는 물질로 산의 음이온과 염기의 양이온이 결합해서 만들어진 화합물을 의미한다. 소금, 즉 염화나트륨은 염의 일종일 뿐이다. 그래서 영어에는 소금을 'table salt'로 따로 구분한다. 이 글에서는 'salt'의 의미를 나트륨염과 다른 염으로 구분해 강조하고 있다. – 옮긴이

수준의 산성을 띤다면, 레몬과 오렌지는 그보다 천 배는 시고, 여러 가지 탄산음료도 마찬가지다. pH가 매우 낮은 음식에서는 강한 신맛이 날 수 있다. 예를 들어 갓 짜낸 레몬주스 티스푼 하나면 아무리 극기심이 강한 사람이라도 얼굴을 찡그리지 않을 수 없다. 또한 신맛은 입안에 침이 흘러나오게 만든다. 본능적으로 몸이 산을 희석하려고 시도하는 것이다. 하지만 신맛은 감출 수 있다. 설탕을 많이 섞으면 신맛이 사라진다. 우리 미각은 달콤한 성분에 민감하게 반응하도록 진화했기 때문이다. 단 음식은 에너지가 풍부하고 기분을 좋게 만든다. 게다가 단 음식은 우리 종의 역사에서 비교적 최근까지도 귀한 편에 속했다. 맛이라는 무대에 많은 양의 단맛을 추가하면 신맛은 무대 뒤쪽으로 물러나고 단맛이 조명을 받게 된다. 단맛이 강해진다고 신 음식의 산성이 약해지는 것은 아니다. 치과의사가 항상 탄산음료의 위험에 대해 경고하는 이유도 설탕과 산성의 조합이 치아 입장에서는 재앙이나 마찬가지이기 때문이다.

짠맛과 신맛은 맛세포가 입안의 이온 농도 변화를 인식해서 나타나는 결과지만 나머지 세 가지 맛은 다른 메커니즘으로 나타난다. 이들의 작동방식은 음식 분자가 실제로 감각수용기에 결합해 신경 자극을 일으켜야 한다는 점에서 후각과 유사하다. 우리는 설탕을 단맛의 대명사쯤으로 생각하지만 사실상 소금을 비롯해 납 같은 금속, 일부 알코올, 심지어 아미노산에 이르기까지 수천 가지 서로 다른 화학물질이 단맛을 낼 수 있다. 식품제조업체들은 이러한 정보, 즉 우리가 설탕의 단맛을 갈망한다는 사실과 수많은 물질이 입에서 단맛의 지각을 만들 수 있다는 사실을 활용해 설탕보다 훨씬 더 단맛으로 지각되는 제품을 개발해 시장에 내놓았다. 아스파탐Aspartame, 수크랄로스sucralose, 네오탐neotame은 실제 설탕보다 각각 180배, 600배, 8000배 더 달다. 무언가가 얼마나 달게 느껴질지는 단맛 수용기와 얼마나 잘 결합하느냐에 달렸다. 수용기가 분자와 모양이 더 잘 맞고, 상호작용 부위가 더 많을수록 달게 느껴진다. 인공감미료는 손과 장갑의 관계처럼 단맛 수용기와 딱 맞게끔 맞춤 설계됐다.

우리의 미각을 속이는 물질이 아스파탐과 그 화학적 사촌들만 있는 것은 결코 아니다. 아마도 이런 물질 중에 가장 놀라운 것은 서부아프리카에서 수 세기에 걸쳐 재배된 미라클후르츠miracle fruit에서 추출한 미라쿨린miraculin일 것이다. 미라쿨린과 신 음식을 함께 먹으면 단맛이 느껴지는 이상한 일이 일어난다. 레몬이 다디단 오렌지 맛으로 느껴지고 소금과 식초로 간을 한 감자칩salt and vinegar crisp을 짭짤한 푸딩 같은 맛으로 바꿔준다. 맛이 달라지는 과정에서 음식의 성분은 바뀌지 않는다. 신맛을 달콤한 맛으로 변환해 느끼도록 우리 지각을 바꾸는 것이다.

이와 비슷하게 아티초크artichoke[*]에는 시나린cynarin이라는 화학물질이 들어있다. 시나린은 일시적으로 단맛 수용기에 달라붙어 이를 비활성화시키는 것으로 알려졌다. 아티초크를 먹은 후에 음료수를 조금 마시면 수용기에서 시나린이 씻겨나가면서 뇌를 자극

[*] 국화과 식물로 엉겅퀴 꽃같이 생긴 꽃봉오리의 속대를 먹을 수 있다. - 옮긴이

해 단맛을 맛본 것처럼 느끼게 한다. 우리에게 더 익숙한 맛의 속임수는 치약에 흔히 들어가는 성분인 라우릴황산나트륨sodium lauryl sulphate, SLS이 부린다. 이를 닦은 직후에 무언가 먹거나 마시면 이상한 맛이 나는 원인이 바로 이 성분에 있다. SLS는 모든 세제 성분과 마찬가지로 지방 분자를 공격한다. 하지만 SLS가 맛세포의 지방성 세포막에 영향을 미칠 때는 단맛 수용기를 일시적으로 차단하는 동시에 쓴맛 감지 기능도 방해한다. 그 결과 이를 닦은 직후 오렌지 주스를 한 모금 마시면 단맛은 느껴지지 않고, 음료의 신 향미가 쓴맛으로 느껴진다. 하지만 계속 마시면 SLS가 씻겨나가면서 정상적인 입맛이 돌아온다.

비교적 최근에 나온 교과서에도 4가지 주요 맛만 나열하고 5번째 미각은 생략하는 일이 흔했다. 약 100년 전 도쿄대학교의 화학자 이케다 기쿠나에는 '우마미umami', 즉 감칠맛이라는 단어를 만들었다. 우마미를 번역하면 '좋은 맛의 본질'이라는 뜻이다. 감칠맛이 과학계에서 5번째 맛으로 정식 승인받기까지는 다소 긴 시간이 걸렸다. 2002년이 돼서야 감칠맛을 전담하는 미각수용기를 발견했기 때문이다. 하지만 과학계의 인정과 관계없이 감칠맛은 이미 오래전부터 우리 식문화의 일부로 자리 잡았다. 고대 로마에서는 발효한 생선 소스를 이용해 음식에 독 쏘는 맛을 첨가했고, 비잔틴인과 아랍인들은 보리로 만든 조미료 무리murri로 같은 효과를 냈으며, 중국에서는 약 2000년 동안 간장을 이용했다. 감칠맛은 이처럼 오랜 역사를 지녔음에도 여전히 정의하기 어려운 맛으로 남아 있다. 내게 감칠맛을 정의하라고 하면 무언가 짭짤한 느낌이 드는 강렬하고 좋은 맛 정도가 최고의 표현이 될 것 같다. 감칠맛은 육류와 생선, 치즈, 버섯, 토마토, 다시마 등 다양한 음식에서 발견된다. 다시마는 이케다 초기 연구의 토대였다. 우리의 미각수용기는 글루타메이트 glutamate 같은 아미노산을 감지해서 감칠맛을 느낀다. 단백질의 기본 구성요소인 아미노산은 우리 식단에서 필수적인 성분이다. 우리가 감칠맛을 좋아하는 이유는 몸이 우리를 중요한 식품공급원에 끌리게 유도하기 때문이다.

감칠맛이 식탁에 짭짤한 향미를 보태주고 있음에도 어떤 사람들은 그 맛을 의혹의 시선으로 바라본다. 이케다 기쿠나에가 글루타메이트에서 감칠맛이 난다는 사실을 발견한 이후로 그 발견을 토대로 오늘날 세계에서 가장 악명 높은 식품첨가물인 글루탐산모노나트륨monosodium glutamate, 즉 MSG의 생산이 시작됐다. 이후 전 세계에서 식품첨가물로 엄청난 상업적 성공을 거뒀지만, 그 기원이 동양에서 출발했다는 인식은 여전하다. 1968년에 들어서며 MSG에 대한 불안이 싹트기 시작했다. 학술지 〈뉴 잉글랜드 저널 오브 메디슨New England Journal of Medicine〉에서 MSG가 가슴 두근거림, 두통, 흉통의 원인이라고 주장하는 논문이 발표된 것이다. 이런 주장에 따라 비슷한 경험을 했다는 일화가 여기저기서 쏟아져 나오면서 대중의 주목을 받았고, '중국 식당 증후군Chinese Restaurant Syndrome'이라는 오명도 얻게 됐다. 이 오명이 MSG와 아시아 요리에 낙인으로 찍혔다. 초기 연구는 이 주장을 뒷받침하는 듯 보였고, 만병통치약 같은 지위를 누리던 MSG는 순식간에 독으로 추락했다. 하지만 초기 연구들은 과학적 엄격함이 결여돼 있다. 가장 큰 문제는 실험 참가자들이 자기가 먹는 음식에 MSG가 함유돼 있음을 인식하고 있었고, 연구자들도 불균형할 정도로 많은 양의 MSG를 첨가했다는 점이다. 당시 MSG를 두고 히스테리가 만연해 있음을 생각하면 참가자 다수에게 증상이 발현된 것은 당연한 결과다. 이는 노시보nocebo 효과라고 불리는 현상으로 설명할 수 있다. 노시보 효과는 이미 잘 알려진 플라시보placebo 효과, 즉 위약효과와는 정반대로 실제 원인이 존재하지 않는 상황에서도 부정적으로 예상하는 바람에 유해한 증상이 발생하는 것을 말한다. 눈을 가리고 하는 시음처럼 더 엄격한 절차에 따라 연구를 진행했더니 전혀 다른 결과가 나왔다. 스스로 MSG에 민감하다고 밝힌 사람 중에서도 유해한 효과가 나타나는 사례는 매우 드물었다. MSG를 악마화한 지난 50년 동안에도 사람들은 정상적인 식단의 일부로 글루타메이트를 즐겁게 섭취해 왔다. 글루타메이트는 많은 음식에 천연적으로 포함돼 있기 때문이다. 그런데도 MSG를 향한 의심의 시선은 사라지지 않고 있다. 심지어 오늘날에도 많은 식당에서, 특히 아시아 식당에서는 'MSG 안 쓰는 식당'이라고 홍보하며 선입견을 부추기고 있다. 물론 무엇을 먹을지 결정하는 것은 자유다. 하지만 MSG에 대한 태도는 과학보다는 신념에 따른 것이라 볼 수 있다. 일부 지역에서의 MSG에 대한 부정적 평판은 '사람은 미신을 깨는 것보다 미신을 유지하는 것을 더 좋아한다.'라는 옛말을 증명해준다.

MSG에 독성이 있느냐는 질문에 대해서는 말이 많지만, 우리 미각은 독성이 있는 물질을 잘 감지할 수 있게 맞춰져 있다. 우리는 쓴맛을 특별히 중요하게 여기지 않지만 우리 입은 쓴맛 전문가다. 예를 들면 단맛과 감칠맛을 감지하는 수용기는 3가지밖에 없는 데 반해 쓴맛을 지각하는 수용기는 최소 25가지나 된다. 이 현상의 뿌리에는 오랫동안 먹는 것 자체가 위험한 행동이었다는 사실이 자리 잡고 있다. 쓴맛은 식물의 독성과 관련돼 있는 만큼 특히 중요하다. 식물은 잡아먹히는 것을 원치 않지만, 달아날 수 있는 능력이 제한돼 있다. 따라서 식물은 강렬한 효과를 내는 화학물질의 형태로 자기 몸을 방어하는데, 이런 물질은 대부분 쓴맛이 난다. 다만 식물이 씨를 퍼뜨려야 할 때처럼 기꺼이 동물의 먹이가 되려고 할 때는 예외다. 이럴 때는 자기를 보호하는 쓴맛의 화학물질을 빼고 당분을 추가해 동물들에게 먹히도록 유도한다.

쓴 식물 화합물이라고 해서 우리 몸에 무조건 해로운 것은 아니다. 커피, 코코아, 맥주에 첨가하는 홉은 기분 좋은 맛을 내기도 한다. 또 한편으로는 조금도 해로울 것 없어 보이는 음식에도 쓰고 위험한 화학물질이 들어있다. 카사바cassava에는 시안화물cyanide, 즉 청산가리가 들어있고, 콩에는 적혈구를 파괴하는 사포닌saponin이라는 물질이 들어있다. 심지어는 별 볼 일 없는 순무에도 인체의 호르몬을 억제하는 화학물질이 들어있다. 하지만 이런 것들은 엄청난 양으로 먹지 않는 한 실제로 위험하지는 않다. 벨라도나나 독미나리 같은 식물은 다르다. 이런 것들은 소량만 섭취해도 신속하게 죽음에

이를 수 있다. 다행히도 우리 미각은 이런 위험한 화학물질을 감지할 수 있는 능력을 제공한다. 사실 우리의 쓴맛 민감도는 단맛이나 짠맛 민감도보다 1000배 이상 높아서 입안에 소량의 독성분만 들어와도 즉시 알아차릴 수 있다.

쓴맛은 신맛과 대응 관계에 있다. 신맛은 산성에서, 쓴맛은 알칼리성에서 나온다. pH가 극단적으로 높은 음식은 거부감을 일으키며 쓴맛의 음식에서는 더욱 그렇다. 우리는 선천적으로 쓴맛을 싫어하도록 태어났다. 그래서 거의 반사에 가까울 정도로 쓴맛이 나는 음식을 거부한다. 여기서 문제가 발생한다. 채소나 식물성 화학물질을 기반으로 만든 약에서 발견되는 화합물 중 상당수에는 아이들이 특히 싫어하는 쓴맛 성분이 있다는 것이다. 방울다다기양배추나 다른 십자화과 식물의 쓴맛은 대부분 글루코시놀레이트glucosinolate에서 비롯된다. 이것은 아이들과 일부 성인들이 끔찍이 싫어하는 물질이다. 그래서 일부 식품제조업체는 쓴 향미를 가릴 방법을 조사했고, 해결책으로 단맛을 첨가했다. 이것이 어느 정도 효과는 있겠지만 우리는 쓴맛에 특히 민감하므로 원하는 효과를 보려면 상당히 많은 양의 설탕이 필요하다. 다른 대안으로는 소금이 효과적이다. 흔히들 소금이 향미를 강화한다고 말하지만 엄밀히 따지면 선택적으로 특정 맛을 억제한다고 표현하는 것이 옳다. 소금은 음식의 쓴맛을 약화하는 데 특히 유용하다. 소금을 사용하면 다른 향미가 도드라지는 것처럼 느껴지는데, 이는 쓴맛의 그늘에 숨었던 맛이 염화나트륨의 존재 아래서 되살아나기 때문이다. 물론 소금을 강화하면 새로운 문제가 발생한다. 해결책으로 쓰인 방법이 또 다른 문제를 만드는 것이다.

설탕을 사용해서 산도와 균형을 맞추고, 소금을 이용해서 쓴 맛을 억제하고, 감칠맛을 이용해서 짭짤한 맛을 끌어내는 조합이 수세기 동안 요리의 주축을 이뤘다. 그래서 다섯 가지 맛의 상호작용에 초점을 맞추면 완벽에 가까운 요리가 완성될 것이라는 의견이 나오기도 했다. 훌륭한 요리라는 퍼즐의 마지막 조각이 감칠맛이라고 생각하는 과학자들도 있었다. 하지만 최근 연구에 따르면 잘 알려진 입속 미각수용기 세포들 사이에 오랫동안 베일에 가려졌던 세포들이 예상보다 훨씬 많이 존재한다. 세 가지 주요 대량영양소macronutrient 중 탄수화물과 단백질을 전문으로 담당하는 특수 수용기가 확인됐으니, 세 번째 영양소인 지방을 감지하는 수용기도 있어야 논리적으로 타당하다는 주장이 오래전부터 있었다. 논란은 지금도 계속되고 있으며 그중 G-단백질연결수용기120G protein-coupled receptor 120이 확인된 상태다. 간략하게 GPR120이라고 부르는 이 수용기는 지방의 기본 구성요소인 지방산fatty acid이 존재하면 활성화된다. 다른 주요 맛과 마찬가지로 지방을 혀 위에 올려놓으면 약 6초 후에는 뇌에서 측정 가능한 반응이 나타난다. 요즘에는 지방을 주요 맛 중 하나로 포함해야 한다는 주장이 설득력을 얻고 있다.

입속에 있는 다른 수수께끼 같은 미각수용기들도 속속 비밀을 드러내기 시작했다. 어떤 사람은 머리에 충격이 가해졌을 때 입안에 느껴지는 금속성 맛과 파스타나 쌀밥을 먹을 때 느껴지는 전분의 향미도 그 자체로 별개의 맛에 해당한다고 주장한다. 생명의 영약인 물도 자체적으로 특수한 미각수용기가 있을지 모른다는 주장도 있다. 예를 들면 곤충은 이런 맥락에 해당하는 수용기가 있는 것으로 보이며, 우리에게는 몸 전체에 미각수용기와 공통점이 많은 물 전문 센서가 있다는 증거가 축적되고 있다. 일반 물에서는 특별한 맛이 느껴지지 않지만 탈이온수deionized water, 즉 H2O만 남기고 모든 성분을 제거한 물에서는 다른 맛이 난다. 어떤 사람은 살짝 쓴맛이 느껴진다고도 한다. 물의 맛은 대개 물속에 든 소량의 미네랄, 특히 금속 이온에서 나온다. 우리의 염수용기는 그중 일부를 감지하고, 혀는 신체 기능의 또 다른 필수성분인 칼슘calcium의 존재를 감지하는 특별한 능력으로 무장하고 있다는 추가적인 증거가 나오고 있다. 놀라운 점은 우리가 칼슘 하면 떠올리는 음식에서 꼭 칼슘의 맛을 느끼는 것은 아니라는 점이다. 우유와 치즈에 함유된 지방과 단백질은 칼슘과 결합해서 맛을 감지하지 못하게 막는다. 칼슘의 맛은 케일이나 양배추 같은 초록색 잎채소에서 느낄 가능성이 크다. 이런 음식에는 고농도의 미네랄 성분이 있기 때문이다.

칼슘수용기의 진가는 코쿠미kokumi라는 것을 감지할 때 발휘된다. 아직도 감칠맛이라는 개념을 이해하지 못해 머리가 아픈 사람에게 코쿠미는 더욱 커다란 충격으로 다가올 것이다. 코쿠미는 감칠맛과 마찬가지로 일본에서 처음 확인했다. 코쿠미라는 이름은 '풍부한 맛rich taste'을 뜻하는데, 코쿠미가 실제로는 아무런 맛도 나지 않기 때문에 역설적인 이름이다. 코쿠미는 맛이라기보다 느낌에 가깝고, '입안 가득한 느낌mouthfulness' 정도로 묘사하기도 한다. 코쿠미는 익숙한 맛의 향미를 끌어올려 음식 경험의 완성도를 더욱 높여준다. 칼슘수용기가 코쿠미의 맛을 감지하는 데 역할을 하는 것으로 보이지만, 코쿠미 감각을 일으키는 분자는 천천히 익힌 육류, 숙성된 치즈, 발효 식품 등에서 나오는 다양한 펩티드peptide에 있다. 코쿠미의 맛을 묘사하기란 젤리를 벽에 못으로 박는 것만큼 어려운 일이지만, 육류를 매달거나 치즈를 숙성시키는 등 오래전부터 이어온 관습을 뒷받침하는 것이 바로 코쿠미다. 우리는 그렇게 하면 맛이 더 나아진다는 것을 알고 있으며, 맛이 좋아지는 원인이 코쿠미인 것이다.

그렇다면 지방, 전분, 금속성 맛, 물, 칼슘, 코쿠미도 다섯 가지 주요 맛에 추가해야 할까? 아직 속단하기는 이르다. 지금쯤 맛에 대한 모든 것을 이해하고 정립했다고 생각할 수 있으나 아직 배워야 할 것이 많다.

입안에는 맛세포가 50개에서 150개씩 혹처럼 생긴 작은 돌기 안에 모여 있다. 이 돌기를 맛봉오리taste bud라고 한다. 대개 사람들은 5000개에서 1만 개의 맛봉오리를 갖고 있는데 대다수는 혀 위에 있고, 나머지는 뺨의 안쪽, 입천장, 목구멍에 분포한다. 각각의 맛봉오리에는 구강 쪽으로 나 있는 작은 구멍이 있다. 이 구멍은 화학물질이 들어와 안에 있는 수용기와 접촉하는 출입구 역할을 한다. 일반적인 생각과 달리 혀는 각각 특정 맛을 전문적으로 느끼는 구역으로 나뉘어 있지 않다. 대신 각각의 맛봉오리 안에 서로 다른 맛세포가 둥지를 틀고 있다. 하지만 입의 모든 영역이 다섯 가지 미각을 모두 담당하고 있어도 특정 자극에 더 민감한 부분이 따로 있기는 하다. 혀 뒤쪽은 쓴맛에 특히 민감하다. 만약 다른 맛봉오리에서 보내는 경고 신호를 무시하고 엄청나게 쓴맛이 나는 무언가를 삼키려 하면 목구멍 꼭대기에 있는 쓴맛 민감 부위가 구토 반사를 일으킬 수 있다.

맛봉오리의 수를 보면 인간이라는 종이 어떻게 진화했는지 알 수 있다. 특히 다른 포유류와 비교해 보면 더욱 분명해진다. 일반적으로 육식동물은 맛봉오리 수가 상대적으로 적다. 개는 우리의 4분의 1 정도에 불과하고 길들인 고양이는 500개도 채 안 된다. 이와는 대조적으로 초식동물의 입에는 맛봉오리가 가득하다. 토끼는 우리와 비슷한 수준이고, 소는 2만 5000개 정도의 맛봉오리를 갖고 있다. 아마도 이 정도면 풀잎을 한입 뜯어 먹을 때마다 온갖 맛의 향미가 넘쳐날 것이다. 하지만 맛봉오리가 과도해 보일 정도로 많은 가장 큰 이유는 독으로부터 자신을 보호하기 위함이다. 가축화된 소의 조상들은 야생 토끼나 오늘날의 다른 초식 포유류만큼이나 다양한 식물을 뜯어 먹었다. 동물이 접하는 식물의 종류가 다양할수록 독이 든 식물을 우연히 먹게 될 위험성도 커진다. 자연스럽게 조기 경보시스템이 필요했고, 광범위하게 분포하는 맛봉오리가 경보시스템 역할을 맡게 됐다. 식물을 주식으로 하는 동물과 달리 식단이 다양하지 않은 육식동물은 걱정할 것이 별로 없다. 육식동물의 먹잇감 중에 독이 있는 것은 상대적으로 적었기 때문에 진화는 굳이 이들을 정교한 미각으로 무장시키지 않았다. 맛봉오리의 수로 따지면 우리는 육식 포유류와 초식 포유류의 중간쯤에 해당한다. 아마도 육식보다는 초식 쪽에 가깝겠지만 잡식과 제일 유사하다. 특히 말린 꼬리와 멋진 주둥이코를 가진 동물과 유사하다. 우리 선조들은 돼지와 식생활이 비슷했으니 지금 우리는 아마도 돼지와 비슷한 미각을 경험하고 있을 것이다.

심한 감기나 코비드 19를 앓아본 사람이라면 공감하겠지만 후각이 약해지면 미각도 상당 부분 힘을 잃는다. 코를 막고 밥을 먹으면 음식의 풍부한 경험이 눈에 띄게 감소하는 것을 알 수 있다. 일례로 내 아버지는 항상 '눈을 가리고 빨래집게로 코를 막고 맛을 보면 물과 기네스 맥주를 가려내지 못할 것'이라고 주장했다. 나는 탐구 정신에 입각해서 직접 실험해봤다. 빨래집게가 없어서 금속제 종이 집게로 코를 막았는데 되돌아보면 정말 끔찍한 생각이었다. 하지만 나는 과학의 이름으로 그 고통을 기꺼이 감수하기로 하고 다른 사람에게 차례로 두 음료를 전달해 달라고 부탁했다. 기네스 맥주에서 거품을 걷어내고 둘 다 똑같이 차갑게 해서 마셨더니 맛의 차이를 알아내기가 생각보다 훨씬 어려웠다. 이런 조건에서 거의 맛을 느끼지 못하는 미맹taste blindness이 되는 것만 봐도 향미를 지각하는 데 있어서 후각이 얼마나 중요한 역할을 하는지 알 수 있다. 맛의 80퍼센트는 냄새라고 말하는 사람도 있다. 그 값에 대해서는 의견이 다양하지만 전체적인 메시지는 흡사하다. 맛은 대부분 냄새라는 것이다. 하지만 현재의 이해 수준으로는 향미 지각 능력 중에서 어디까지가 후각에 의한 것인지 정확히 말하기 힘들다. 설사 설명할 수 있다고 해도 섭취하는 음식의 종류에 크게 좌우되므로 현재로서는 그저 후각이 향미에 미치는 영향이 크다고밖에 말할 수 없다.

20세기 대부분의 시간 동안 영국의 소비자들은 비스토 키즈Bisto Kids가 등장하는 광고를 보며 살았다. 비스토 키즈는 고기 그레이비gravy[*]의 감칠맛 나는 향기만 맡으면 넋이 나가는 남자아이와 여자아이다. 아이들은 냄새를 좇아 근원지를 찾아갔다. 비스토 키즈 광고가 영국 요리의 암흑기에 나왔다는 사실을 감안하면 너무 익혀서 흐물흐물해진 채소와 쪼그라든 고깃덩어리가 세 번째로 우려낸 그레이비의 출렁거리는 파도 아래 잠겨 있는 딱한 요리였을 가능성이 크다. 식욕을 돋우는 데는 맛있는 냄새가 중요하지만, 냄새가 향미에 강한 영향력을 행사하는 순간은 음식이 입속에 들어간 이후다. 우리는 보통 냄새라고 하면 전비강성 후각orthonasal olfaction을 생각한다. 이것은 콧구멍을 통해 들어간 공기가 후각수용기에 도달해서 느끼는 냄새를 말한다. 그런데 후각수용기에 도달하는 또 다른 경로가 있다. 냄새가 입의 뒤쪽에서 코인두nasopharynx를 따라 후각상피까지

[*] 고기를 익힐 때 나온 육즙 국물에 밀가루나 전분 등을 넣어서 걸쭉하게 만든 소스 - 옮긴이

도달하는 경로다. 냄새가 뒤쪽을 통해 코에 도달하기 때문에 후비강성 후각retronasal olfaction이라고 부른다. 프랑스의 미식가 장 앙텔름 브리야 사바랭Jean Anthelme Brillat-Savarin은 입에서 코로 이어지는 통로를 '입의 굴뚝'이라고 표현했다. 우리가 음식을 씹으면 음식이 분해되면서 그 향기가 후각수용기로 들어간다. 이런 방식으로 음식을 먹으면서 냄새를 지각하는 것이다.

흥미로운 점은 냄새를 코로 맡느냐, 입으로 맡느냐에 따라 우리 지각이 영향을 받는다는 것이다. 이는 논리적으로 말이 안 된다. 두 방법 모두 같은 감각수용기를 활성화하기 때문이다. 하지만 코로 음식 냄새를 맡을 때는 코에서 경험이 이뤄지고, 음식이 입안에 있을 때는 입을 중심으로 경험이 일어난다. 우리가 향미를 지각할 때 맛과 냄새를 구분하지 않는 것처럼 보이는 이유는 이런 착각으로 설명할 수 있다. 와인을 한 모금 마실 때 온갖 향미가 느껴지지만 맛으로 기여하는 것은 아마도 와인의 강한 산미에서 오는 약간의 시큼함과 약간의 단맛이 전부일 것이다. 나머지는 전부 코에서 온다. 다만 뇌의 장난으로 입속에서 향미가 느껴지는 것처럼 보일 뿐이다. 하지만 완전히 착각만은 아니다. 사람이 코로 '냄새를 맡을 때'와 입으로 '냄새를 맛볼 때'를 각각 스캔해보면 뇌의 활성화 패턴이 다르다. 두리안, 콜리플라워, 블루치즈blue cheese를 기반으로 만든 방향제는 없지만 사람들은 그런 음식을 즐겨 먹는다. 코로 냄새를 맡을 때와 입으로 먹을 때 모두 후각이라는 똑같은 감각이 대부분의 입력을 제공하는 데도 이런 상반된 모습이 나타난다. 우리의 감각 중에 똑같은 자극에 별개의 두 가지 경험을 제공하는 것은 후각이 유일하다.

설명이 굉장히 복잡해졌다. 지금까지 설명한 내용을 요약해보자. 우리가 무언가의 맛을 얘기할 때는 맛 자체만 얘기하는 것이 아니다. 향미의 지각에서 냄새가 지배적인 역할을 한다고 얘기할 때도 실제로는 우리가 코를 킁킁거릴 때 경험하는 냄새를 의미하는 것이 아니다. 그리고 여기 향미 3총사의 마지막 퍼즐이 있다. 바로 화학감수성이다. 화학감수성은 어떤 면에서 미각과 비슷하면서도 다르다. 실제로 해당 화학물질들이 촉각, 통각, 온각에 관여하는 신경로를 자극하므로 화학감수성은 촉각과 공통점이 제일 많다. 이것들 모두 구강 감각의 눈부신 복잡성의 일부다.

우리가 화학감수성을 통해 '맛'을 느끼는 화학작용제 중에 멘톨menthol과 캡사이신capsaicin이 있다. 이 성분은 민트 향미와 매운맛을 낼 뿐 아니라 온도 변화가 전혀 없음에도 온도수용기thermal receptor에서 차갑거나 뜨거운 것을 지각했을 때와 비슷한 반응을 유발한다. 멘톨은 온도에 대한 신경 반응을 단기적으로 변화시켜 열기에는 둔감하고, 냉기에는 민감하게 만든다. 민트사탕을 먹은 후에 입으로 숨을 들이마시면 더 시원하게 느껴지는 것도 그 때문이다. 캡사이신은 반대로 작용해서 평소에 위험할 정도로 뜨거운 열기를 감지하는 수용기에 경보를 울린다. 예를 들어 고추의 매운맛을 맛보면 입이 뜨거운 열에 더 민감해진다. 그래서 매울 때 뜨거운 요리를 먹으면 더 고통스럽게 느껴질 수 있다. 하지만 매운 음식을 자주 먹으면 둔감해지는데 기본적으로 신경 손상에 따른 결과다. 신경 손상은 가역적이므로 사람들을 놀라게 할 정도로 매운 음식을 잘 먹고 싶다면 주기적으로 매운 음식을 먹어줘야 한다.

화학감수성의 개념이 미각보다는 촉각과 더 많은 공통점이 있다는 생각은 고추를 썰던 손으로 화장실에 다녀온 사람이 느끼는 고통에서 가장 잘 나타난다. 하지만 열감을 제공하는 성분이 캡사이신만 있는 것은 아니다. 겨자, 서양고추냉이horseradish, 후추, 생강도 느낌으로 생성되는 열기를 제공한다. 덜 익은 바나나를 먹어본 사람이라면 입안에 주름이 잡히는 것 같은 이상한 감각을 경험했을 것이다. 이런 떫은맛astringency은 타닌tannin이라는 이름의 식물성 화학물질 때문에 유발된다. 덜 익은 과일뿐만 아니라 오랫동안 우려낸 차를 마시거나 포도껍질을 씹을 때도 입안에서 떫은맛이 만들어내는 감각을 느낄 수 있다. 사실 레드와인에서 느껴지는 약간의 떫은맛은 포도껍질에서 나온다. 타닌은 알칼리성이라서 쓴맛이 나지만 타액과 상호작용해 입안의 촉각수용기도 활성화한다. 이와 비슷하게 탄산음료에 녹아 있는 이산화탄소도 타액과 반응해서 탄산carbonic acid을 형성한다. 떫은 맛과 비슷하게 탄산의 느낌 역시 화학감수성을 통해 경험하는 것이다. 탄산음료를 마실 때 느껴지는 혀에서 톡톡 터지는 느낌을 작은 가스방울이 터지면서 생긴다고 상상하는 것도 무리는 아니다. 솔직히 말해 대부분이 그렇게 생각한다. 몇 년 전 과학자들이 사람들을 기압실barometric chamber에 집어넣고 내부 압력을 높인 후 탄산음료를 마셔보라고 했다. 높아진 압력이 거품을 터지지 않도록 막기 때문에 탄산음료의 느낌이 나지 않았지만 탄산의 맛은 여전히 느껴졌다. 탄산이 가볍게 구강을 자극하면, 통각수용기를 통해 감각으로 느껴진 것이다. 김빠진 탄산음료를 떠올려보자. 빠진 김과 함께 음료수를 마시는 재미도 사라지고 맛도 없어진다. 여기서 '맛'이라고 했지만, 당연히 맛이 아니라 향미다. 이 차이는 미묘하면서도 중요하다.

식사만큼 감각을 자극하는 것은 없다. 향미의 지각을 주도하는 감각은 미각과 후각, 화학감수성이지만 촉각과 시각, 청각도 카메오 역할을 톡톡히 한다. 우선 촉각은 음식의 질감을 전달한다. 입안에서 녹는 초콜릿의 감각적인 느낌이나 **하우카르틀** 조각의 고무처럼 질긴 느낌도 촉각에서 온다. 온도감각은 무더운 날 얼음처럼 차가운 음료의 즐거움을 선사한다. 시각도 뇌에 음식의 매력을 더해준다. 신선한 사과를 한 입 베어 물었을 때 아삭거리는 소리는 식욕을 더욱 돋운다. 음식을 먹는 행위는 다양한 양식의 감각을 독특한 방식으로 한데 모은다. 먹는 것은 우리가 누릴 수 있는 가장 다중감각적인 경험이다.

우리는 미각을 입의 전유물이라 생각하지만 다른 동물들은 더 자유로운 접근방식을 취한다. 예를 들어 일부 메기의 몸은 셀 수 없을 만큼 많은 수의 미각수용기로 덮여 있어서, 이들은 사실상 헤엄치는 혓바닥이라 할 수 있다. 메기들이 부디 끝없이 펼쳐진 진흙탕 뷔페를 아주 맛나게 즐기길 바랄 뿐이다. 진흙탕 맛이 무엇이든 간에 단맛은 아닐 것이다. 메기에게는 설탕 분자를 감지할 수 있는 수용기가 없기 때문이다. 곤충은 우리와 좀 다른 수용기를 갖고 있으며, 입이 아닌 다른 기관으로도 맛을 볼 수 있는 능력이 있다. 나비와 파리는 발로 맛을 느끼기 때문에 내려앉는 곳의 화학적 조성을 인식할 수 있다. 나비가 꽃 위에 내려앉는 것은 분명 짜릿한 경험일 것이다. 똥 위에 내려앉은 청파리에게도 같은 말을 할 수 있을지는 의문이지만 말이다. 바비큐 파티의 골칫거리인 모기는 피에 특화된 미각수용기가 무기다. 이것은 다른 모든 감각에도 해당하는 생물학의 한 측면이다. 동물은 자신의 생태학에 영향을 받고, 이들의 감각수용기는 이런 측면을 반영한다.

우리의 미각 영역도 한동안 확장을 이어왔다. 오랫동안 혀가 유일한 미각 기관이라고 생각하다가 입과 목구멍 꼭대기에도 맛봉오리가 있다는 사실이 발견됐다. 최근에는 우리 몸 내부에도 맛봉오리가 가득하다는 것이 발견됐다. 이 발견은 20세기 중반에 시작됐다. 단맛 음료가 입으로 들어왔느냐 혈액 주사로 주입됐느냐에 따라 몸이 다르게 반응한 것이다. 설탕 성분이 장을 통과할 때만 췌장이 인슐린을 분비하기 시작했다. 몸이 실제로 음식을 먹었을 때만 적절히 반응하는 것을 탓할 수는 없다. 하지만 몸은 설탕이 어느 경로로 들어왔는지 어떻게 아는 것일까? 지금 우리가 아는 바로는 창자 속에 있는 미각수용기가 정보를 전달한다. 게다가 소화관뿐만 아니라 폐, 콩팥, 췌장, 간, 뇌, 심지어 고환에도 이런 수용기가 존재한다.

이 수용기는 입에 있는 수용기와 동일하지만 맛봉오리로 조직화돼 있지는 않고, 입안의 수용기처럼 뇌와 상호작용하지도 않는다. 따라서 이런 수용기로부터 향미의 감각을 얻을 수는 없다. 오히려 다행스러운 일이다. 누가 창자에 있는 내용물의 맛을 보고 싶겠는가? 그리고 이것은 우리가 일반적으로 아는 맛도 아니다. 사실 이런 수용기 중에는 아주 이상한 역할을 담당하는 것도 있다. 우리가 무언가 독성이 있는 것을 들이마시면 기도를 안에서 감싸고 있는 섬모라는 작은 털들이 독을 배출하는데, 독성을 처음 감지하는 것이 바로 호흡계의 미각수용기다. 이와 비슷한 방식으로 기도, 창자, 방광 속 미각수용기도 기생충처럼 침입하는 생명체가 분비하는 화학물질을 바탕으로 반갑지 않은 손님들의 존재를 감지한다. 이 수용기들은 조기경보로 면역계에 경종을 울려 기생충을 몸에서 쫓아내려는 충동을 일으킨다.

수용기에는 놀라울 만큼 다양한 기능이 있지만 가장 중요한 임무는 영양분의 존재를 감지해서 그에 대한 몸의 반응을 조직하는 것이다. 창자와 뇌에 있는 미각수용기는 에너지 수준과 포만을 감시하는 일을 한다. 한동안 음식을 섭취하지 않으면 그렐린ghrelin이라는 호르몬의 분비가 촉발된다. 이 호르몬이 우리에게 배가 고프다는 느낌을 준다. 그리고 우리가 독성분을 섭취하면 수용기들이 소화계에 제동을 걸고 유해한 물질이 몸을 통과하는 속도를 늦춤으로써 독성분이 창자에 도달해 혈액으로 스며드는 것을 막는다. 빈속에 술을 마시면 더 빨리 취하는 것도 이와 비슷한 과정을 통해 생기는 결과다. 속을 든든히 채우고 술을 마시면 알코올, 엄밀히 말하면 독소가 위에 더 오래 머물다가 창자로 넘어가기 때문에 흡수 속도가 느려진다.

입을 비롯해 몸 전체에 자리 잡은 미각수용기들은 놀라운 감각 네트워크로 작용하면서 우리가 몸에 부족한 영양분들을 찾아 나서게 만든다. 예를 들어 병에 걸리면 부신adrenal gland에서 코르티솔cortisol의 생산이 줄어들어 혈압이 낮아질 수 있다. 문제를 신속하게 해결할 단기적 해결책이 소금을 섭취하는 것이기 때문에, 이런 증상을 겪는 사람이나 동물은 소금을 갈망하기 시작한다. 이런 갈망은 의식적인 생각이 아니라 내면 깊숙이 자리 잡은 충동이다. 부갑상선과 관련해서도 비슷한 효과를 볼 수 있는데, 이때는 칼슘을 찾게 된다. 혈당이 감소하면 단맛이 엄청나게 당기게 된다. 기근이 닥친 지역에서 배가 부풀어 오른 어린이의 참혹한 사진을 본 적이 있을 것이다. 이는 심각한 단백질 부족으로 간이 커지고 체액이 저류되면서 생기는 결과다. 식량 지원이 이뤄지면 아이들은 다른 것은 다 제쳐두고 곧장 아미노산이 풍부한 수프를 찾아간다. 몸이 스스로 부족한 것이 무엇인지 알고 단백질을 향해 가도록 압박하기 때문이다. 대부분의 사람은 심각한 영양결핍을 겪을 일이 없지만, 여전히 우리는 몸 안에 있는 수용기에 무의식적으로 이끌리고 있다.

후각과 마찬가지로 미각 능력도 사람마다 차이가 크다. 이런 차이는 결국 유전의 문제로 귀결되고, 부분적으로는 각자 가진 맛봉오리의 수와 관련된다. 이른바 '슈퍼미각자supertaster'는 '무미각자nontaster'라고도 불리는 반대쪽 극단의 사람에 비해 맛봉오리의 수가 최고 4배나 많을 수도 있다. 하지만 이런 이름은 오해의 소지가 있다. 무미각자는 맛에 예민하지 않을 뿐 일반적인 맛을 느낄 수 있다. 또 '슈퍼'라고 하니 고감도 미각이 주는 커다란 이점이 있을 듯하지만, 오히려 이 능력 때문에 식사시간이 고통스러울 수 있다. 슈퍼미각자에게 쓴맛은 압도적으로 강하게 느껴지기 때문에 잎채소, 맥주 같은 음료수, 심지어 일부 초콜릿도 입맛에 안 맞을 수 있다. 시드니에서는 커피 맛을 두고 입맛이 까다로운 척하는 사람이 너무 많다. 슈퍼미각자의 입장에서 커피는 견딜 수 없을 정도로 맛이 쓴 음료에 불과하다. 사실 평균적인 미각을 가진 사람들만 커피를 맛있다고 느낄 수 있다. 다음에 누군가를 만나서 카페를 선택할 때 그 사람이 너무 까다롭게 군다면 그런 사정이 있나 보다 생각하자.

자신이 어떤 유형의 미각자인지, 자신의 까다로움이 유전학적 기반에서 나온 것인지 어떻게 알 수 있을까? 제일 간단한 방법은 혀끝에 파란색 식용색소를 살짝 묻혀보는 것이다. 그러면 혀 위에 맛봉오리가 든 작은 설유두papillae가 드러난다. 6밀리미터 직경의 원 안에 설유두가 15개 이상이면 일반미각자taster고, 35개 이상이면 슈퍼미각자다. 좀 더 과학적으로 접근하고 싶다면 검사를 받아보면 된다. 프로필티우라실Propylthiouracil, PROP은 갑상선 기능 항진증을 치료하는 약이다. PROP와 화학적으로 친척뻘 되는 페닐치오카바마이드phenylthiocarbamide, PTC는 색소의 생산을 방해한다. 양쪽 모두 일반적으로 우리가 먹는 음식 속에는 들어있지 않지만, 채소의 쓴맛을 생성하는 화학물질과 비슷하다. 맛이라는 맥락에서 보면 두 성분은 사람이 먹었을 때 전혀 다른 반응을 불러일으킨다. PTC의 속성은 1931년, 화학자 아서 폭스Arthur Fox가 발견했다. 폭스가 실험을 하던 중 우연히 그의 장치에서 미세한 PTC 결정이 피어올랐다. 폭스는 거기서 이상한 맛을 전혀 느끼지 않았지만 동료 한 명이 거기서 강한 쓴맛이 난다며 불평했다. 이런 경험의 차이에 흥미를 느끼고 두 사람 사이의 논쟁을 해결하고자 더 많은 사람을 대상으로 검사하기로 했다. 검사 결과 사람들 사이에 공통점이 없다는 사실을 알아냈다. 어떤 사람은 그 맛을 감지했지만, 어떤 사람은 감지하지 못했다. 이제는 이 현상의 중심에 단일 후각수용기 유전자 TAS2R38이 자리 잡고 있으며, PTC에 반응해서 쓴맛을 느끼는지, 아무 맛도 못 느끼는지는 어느 버전의 유전자를 갖고 있느냐에 달려 있음을 알고 있다. 우리 중 약 3분의 2는 그 성분을 맛봤을 때 쓴맛을 느낀다. 이는 유전적 특성이기에 좀 더 발전된 DNA 감식 기술이 등장하기 전에는 PTC 미각 검사가 기본적인 친자 확인 검사로 사용됐다.

PTC에는 독성이 있어서 요즘은 PTC보다 PROP를 더 자주 사용한다. 미각 검사를 하기에 독성은 이상적인 특성이 아니니까 말이다! PROP 검사는 누가 슈퍼미각자인지 찾아내는 용도로 광범위하게 사용된다. 발표된 연구 결과에 따르면 4명당 1명은 그 맛을 도저히 참을 수 없는 맛이라 느낀다. 오죽하면 어떤 슈퍼미각자가 실험 진행자에게 주먹을 휘두르기까지 했다는 소문도 떠돌았다. 그리고 별다른 맛을 느끼지 않는 사람들이 대략 비슷한 비율로 있다. 나머지 절반은 살짝 쓰다고 느끼지만 압도당할 정도는 아니라고 한다. 결과를 바탕으로 사람을 각각 슈퍼미각자, 무미각자, 일반미각자로 나눌 수 있다. 한 가지 화학성분에 대한 쓴맛 수용기의 반응만으로 그 사람의 미각을 정의하는 것이 극단적으로 보일 수 있지만, PROP 검사에 대한 민감성은 그 사람이 가진 맛봉오리의 수 및 다른 향미에 대한 예민한 지각 능력과 강력한 상관관계를 나타낸다.

내 친한 친구 한 명은 슈퍼미각자다. 오랫동안 그의 친구들은 그가 음식에 까탈스럽다고 생각했다. 하지만 그가 슈퍼미각자라는 것이 밝혀지고 나니 모든 것이 이해됐다. 내가 까탈스럽다고 생각했던 것이 사실은 스스로 통제할 수 없던 것이다. 그는 다른 슈퍼미각자들과 마찬가지로 음식에 소금을 엄청나게 많이 넣는 경향이 있다. 아마도 소금이 쓴맛을 가려주기 때문일 것이다. 게다가 야채와 잎채소도 싫어해서 건강에 불리하다. 소금은 심장질환과 관련이 있고, 식단에 채소가 부족하면 일부 암의 발병 위험도가 높아진다. 반대로 달콤한 디저트를 좋아하지 않는다는 장점도 있다. 내 친구 같은 슈퍼미각자들은 미각이 강화돼 먹을 수 있는 음식이 제한적이므로 음식 메뉴가 지뢰밭이 될 수 있다. 그래서 몸에 좋은 식단을 구성하려면 세심한 계획이 필요하다.

슈퍼미각자처럼 무미각자에게도 고충이 있다. 이들은 상대적으로 둔한 미각에 활기를 불어넣으려 슈퍼미각자가 끔찍하게 여기는 매운 음식을 찾게 되고, 설탕과 지방이 많아서 향미는 풍부하지만 건강에는 좋지 않은 음식에 끌린다. 이런 음식에서 얻는 자극이 다른 음식의 밋밋한 맛을 달래주는 역할을 한다. 무미각자는 슈퍼미각자와는 대조적으로 맥주나 드라이 와인 같은 술을 즐길 수 있고, 입안이 화끈거리는 증류주의 독한 맛도 참고 즐길 수 있다. 어쩌면 당연한 일이지만 이들은 슈퍼미각자들보다 체중이 더 많이 나가는 경향이 있고, 알코올 중독에도 잘 걸린다. 나쁜 뉴스는 거기서 끝나지 않는다. 쓴맛에 대한 민감성이 슈퍼미각자, 심지어는 일반미각자만큼도 없는 사람은 이를 만회하기 위한 방어 메커니즘으로 구토를 더 잘하는 경향이 있다. 안타깝게도 이런 경향은 차멀미처럼 다른 방식으로 발현되기도 한다. 하지만 이런 관계는 백이면 백 그렇다는 것이 아니라 상관관계가 있다는 의미일 뿐이다. 새싹채소를 좋아하고 차에서 메스꺼움을 잘 느낀다고 해서 꼭 무미각자라는 의미는 아니다.

특정 검사만으로 향미에 대한 우리의 지각을 전적으로 정의할 수는 없다. PROP 검사도 우리 입안에 있는 25개의 쓴맛 미각수용기 중 하나의 유전자 변이만 보여준다. 쓴맛의 지각과 맛봉오리 수 사이에 상관관계가 있다고는 하지만 미각에는 수용기 말고도 많은 요소가 작용한다. 맛에 관한 탐정 역할은 맛봉오리가 담당하고 지각을 만드는 힘든 일은 뇌가 도맡아 한다. 어떤 사람은 자극에 대한 반응을 조절하는 뇌 영역이 다른 사람보다 쉽게 흥분한다. 따라서 슈퍼미각자는 수용기가 더 많을 뿐만 아니라, 입력을 해석하는 신경계 부위가 더 민감한 것일 수도 있다. 이런 개념은 혀의 화학적 민감성이 아니라 온도 민감성에 초점을 맞춰 진행한 연구에서 나왔다. 혀의 일부 영역을 점진적으로 섭씨 15도까지 냉각한 후에 체온보다 2도 높은 탐침으로 열을 가하면 이상한 일이 일어난다. 절반 정도의 사람이 온도의 변화를 통해 단맛을 느낀다고 보고한다. 한편 혀를 급하게 냉각하면 쓴맛이나 신맛을 지각하게 된다. PROP 검사를 할 때처럼 이런 이상한 현상을 경험하는 사람은 모든 종류의 미각에 훨씬 민감하게 반응하는 경향이 있다. 따라서 전체적으로 보면 우리의 하드웨어와 소프트웨어, 즉 혀와 뇌에서 등장하는 폭넓은 대규모의 변이가 존재함을 알 수 있다.

데이터를 놓고 겉으로만 보면 4명에게 PROP 검사를 했을 때 슈퍼미각자 1명, 무미각자 1명, 일반미각자 2명이 나올 것으로 기대된다. 하지만 실제 비율은 어떤 인구집단을 조사하느냐에 따라 달라진다. 지금까지 이 책의 내용을 잘 따라온 사람이라면 여성의 미각이 특히 예민하다는 사실이 놀랍지 않을 것이다. 일부 추정치에 따르면 남녀의 미각수용기가 아주 유사함에도 여성이 슈퍼미각자일 확률이 2배나 높은 것으로 나온다. 왜 이런 결과가 나오는지는 아직 밝혀지지 않았다. 남성과 여성의 맛봉오리 수는 비슷해 보이지만 여성의 미각 수용기가 훨씬 예민하게 반응하는데, 이는 호르몬의 활성과 관련이 있다. 예를 들어 에스트로겐은 맛의 지각을 강화하는데, 그 결과 일반적으로 가임기 여성의 미각이 제일 예민하다. 음식에 대한 갈망이 생기고 쓴맛에 굉장히 민감해지는 임신 기간에는 특히 예민해진다. 이런 일이 일어나는 이유는 태아가 발달하는 동안 잠재적인 독소를 피하는 것이 굉장히 중요하기 때문이다. 임신 때문에 좋아하는 음식을 어쩔 수 없이 포기해야 하는 임산부에게 위안이 되지 않을 수도 있지만, 이런 강력한 미각이 아기를 안전하게 지켜주고 있다.

성별이 거의 모든 감각에서 남녀의 차이를 만들어내듯이 나이도 우리가 사물을 경험하는 강도에 영향을 미친다. 요한 볼프강 폰 괴테Johann Wolfgang von Goethe는 침울하게 말했다. "앵두와 딸기의 맛은 어린아이나 새들에게 물어봐야지." 우리의 맛봉오리 속 경비원들은 계속해서 바뀌고 있다. 수용기는 2주마다 폐기되고 새로 보충되기 때문에 우리는 절정의 미각 민감도를 유지할 수 있다. 더군다나 우리의 미각 기관은 인체에서 가장 원기 왕성한 시스템 중 하나다. 엄청나게 매운 음식이나 뜨거운 차로 죽여도 곧 되살아난다. 혀의 표면을 밀어버려도 재생된다. 하지만 미각수용기의 수와 민감도는 나이가 들면서 떨어진다. 그래서 노인은 먹는 재미가 없어졌다고 하소연하거나 음식의 맛을 살려보겠다고 소금을 세 배나 더 많이 넣기도 한다.

반면 태아는 수정이 이뤄지고 4개월만 지나면 미각이 발달한다. 태아는 엄마가 쓴 것을 먹었을 때보다 달콤한 것을 먹었을 때 자발적으로 삼키는 양수의 양이 많아진다. 아기는 태어날 때부터 이미 미각을 완전히 갖추고 나온다. 이는 서로 다른 향미에 대한 신생아의 행동을 연구한 보고서를 봐도 알 수 있다. 아기에게 단맛이나 감칠맛이 나는 물을 주면 우습게도 입맛을 다시며 미소까지 짓는다. 마찬가지 방법으로 신맛이나 쓴맛을 주면 별로 좋아하지 않고, 혀를 내밀거나 눈을 질끈 감는 방식으로 기분을 표출한다. 아기가 소금에 반응하는 능력이 발달하는 데는 시간이 좀 더 걸린다. 생후 4개월까지는 짠맛에 중립적인 반응을 보이다가 4개월이 지나면 맹물보다는 소금물을 더 좋아하기 시작한다.

미각은 아동기를 거치는 동안 계속 발달해서 10대 중반이 되면 맛봉오리가 완전한 크기에 도달한다. 부모들은 잘 알겠지만 그 시기가 오기 전에는 아이들의 입맛이 어른과 다르다. 한 테스트에서는 다양한 농도의 설탕물을 마련해서 사람들에게 좋아하는 농도를 골라보라고 했다. 어른들은 콜라와 비슷한 농도의 설탕물로 수렴하는 경향이 있었다. 사실 청량음료가 어른들의 기호에 맞춘 것이다. 아이들에게도 마음대로 골라보라고 하면 거의 2배나 높은 농도의 단맛을 찾는다. 이 농도 역시 아동을 대상으로 나오는 음식에 있는 설탕 농도와 일치한다. 이런 차이가 나는 이유는 기본적인 생물학 때문이다. 아이들은 신체의 빠른 대사율에 맞추려면 고에너지 음식공급원을 찾아야 한다. 설탕이 통증 반응에 미치는 영향도 아동에게서는 차이가 있다. 아이에게 백신을 맞는 상으로 막대사탕을 주는 것은 여러 국가에서 흔히 사용하는 방법이다. 실제로 도움이 된다는 증거도 많다. 실험 결과 설탕이 어른에서는 볼 수 없는 방식으로 아이들의 통증을 직접 완화해주는 것으로 나왔다. 설탕의 마취 효과는 쥐를 비롯한 다른 포유류에서도 나타난다. 놀라운 점은 비만 아동의 경우 설탕으로 인한 진통 효과나 스트레스 완화 효과가 다른 아이들과 같은 수준으로 나타나지 않는다는 점이다. 결국 비만 아동을 달래려면 설탕의 용량을 늘려야 하는 전형적인 악순환이 이어진다.

방울다다기양배추와 약은 아이들에게는 악몽 같은 존재다. 아이들이 성인보다 쓴맛에 훨씬 민감하기 때문이다. 게다가 아이들이 설탕의 단맛에 사족을 못 쓴다는 점은 현대 식단에서 아주 큰 문제가 되고 있다. 아이가 성인으로 자라 쓴맛에 대한 민감성이 줄어들 즈음에는 이미 건강에 좋지 않은 식생활이 확고하게 자리 잡은 경우가 많다. 더군다나 성인은 소금과 MSG 모두 쓴맛의 일부 요소를 가려주지만, 예민한 어린이의 맛봉오리에는 이런 속임수의 효과가 미약하다. 현재 우리가 알고 있는 한도 내에서는 브로콜리를 먹지 않겠다고 버티는 아이들을 뇌물로 유혹하는 것이 이 문제를 해결할 가장 현실성 있는 방법이다.

사람들 사이에서 나타나는 쓴맛에 대한 내성의 차이와는 상관없이 일부 사람들은 특정 채소와 허브에서 도저히 참기 힘든 맛을 느낀다. 예를 들어 내가 처음 고수를 맛봤을 때 경악했던 끔찍한 느낌은 아직도 잊을 수 없다. 친구의 초대를 받은 저녁 식사 자리였기에 예의를 지키느라 티는 내지 못했지만, 음식에서 비누 냄새 같은 지독한 향미가 느껴져 적잖이 당황했다. 한 입 먹을 때마다 미용실 배수구에서 나온 비눗물로 삶은 닭고기 맛이 나서 정말이지 고역이었다. 고수를 좋아할지, 말지는 이름도 기억하기 쉬운 OR6A2라는 단일 유전자를 어떤 변이로 갖고 있느냐에 달려 있다. 6명 중 1명은 나처럼 이 허브 식물을 싫어한다. 비트beetroot를 보면 코를 막는 사람이 있는 것과 비슷하다. 이런 사람에게는 비트의 맛에서 불쾌한 흙내가 난다. 이번에는 OR11A1 유전자가 범인이다. 양쪽 유전자 모두 미각보다는 후각과 관련이 있지만 각각 특정 향미에 강력한 영향을 미친다.

인종도 미각에서 중요한 역할을 한다. 슈퍼미각자 1명에 일반미각자 2명, 무미각자 1명이라는 비율은 주로 백인을 대상으로 한 연구에서 나온다. 좀 더 다양한 인종으로 범위를 넓히면 상황이 달라진다. 동아시아인들 사이에서는 무미각자의 비율이 불과 10명 중 1명꼴로 나오고, 아프리카계 카리브해인과 아프리카계 미국인 사이에서는 20명당 1명꼴로 낮게 나온다.

이런 패턴의 기원을 명확하게 설명하기는 어렵지만 몇몇 주장이 등장하고 있다. 쓴맛 식물의 화학물질을 대량으로 섭취하면 대사 조절에 중요한 호르몬을 생산하는 갑상선의 작동을 방해할 수 있다. 그래서 이런 식생활을 하는 사람은 갑상선종이 생길 위험이 커지고, 경미한 수준이기는 하나 생식 장애를 일으키거나 때로는 사망에 이르기도 한다. 요즘에는 갑상선종을 비교적 쉽게 치료할 수 있기에 초록 채소를 피할 이유가 없다. 하지만 인류의 역사에서 오랜 기간 우리가 갑상선종을 일으키는 쓴맛 식물의 화학물질을 과도하게 섭취하지 않게 지켜준 것은 쓴맛에 대한 민감성이었다. 확실히는 알 수 없으나 일부 인구집단에서 쓴맛에 대한 무미각자가 상대적으로 드물고, 아이들이 쓴맛을 강하게 느끼는 것도 이것과 연관이 있을 수 있다. 특히 역사적으로 식단에서 채소가 높은 비율을 차지했던 지역은 더욱 그렇다.

중앙아프리카와 서아프리카에서 쓴맛에 대한 반응을 조사한 연구는 식단이 미각의 유전학에 영향을 미치는 선별적 힘으로 작용할 수 있다는 개념을 뒷받침한다. 16세기경 아프리카에 도입된 카사바cassava 등의 전분이 많은 채소는 그 후로 이 지역에 사는 사람들의 식단에서 중요한 역할을 해왔다. 문제는 카사바에 청산가리의 전구물질인 글리코시드glycoside가 있다는 점이다. 요리를 잘하면 카사바를 밥상에 올릴 즈음 농도가 옅어지지만, 쓴맛 수용기 T2R16은 이 맛을 감지할 수 있다. 카사바에서 불쾌한 맛을 느끼는 것도 이 수용기 때문이다. 카사바의 잠재적 독성에도 불구하고 카사바 재배 지역에 사는 아프리카인 중에 글리코시드의 맛에 대한 민감성이 낮은 T2R16 유전자 변이를 가진 사람의 비율이 높으니 참으로 놀랄 일이다. 카사바보다 훨씬 더 위험한 무언가를 맥락에 포함시켜 바라보지 않으면 무척 이상해 보인다. 여기서 무언가는 말라리아를 일으키는 **말라리아원충**Plasmodium이다.

카사바, 특히 그 안에 있는 쓴맛의 화학물질은 말라리아원충의 발달을 방해해서 치명적인 질병의 영향으로부터 사람을 보호한다. 그래서 일부 카사바 변종의 쓴맛을 참아낼 수 있는 능력이 사람의 목숨을 구할 수도 있다.

쓴맛에 대한 반응의 유전학적 기반을 추적하는 것이 연구 주제로 매력적인 이유는, 그에 대한 민감성이 다양하게 나타난다는 점과 잠재적 독성을 피할 수 있게 돕는 근본적 역할을 한다는 점 때문이다. 다른 맛에 대한 반응은 일반적으로 덜 극단적이지만 혈통에 따라 나타나는 흥미로운 패턴이 존재한다. 아프리카와 아시아계 후손들은 백인보다 더 다양하고 폭넓은 맛을 강하게 지각한다. 이는 인종과 쓴맛 감지에 대한 연구 결과와 일맥상통하는 발견이다.

또 다른 연구에서는 우리가 단맛에 어떻게 반응하는지 조사했다. 조사 결과 모두 똑같이 단맛에 열광하지 않고 사람마다 꽤 차이가 나는 것으로 드러났다. 단맛을 아무리 먹어도 질리지 않는 사람이 있는가 하면 어떤 사람은 단맛에 매력을 느끼지 못했다. 어느 인구집단이든 각각의 범주에 해당하는 사람은 꼭 보이지만 전체적인 성향을 보면 동아시아인들은 유럽이나 아프리카 혈통의 사람들보다 단맛을 덜 좋아한다. 다른 성향을 관찰했을 때와 마찬가지로 여기서도 이런 미각 중 어디까지가 유전에 의한 것이고 어디까지가 사람이 자란 문화의 영향을 반영하는 것인지 의문이 생긴다. 결론은 양쪽으로 꽤 비슷하게 나뉜다는 것이다. 부모에게 물려받은 영향도 크지만, 주변 사회에서 받는 영향력이 좀 더 크다. 의학 종사자들은 이런 문화적 요인 때문에 걱정이 많다. 특히 지난 두 세대 동안 입맛과 식습관이 인류 역사상 그 어느 때보다 빨리 변한 서구에서 더욱 그렇다.

1860년, 한 탐험대가 야심차게 멜버른을 떠나 호주의 내륙지역으로 탐험을 떠났다가 결국에는 비극적 실패의 상징으로 역사에 남게 됐다. 이들의 목표는 북쪽으로 3500킬로미터를 여행하며 당시 유럽 정착민들에게는 잘 알려지지 않았던 호주 내륙의 지도를 제작하고, 대영제국의 두 번째로 큰 도시였던 멜버른을 나머지 세상과 연결하는 데 필요한 전신을 설치할 경로를 표시하는 것이었다. 이 탐험대를 이끈 사람은 로버트 오하라 버크Robert O'Hara Burke라는 아일랜드인으로 시에서 경찰로 근무하던 전직 군인이었다. 버크가 탐험대의 리더로 뽑힌 것은 참 이상한 일이었다. 그는 술집에서 집으로 가는 길도 헤맨다는 말이 있을만큼 길치로 유명한 사람이었기 때문이다. 이 임무는 아주 큰 이벤트였다. 8월 20일, 탐험대가 삼나무 식탁과 의자, 욕조, 거대한 징 같은 필수품을 비롯해 20톤이나 되는 장비를 싣고 말, 낙타, 마차와 함께 출발하는 모습을 구경하려고 1만 5천 명이나 되는 사람이 운집했다. 멜버른을 벗어나기도 전에 절반 정도의 마차가 망가졌다. 심지어 그중 하나는 환송식을 치렀던 공원의 경계도 넘어가지 못했다. 하지만 버크와 대원들은 오직 극기심만으로 무모하게 탐험을 이어갔다.

탐험 첫 주가 지나도록 행운이 깃들 기미는 보이지 않았다. 폭우로 길이 진창이 되면서 앞으로 나가기 힘들어지자 버크는 여행 장비 중 상당 부분을 버리고 가라고 명령했다. 그뿐만이 아니었다. 라임 과즙과 설탕을 비롯한 필수 보급품도 버리고 갔다. 버크가 럼주 한 통도 버리겠다고 고집을 부리자 탐험대의 서열 2위였던 조지 랜델스George Landells는 도저히 참지 못하고 이탈해 버렸다. 렌델은 이탈자 중 한 명에 불과했다. 버크의 불 같은 성격 때문에 이들이 멜버른에서 겨우 750킬로미터 떨어진 달링강Darling River의 작은 정착지 메닌디Menindee에 도착했을 즈음에는 절반이 넘는 사람이 일을 때려치우거나 해고당한 상황이었다.

이미 예정보다 몇 주나 지체돼 제일 힘든 구간을 하필 호주 여름의 뜨거운 열기를 뚫고 나아가야 할 상황이었다. 버크는 한편으로는 고의로, 다른 한편으로는 급한 성격 때문에 탐험대의 규모를 계속 줄였고, 아직도 절반의 여정이 남은 상태에서 사람이 4명밖에 남지 않았다. 놀랍게도 점점 줄어드는 보급품과 찌는 듯한 더위에도 이들은 1861년 2월에 호주 북부 해안에 있는 카펀테리아만Gulf of Carpentaria에 도착했다. 이들은 목적을 달성했지만 훨씬 더 큰 문제에 직면했다. 보급품이 거의 바닥난 상태에서 되돌아가는 일이었다.

탐험단을 철수하는 암울한 과정에서 그들은 남아 있던 가축을 잡아 고기를 얻었지만 충분하지 않았다. 이들은 점차 영양부족이 불러온 괴혈병, 각기병, 이질로 쓰러졌고, 결국에는 단 한 명 존 킹John King만 살아서 돌아왔다. 킹이 살아남을 수 있었던 것은 호주 토착 원주민과 관계를 맺은 덕분이었다. 커브와 나머지 사람들은 차마 그러지 못해서 버티는 데 실패했다. 원주민들은 탐험대가 가로질러 갔던 바로 그 지역에서 수만 년을 살아왔기 때문에 그 땅에 대해 속속들이 잘 알고 있었다. 많은 사람이 그곳을 찌는 더위에 그을린 척박한 황무지라 상상하겠지만 실상은 그렇지 않다. 호주의 덤불숲은 풍부한 자원을 보유하고 있다. 찾을 줄 아는 사람에게 이 땅은 풍요로운 식품 저장실이나 다름없었다. 사실상 버크와 다른 사람들은 풍요의 한가운데서 아사한 것이다. 호주 원주민들이 제공한 꿀큰벌레큰나방 애벌레witchetty grub나 호주 밤나방bogong 같은 것들은 익숙지 않은 사람에게는 접근하기 어려운 음식이었지만, 훌륭한 열량 공급원일 뿐만 아니라 탐험대에게 부족했던 비타민 공급원이었다. 이들은 결국 너무 순진하고 비위가 약해서 죽었다고 할 수밖에 없다.

호주의 슈퍼마켓에 가면 신선식품 코너에서 온갖 흥미로운 식재료를 만날 수 있을 거라 상상할 것이다. 호주는 부냐 너트bunya nut, 핑거 라임finger lime, 콴동quandong, 페퍼베리pepperberry, 레몬머틀lemon myrtle 등 놀라운 식품의 원산지다. 이것들 모두 수천 년 동안 토착 원주민들의 식생활에서 중요한 역할을 했다. 또한 호주의 기후에서 재배하기도 알맞다. 하지만 유럽 정착민들은 호주 천연의 맛을 이용하는 대신 자신들의 삶의 방식을 그대로 가져와 이식했고, 자신의 음식 선호도도 그대로 가져왔다. 그들은 밀을 경작하고 소를 키우고 사과를 재배했다. 나중에 들어온 아시아 이민자들 역시 여기에 한몫 더해 청경채, 비터 멜론bitter melon, 하다못해 이렇게 건조한 나라에서 쌀까지 재배하고 있다. 그 결과 호주의 토착 산물들이 전반적으로 퇴출 위기에 이르렀다. 이런 사례와 아울러 오래전부터 인류의 문화에 자리를 잡았던 작물이 계속 우세한 것을 보면 인간의 식생활에서 문화와 전통이 얼마나 중요한지 느낄 수 있다. 이런 문화와 전통은 메뉴의 폭을 제한하는 효과를 낳는다. 워싱턴대학교University of Washington의 연구에 따르면 사람들이 정기적으로 먹는 음식은 30가지를 넘지 않는다고 한다. 이 사실이 미각과는 무슨 관련이 있는지 의문이 생긴다.

유아는 문화권과 상관없이 단맛을 좋아하고, 쓴맛은 싫어하도록 프로그램된 상태에서 태어난다. 하지만 선천적인 기호는 경험을 통해 변화를 겪는다. 우리는 향미에 대해 이른 시기부터 학습한다. 사실 태어나기도 전부터 학습이 일어난다. 프랑스에서 진행한 연구에서 임신한 여성이 출산 2주 전에 섭취했던 음식은 태어난 아기의 음식 선호도에 영향을 미친다는 것을 보여줬다. 이때 임산부들은 아니스 맛 사탕과 쿠키를 먹었다. 태어난 지 3시간밖에 안 된 아기들에게 아니스 냄새를 맡게 해주면 아니스를 먹은 산모의 아기들은 빨려고 드는 반면, 아니스를 피했던 엄마의 아기들은 얼굴을 찡그린다. '엄마가 제일 잘 알아요.'식의 접근방식은 모유 수유를 하는 동안에도 계속 이어진다. 마늘에서 박하, 당근, 치즈에 이르기까지 온갖 향미가 모유를 통해 선명하게 전달돼 아기가 익숙한 맛에 반응하도록 유도한다. 아기들에게 이런 지침 역할을 하는 것은 모유만이 아니다. 분유를 먹은 아기들도 경험을 통해 배우며, 소젖으로 만든 분유를 먹은 아기와 콩 단백질 혹은 가수분해 단백질hydrolysed protein* 기반의 분유를 먹고 자란 아기 사이에서 흥미로운 차이가 생긴다. 소젖과 비교하면 콩 단백질과 가수분해 단백질은 약간의 쓴맛과 감칠맛을 포함한 다양한 향미를 갖고 있다. 그 결과 이런 아기들은 소젖 분유를 먹인 또래 아기들보다 감칠맛 나는 음식으로의 전환을 더 쉽게 받아들이는 경향이 있고, 아동기 후기에도 시큼한 사과주스를 더 잘 마시고, 그 무서운 브로콜리도 더 맛있게 먹는다.

일단 아기가 젖을 떼고 고형식 단계로 넘어가면 만족스럽지 못한 음식에 대해서는 금방 얼굴에 싫다는 의사표시를 한다. 채소를 완고하게 거부하는 상황도 자주 발생한다. 식탁에 앉은 아이들이 온갖 채소 음식을 바닥에 내던지는 모습을 보면 그렇지 않아도 피곤한 부모들이 더욱 절망할 수밖에 없다. 좋은 식사 습관을 들이는 데는 인내심이 가장 중요하다. 아동의 발달기 중에서도 유연한 시기인 생후 4개월에서 2년 사이가 특히 중요하다. 좋아하지 않는 음식이라도 반복적으로 노출해 주면 아이들의 고집을 꺾을 수 있다는 연구 결과가 많다. 말을 듣지 않는 아이들의 성질을 테스트하는 데 온갖 채소와 과일이 사용됐다. 그 결과 부모가 굳게 마음먹고 며칠만 인내심을 보여주면 식습관을 바꿀 수 있다는 일관된 결과가 도출됐다. 아이가 철천지원수 같은 초록색 채소들을 기쁜 마음으로 반겨주지는 않을지언정 부모의 비위를 조금씩 맞추기 시작한다. 행운이 따라

* 복합 단백질을 소화하는 데 어려움이 있는 아기들에게는 이런 분유를 제공하기도 한다.

준다면 결국에는 음식과 관련해서 일종의 스톡홀름 증후군Stockholm syndrome이 생겨 참고 억지로 먹던 것을 진심으로 좋아하게 될 수도 있다. 이것은 의지의 싸움이자, 부모와 자식 간에 일어나는 첫 번째 세대 갈등이 될 수 있다. 이런 입장이 된다면 자신감을 잃지 말길 바란다. 연구에 따르면 어린 시절에 자리 잡은 식습관은 아동기 후기나 그 이후까지도 이어지는 경향이 있다.

다른 동물에 비해 인간은 독립하기까지 굉장히 오랜 시간이 걸리고, 이 시기에는 대부분 부모가 제공하는 음식을 먹는다. 그래서 부모 세대에서 선호하는 입맛이 아이에게도 전해져 문화적 선호도가 확고하게 자리 잡는다. 예를 들어 세계적으로 치즈를 가장 사랑하는 덴마크인들은 한 사람이 1년에 무려 28킬로그램의 치즈를 먹는 데 반해 중국인들은 불과 100그램밖에 먹지 않는 데는 이런 부분도 한 가지 이유로 작용한다. 지역에 따라 남아시아 사람들이 냄새나는 두리안 과일을 좋아하고, 스웨덴 사람들은 삭힌 청어를, 인도 사람들은 신 타마린드tamarind를 좋아하는 이유도 마찬가지다. 또한 식품제조업체가 제품을 어느 국가에 판매하는가에 따라 맞춤형 제품을 내놓는 이유도 여기서 찾을 수 있다. 전 세계적인 베스트셀러 킷캣KitKat은 일본에서는 온갖 맛의 초콜릿바를 판매하는 반면, 프랄린praliine을 사랑하는 유럽인들에게는 헤이즐넛에서 영감을 받아

인질이 납치범에게 오히려 공감과 동조, 긍정적인 감정을 품게 되는 심리적 현상 - 옮긴이

설탕에 견과류를 넣고 졸여 만든 초콜릿 재료 - 옮긴이

만든 제품을 판매한다. 한편 같은 음식이라도 세계 각지에서 다양하게 해석할 수 있다. 서양에서는 바닐라를 디저트나 푸딩에 활용해 단맛으로 인식하는 반면, 동아시아에서는 주로 감칠맛 나는 요리에 첨가하기 때문에 바닐라가 단맛이라는 인식이 없다.

문화적 차이는 특정 음식에 대한 단순한 선호도를 넘어 우리 뇌를 놀라운 방식으로 길들인다. 2000년 필라델피아에 있는 모넬 화학감각센터Monell Chemical Senses Center의 파멜라 달튼Pamela Dalton과 동료들이 진행한 흥미로운 실험은 기대가 우리가 경험하는 향미를 유도한다는 것을 입증했다. 달튼은 미국인 참가자들에게 벤즈알데하이드benzaldehyde의 냄새를 맡게 했다. 이 향기는 아몬드와 체리의 향미가 떠오르는 냄새이며, 서양인의 관점에서 보면 달달한 간식을 연상시키는 냄새다. 하지만 제공된 벤즈알데하이드의 농도가 약해서 냄새에 대해 아주 희미한 인상만을 줬다. 그와 동시에 참가자들에게 순수한 물, 소량의 사카린saccharin이 들어간 물, 또는 소량의 MSG가 들어간 물을 한 방울 줬다. 일반 물이나 감칠맛 나는 MSG 물을 입안에 넣어줬을 때는 참가자들이 벤즈알데하이드에 대해 꽤 중립적인 반응을 보였다. 하지만 최소량의 단맛을 혀 위에 올려줬을 때는 벤즈알데하이드 냄새가 뚜렷하게 느껴졌다. 본질적으로 이들의 뇌는 서로 연관이 있는 두 정보를 연결해서 명확한 지각을 끌어낸 것이다. 더 흥미로운 점은 일본인 참가자를 대상으로 이 실험을 반복했더니 다른 패턴이 등장했다는 점이다. 이때는 MSG 물이 벤즈알데하이드 냄새에 생명을 불어넣었다. 이는 일본에서 아몬드가 일반적으로 단맛보다는 감칠맛으로 인식된다는 사실을 반영하고 있을 가능성이 아주 크다. 뇌 속의 어떤 뉴런들은 후각과 미각의 특별한 조합에 반응한다고 알려졌다. 더군다나 이런 향미의 연관은 살면서 겪었던 경험을 통해 발달한다. 이는 향미에 대한 지각의 형성에 문화가 얼마나 중요한지 보여준다.

문화적 선호와 편애가 미각의 토대를 이루기는 하지만 우리는 평생 향미에 대한 학습을 이어간다. 성인기에 도달하면 치즈나 레드와인 같이 더 강한 향미를 제대로 느끼기 시작하고, 향미에 관한 탐험심이 높아진다. 하지만 중년을 넘어서면 보수적으로 변하기 시작한다. 국가를 이동하는 사람들에 관한 연구를 보면 나이 40세 이후에 다른 문화권에 들어간 사람들은 자기가 알던 것을 고수하는 경향이 있다. 우리가 새로운 음식을 맛볼 때마다 입안에서 바로 미각이 느껴지는데, 그 음식을 소화하는 동안 몸의 나머지 부분에서 오는 대사적 피드백이 그런 미각을 뒷받침해서 해당 음식에 대한 우리의 반응을 형성한다. 우리가 무언가 맛있는 것을 먹거나 마셨는데 몸에서 안 좋게 반응했을 때 가장 강력한 신호가 발생한다. 일례로 나는 몇 년 전에 데킬라를 과음해서 고생한 이후로는 데킬라를 아예 입에도 대지 못한다. 내 뇌가 데킬라를 너무 많이 마셨을 때의 결과를 학습해서 그것을 피하게 된 것이다. 좋아하는 음식도 비슷한 방식으로 학습한다. 다만 그 과정이 더 미묘하게 진행된다. 한 음식의 향미와 대사 결과 모두에 대한 정보가 뇌에서 통합돼 중뇌변연계 신경로mesolimbic pathway 같은 보상 네트워크를 자극하고 우리가 좋아하는 음식을 먹을 때 행복감을 고취해 준다. 이것은 우리의 행동에 영향을 미치는 신경전달물질인 도파민 분비로 이뤄진다. 즉, 음식의 경우 뇌가 선호도의 결정권자 역할을 해서 우리가 그 음식을 다시 찾을 가능성을 조절한다는 의미다.

입맛에 맞는 완벽한 경험을 창조하는 것은 균형의 문제다. 설탕을 예로 들어보자. 단맛을 좋아하는 것은 정도의 문제다. 어떤 음식에 설탕을 첨가하면 더 맛있어지지만 일정 수준을 넘으면 단맛이 오히려 역겨워진다. 사람마다 차이는 있지만 우리는 대략 10퍼센트 정도의 설탕으로 구성된 용액을 좋아한다. 그래서 이것을 '쾌락의 중단점hedonic breakpoint'이라고도 한다. 참고로 소금의 중단점은 대략 0.5퍼센트 정도다. 우리의 중단점은 꽤 일정한 편이지만 여기서도 맥락이 작용한다. 예를 들어 우리는 요구르트의 신맛은 기꺼이 받아들이지만 우유에서 그 정도의 신맛이 나면 당장 싱크대에 버릴 것이다. 사실상 모든 음식이 서로 다른 향미의 혼합으로 이뤄져 우리 몸에 서로 대조되는 반응을 유도하기 때문에 결국에는 나쁜 맛을 좋은 맛과 함께 받아들이기도 한다. 커피나 맥주 같은 음료에는 쓴 성분이 들어있지만 설탕, 우유 등의 영양분이나 기분을 좋게 하는 카페인, 알코올 등의 화학물질과 함께 들어있다. 어떤 면에서 보면 우리는 싫은 맛이 있어도 자기가 좋아하는 맛이 그것을 상쇄해주기 때문에 싫은 맛까지도 함께 받아들이는 것이다. 우리가 좋아하는 맛이 섞였을 때도 상호작용이 일어난다. 현대의 식단, 특히 패스트푸드에는 지방과 소금을 함께 쓸 때가 많다. 그리고 지방이 소금에 대한 지각을 억제하는 역할을 한다는 증거가 있다. 똑같은 효과를 보려면 소금을 더 많이 넣어야 하는 것은 당연하다.

서로 다른 감각 사이의 상호작용은 인간의 감각에 관한 가장 뜨거운 연구 주제다. 특히 미각이 복잡한 화학물질을 배고픈 뇌가 느끼는 향미의 감각으로 번역하는 방식은 아주 중요한 문제다. 수백만 년에 걸쳐 이뤄진 진화는 우리에게 특별히 맛있는 음식을 찾아 나설 수 있는 도구를 맛봉오리의 형태로 제공했다. 설탕, 지방, 소금이 우리 혀를 황홀하게 만드는 이유는 대부분의 역사에서 귀한 성분이었기 때문이다. 지금은 언제라도 저렴하고 쉽게 구할 수 있음에도 뇌는 여전히 이들을 귀하고 반가운 손님으로 대접하고 있다. 이런 성분이 잔뜩 든 음식을 먹으면 뇌는 엔도르핀을 분비하면서 먹는 즐거움과 특정 음식을 연결해 계속 먹고 싶게 만든다. 식품제조업체들은 오래전부터 막강한 내장 메커니즘을 이용할 수 있다면 막대한 상업적 기회가 열릴 거라고 생각했다.

이들은 뇌의 쾌락 시스템을 정교하게 조준하는 작업을 시작했다. 그리고 향미, 특히 설탕, 소금, 지방의 균형을 미국의 심리학자 겸 시장조사원인 하워드 모스코비츠Howard Moskowitz가 '지복점bliss point'이라 부른 지점으로 정확하게 맞춰 놓았다. 지복점은 향미의 감각이 최적화되는 지점이다. 천연 음식에도 이런 성분이 있는 경우가 많지만 패스트푸드처럼 정교하게 맞춤형으로 들어있지는 않아서 즉각적인 쾌감을 얻긴 힘들다. 이런 쾌감 때문에 전 세계적으로 햄버거나 그 비슷한 음식을 파는 가게의 계산대에 발길이 끊이지 않는 것이다.

로알드 달Roald Dahl의 명작 《찰리와 초콜릿 공장》에서 수수께끼의 인물 윌리 웡카Willy Wonka는 '아주 맛있는 휘플 퍼지멜로우의 기쁨Whipple-Scrumptious Fudgemallow Delight'이나 '아주 맛있는 스크럼디드럽티우스 바Scrumdiddlyumptious Bar[*]'처럼 믿기 어려울 정도로 강력한 경험과 맛을 만드는 일에 집착했다. 하지만 실제 패스트푸드 제조업체는 이런 것을 추구하지 않는다. 연구에 따르면 제품의 맛은 너무 강하지도, 너무 약하지도 않아야 한다. 흥미를 돋울 수 있을 정도는 돼야 하지만 너무 강해서 복잡한 맛에 압도되게 해서도 안 된다. 이렇게 해서 패스트푸드는 즉각적이지만 일시적인 감각적 황홀감을 선사한다.

패스트푸드의 또 다른 중요한 측면은 먹을 때의 '입안촉감mouth feel'이다. 예를 들어 이상적인 감자튀김은 겉은 바삭하고 속은 촉촉해야 한다. 이런 질감의 대조가 즐거움을 최대로 끌어올린다. 유화된[**] 음식은 그 즐거움을 입안 구석구석으로 퍼트려 모든 맛봉오리를 흥분시킨다. 초콜릿을 먹는 것이 즐거운 이유는 초콜릿의 녹

[*] 이 두 가지 맛은 로알드 달이 소설에서 아주 맛있다는 의미로 만들어낸 용어다. - 옮긴이

[**] 섞이지 않는 두 액체 사이의 표면장력을 감소시켜 잘 섞일 수 있게 하는 것을 말한다. - 옮긴이

는점이 체온보다 살짝 낮은 36℃ 정도라서 먹다보면 입안에 녹아들기 때문이다. 이와 같은 이유로 패스트푸드는 질감이 너무 강하면 안 된다. 심리학적으로 음식을 먹을 때 오래 씹지 않고 빠르게 삼키면, 뇌는 상대적으로 에너지가 낮은 음식이라 생각해서 계속 더 먹고 싶게 만든다. 패스트푸드 산업은 이런 성향에 꼼꼼하게 맞춰 음식을 공급함으로써 일종의 스위치를 발견한 셈이다. 물론 그 결과 패스트푸드를 다시 찾는 고객이 늘어나고 서구 사회는 비만의 위기를 맞이하게 됐다.

패스트푸드를 좋아하는 성향은 또 다른 은밀한 효과를 낳는다. 감각계는 신속하게 적응하는 경우가 많다. 음식의 맥락에서 설탕, 소금, 지방 성분이 많은 식생활을 하면 그런 성분에 대한 반응이 변한다는 의미다. 구체적인 변화는 첫째, 수용기의 민감성이 떨어진다. 둘째, 미각수용기를 암호화하는 유전자가 하향 조절된다. 예를 들어 식단에 소금이 많이 들어갈수록 그 맛을 덜 예민하게 느낀다는 것이다. 그 결과 기존의 양으로는 맛이 없게 느껴지기 때문에 소금을 더 많이 넣게 된다. 그리고 이런 과정이 계속 이어진다. 이는 일시적인 변화이기 때문에 완전히 가역적이다. 식단에서 핵심적인 향미 중 하나를 제한하면 거기에 더 예민해지기 시작한다. 일란성 쌍둥이를 이용해서 유전적 차이를 통제한 한 연구에서는 지방 성분이 낮은 식생활을 하면 지방 미각수용기의 청사진을 가진 유전자가 더 활발해지는 것으로 나왔다. 어찌 보면 이것은 우리의 미각이 핵심 영양분을 찾는 일에 더 부지런해진다는 의미다. 하지만 쓴맛에서는 우리의 지각이 아주 다르게 작동한다. 우리가 식물을 기본 재료로 한 음식을 많이 먹을 때는 쓴맛이 나는 파이토케미컬phytochemical*을 대량으로 섭취할 가능성이 있다. 이때는 몸에서 쓴맛 수용기의 수를 줄이는 것이 아니라 오히려 늘린다. 이것은 잠재적으로 위험한 식물 화학물질을 막는 미각의 문지기 역할을 다시 한번 보여준다.

향미의 감각과 관련해서는 미각과 후각이 주인공이라 상상하겠지만 다른 감각들이 제대로 조화를 이루지 않으면 상황이 엉뚱하게 돌아갈 수 있다. 로마의 미식가 아피키우스Apicius는 약 2000년 전 '음식은 눈으로 먼저 먹는 것'이라고 했다. 인스타그램 사용자가 올리는 화려한 요리 사진에만 해당하는 이야기가 아니다. 우선, 색상이 강한 음식에서 그만큼 강렬한 향미를 느낀다. 그리고 시각과 미각의 조합이 우리의 예상과 맞아떨어지면 향미에 대한 지각이 강화된다. 사람들은 같은 스무디라도 초록 색소를 넣은 것보다 빨간 색소를 넣은 딸기 스무디가 훨씬 맛있고 달다고 얘기한다. 다른 면에서는 성분이 모두 일치하는 데도 말이다. 시각적 단서와 미각이 일치하지 않으면 이상한 일이 벌어지기 시작한다. 일반적으로 혀는 눈에 보이는 맛을 느낀다. 사람들에게 라임 향미가 나는 음료수에 붉은 색소를 타서 주

* 식물 속에 함유된 화학물질 - 옮긴이

면 체리 맛이 난다고 할 때가 많다.

감각의 기묘함을 보여준 가장 유명한 사례는 2001년에 등장했다. 보르도대학교University of Bordeaux에서 박사과정을 밟고 있던 프레데릭 브로쉐Frédéric Brochet가 화이트와인에 빨간 식용색소를 첨가해서 와인 전문가들에게 장난을 친 것이다. 그의 실험은 두 번에 걸친 시음으로 이뤄졌다. 첫 번째 시음에서 그는 실험 참가자들에게 레드와인 한 잔과 화이트와인 한 잔을 제공하며 향미를 설명해달라고 요청했다. 그들은 레드와인은 '체리cherry', '산딸기raspberry' '강렬함intense' 등으로 표현한 반면 화이트와인은 '꽃향기floral', '상쾌하고 깔끔함crisp' '레몬향lemon' 같이 표현했다. 며칠 후에 전문가들을 다시 불러서 이번에는 두 잔의 화이트와인을 제공했다. 그중 하나는 붉은색으로 보이도록 색소를 탔다. 다시 그 향미를 설명해 달라고 하자 대다수 전문가가 진짜 레드와인을 설명할 때 사용했던 것과 비슷한 용어로 가짜 레드와인을 표현했다. 전문가들은 자신의 실수에 분명 민망한 기분이었겠지만 브로쉐가 의도한 바는 전문가들을 놀리자는 것이 아니라 우리 지각의 근간을 조사하려는 것이었다. 후일담 하나를 더하자면, 브로쉐는 나중에 학계를 떠나 새로운 분야에서 경력을 이어갔다고 한다. 무슨 분야냐고? 물론 와인 양조업이다.

음식에 대한 기대를 끌어내 지각에 영향을 미치는 시각적 단서의 힘은 무척 강력하다. 예를 들면 뇌는 초콜릿을 먹기도 전에 모양만 보고 맛을 예측한다. 둥근 초콜릿은 매끄럽다는 개념을 떠올리기 때문에 단맛이 더 강하고, 쓴맛은 약하며, 크림 같은 느낌이 더 많이 날 것으로 예측한다. 반대로 각진 모양은 복잡하거나 심지어 거슬린다는 느낌을 준다. 이것은 교차식연합cross-modal association의 한 형태다. 즉 한 감각을 이용해서 대상의 질을 평가한 다음 그 질이 다른 감각에 대해 의미하는 바가 무엇인지 해석하는 것이다. 사각형 접시가 인기를 끌지 못한 이유도 이것 때문일 수 있다. 우리는 믿음이 어떤 대상을 즐기는 데 영향을 미친다는 것을 알고 있다. 예를 들면 코카콜라는 코카콜라 컵에 담아 마실 때 더 맛있고, 와인은 비싸다고 믿고 마실 때 더 맛있다. 그렇다면 시각적 단서를 어떻게 선입견과 분리할 수 있을까?

몇 년 전, 전 세계 식당에서 식사에 대한 새로운 접근법이 개발됐다. 지배적 감각인 시각을 식사의 경험과 분리해 고객이 향미에 더욱 직접적으로 집중할 수 있게 하자는 것이 기본 개념이었다. 르 구 뒤 누아Le Gout du Noir('검정의 맛')가 1997년 파리에서 문을 열자 이어서 유럽과 북미지역에서 비슷한 사업체들이 생겨났다. 고객은 완전히 캄캄한 식당에 들어가거나 눈을 가리고 식사를 한다. 효과가 있었을까? 당연한 일이지만 호불호가 갈렸다. 어떤 사람은 향미에 대한 지각이 강화됐다고 했고, 어떤 사람들은 홍보를 위한 판매전략에 불과하다고 말했다. 독일의 실험실에서는 통제된 조건 아래서 실험을 진행했는데, 더 명확한 결론이 나왔다. 어둠 속에서 식사하면 사람들이 식사를 덜 즐겼고, 자기가 무엇을 먹고 있는지에 대한 확신이 떨어졌다. 또 한 가지 놀라운 결과는 눈을 가리고 식사를 한 사람은 평소보다 훨씬 덜 먹었는데도 실제보다 훨씬 많이 먹었다고 생각한다는 점이었다. 결론을 말하자면 이런 경험은 참신한 경험이라는 면에서는 추천할 만하지만, 먹는 즐거움에서 시각이 차지하는 큰 역할을 무시할 수는 없다.

와인을 마실 때 느끼는 맛에는 청각도 한몫한다. 행사장 분위기, 특히 조명과 배경 음악의 변화는 마시는 와인에 대한 시음자의 평가를 크게 바꿔 놓는다. 활기 넘치는 고음의 음악은 시큼한 산미를 더 강하게 느끼도록 하고, 부드럽고 그윽한 음악은 와인의 과일맛을 강조한다. 바꿔 말하면 음악이 와인의 맛에 대한 기대치를 설정하는 데 도움을 준다는 의미다. 맛은 설정된 기대치를 좇아간다. 옥스퍼드대학교의 찰스 스펜스Charles Spence는 교차식연합의 세계적 권위자 중 한 명이다. 스펜스는 2014년 런던에서 열린 식음료 축제의 한 행사에서 음악과 조명이 사람들이 와인을 즐기는 방식에 어떤 영향을 미치는지 탐구해 보았다. 그는 실험 참가자들을 창이 없는 방으로 초대하고 검은 잔에 리오하rioja●를 제공했다. 그다음 음악과 실내조명을 바꿔가며 와인의 맛을 평가해달라고 했다. 그러자 우리의 생각처럼 맛이 일정하지 않고 조건에 따라 바로바로 바뀌었다. 예를 들어 붉은 조명은 와인에서 단맛이 나게 하는 효과가 있는 반면, 초록색과 파란색 조명은 향긋한 느낌을 강조하거나, 과일맛이 두드러지게 했다.

미식가이자 유명 요리사인 헤스톤 블루멘탈Heston Blumenthal

● 스페인 북동부에서 나는 쌉쌀한 레드와인 - 옮긴이

은 기발하고 혁신적인 요리를 선보이고 감각적 디테일에 신경을 쓰는 것으로 유명하다. 그의 요리 중 '바다의 소리Sound of the Sea'는 해초와 모래를 맛있고 완벽하게 모방해서 해변을 먹을 수 있는 형태로 재창조한다. 고객들은 요리와 함께 바닷가 소리를 틀어놓은 아이팟을 함께 받는다. 어떤 사람은 소리를 무시하지만, 이것은 스펜스가 진행했던 연구를 기반으로 나온 아이디어다. 연구에 따르면 사람들은 바다의 소리풍경을 배경으로 하면 음식을 더 맛있게 먹는 것으로 나왔다. 이런 맥락에서 제일 놀라운 사건은 블루멘탈이 그의 가장 유명한 요리인 달걀과 베이컨 아이스크림을 고안한 것이었다. 이 실험의 초기 결과는 기대에 미치지 못했다. 달걀과 베이컨의 맛이 섞여버린 것이 큰 이유였다. 하지만 스펜스의 말에 따르면 여기에 바삭하게 튀긴 빵 조각을 추가한 것이 신의 한 수였다. 빵의 바삭함이 마법처럼 베이컨의 맛을 달걀의 맛에서 분리해 준 덕분에 이 요리가 유명해지는 데 큰 도움이 됐다.

우리는 학교에서 감각이 서로 완전히 별개의 것이라 배우지만 사실은 감각적 혼선이 꽤 자주 일어난다. 이런 혼선은 미각에서 가장 극단적으로 나타난다고 해도 무리가 아니다. 미각은 향미와 같은 말로 통하지만 그 안에서는 우리가 살면서 경험하는 것 중 가장 놀라운 감각적 협력이 일어난다.

# 5

# 피부가 느끼는 세상

SKIN SENSE

피부 접촉은 언어나 감정적인 접촉보다 열 배는 강하다.

피부 접촉은 우리가 하는 거의 모든 일에 영향을 미친다.

촉감처럼 우리를 각성시키는 감각은 없다.

우리는 촉감이 우리 종의 기본이며 핵심이라는 것을 잊고 있다.

— 애슐리 몬태규Ashley Montagu, 《촉각Touching》

사람의 태아는 수정 8주 정도면 대략 강낭콩만 한 크기가 되는데, 이때쯤 이목구비가 드러나며 사람의 꼴을 갖추기 시작한다. 아직 가야 할 길은 멀지만 작은 몸에도 신경 네트워크가 구석구석 퍼져 있다. 첫 번째 주요 감각도 발달해 촉감을 느끼기 시작한다. 이후 6주 정도 지나면 태아는 레몬만 한 크기로 자란다. 막대기처럼 가는 팔다리는 몸통 쪽으로 접혀 있지만 가끔 손과 발을 주변으로 뻗기도 한다. 작디작은 손가락이 탯줄을 잡고 태반의 벽을 건들기도 한다. 태아는 자신의 몸을 탐험하고 가끔 엄지손가락을 빤다. 작은 공간을 함께 차지하고 있는 쌍둥이는 촉각을 통해 탐험할 것이 더 많다. 이들은 이 이른 시기에도 서로를 만진다. 또 한 달이 지나면 쌍둥이들은 더 재미를 붙여서 시간 중 약 3분의 1을 형제를 만지는 데 쓴다. 그리고 자신보다는 쌍둥이 형제를 조사하는 데 훨씬 공을 들인다.

태어나기 전부터 촉각을 통해 상호작용하는 쌍둥이를 보면 촉각이 우리 삶에서 얼마나 중요한지 알 수 있다. 이런 호기심은 태어난 후에도 계속 이어져 아기는 새로 만난 촉각의 우주를 더욱 깊숙이 조사해 나간다. 아기는 물건의 모양과 질감을 촉각으로 느끼면서 뇌 속 뉴런들 사이에 새로운 연결을 구축한다. 이것은 촉각에 국한된 이야기가 아니다. 주변에 있는 물건으로 손을 뻗는 동안 아기는 촉각을 앞장세워 다른 감각, 특히 시각을 발전시키고 통합시킨다. 아기는 손을 뻗어 근처 바닥에 떨어져 있던 제일 밝은 색의 블록을 움켜쥐면서 시각을 조정하고, 3D 세상에서 어떻게 움직여야 하는지 감을 잡고, 나중에 중요하게 작동할 공간 감각을 발달시킨다. 이런 식으로 우리는 촉각을 길잡이 감각으로 삼아 첫 며칠, 몇 주 동안 세상을 탐험한다.

아기들은 세상을 탐험하면서 식별 촉각discriminative touch을 사용해 접촉하는 것들의 형태와 질감을 능동적으로 알아낸다. 지난 몇십 년 동안 우리는 이 감각의 실용적인 면에 집중했으나 최근 또 다른 측면이 있음을 알게 됐다. 정서 촉각emotional touch이라는 것이다. 우리는 포옹과 애정 표시의 중요성을 잘 알고 있었지만, 이 두 유형의 촉각이 별개의 신경 구조를 갖추고 있음은 제대로 알지 못했다. 식별 촉각은 A-섬유Type A fiber라는 고속 신경을 따라 뇌에 신속하게 도달할 수 있도록 배선돼 있다. 반면 정서 촉각은 신경계의 지방도로에 해당하는 C-촉각 섬유C-Tactile fiber를 따라 꾸물거리며 50배 정도 느린 속도로 전달된다.

두 유형의 촉각에서 오는 신호가 뇌에 도달하면 서로 다른 대접을 받는다. 입력한 신호를 처리하는 데 별개의 신경망이 활성화되고 촉각 배치가 이중으로 형성된다. 세상에 대한 정보를 수집할 수 있는 신속 반응 시스템과 누군가 우리를 만졌을 때 작동하는 속도 느린 2차 네트워크다. 식별 촉각이 중요하다는 데 이견은 없지만, 정서 촉각을 전담하는 신경섬유가 3배나 많다는 추정에도 우리는 몸이 정서 촉각에 쏟는 정성을 오랫동안 과소평가했다.

정서 촉각은 우리가 가진 사회적 성향의 토대를 제공한다. 누군가와 서로 만지며 이뤄지는 접촉은 근본적으로 중요하며, 이 감각이 자궁 속에서 발달하는 순간부터 깊은 의미를 갖는다. 우리는 사람을 만나면 주먹 인사, 악수, 포옹 등으로 서로를 환영한다. 등을 두드리며 격려하거나, 안아주며 위로하고, 다정한 키스로 파트너에 대한 사랑을 표현하기도 한다. 이 모든 활동에 참여하는 동안 뇌가 반응하면서 엔도르핀, 옥시토신, 아드레날린의 분비를 분석해 기분과 행동을 준비한다. 촉각을 사회적 상호작용의 핵심으로 만드는 것은 몸과 마음 사이의 근본적인 연결 관계다. 촉각의 즉시성과 친밀성이 인간관계의 토대를 형성한다.

음성언어가 발달하기 전부터 촉각은 주요 소통 수단이었고 오늘날에도 중요성을 유지하고 있다. 우리가 순수하게 촉각만을 이용해서 감정을 얼마나 정확하게 표현할 수 있는지 조사한 일련의 실험에서 참가자들에게 눈을 가린 낯선 사람을 잠깐 만지며 특정 감정을 전달하도록 했다. 그리고 낯선 사람은 상대방이 어떤 감정을 전달했는지 판단해야 했다. 메시지의 해독은 믿기 어려울 정도로 효과적이었다. 특히 사회적 상호작용의 정서적 나침반 역할을 하는 분노, 공포, 사랑, 공감, 감사 등의 감정에서 효과적이었다. 촉각에는 따로 어휘가 존재하지 않는다고 생각할 수도 있지만 우리는 촉각에 굉장히 예민하게 조율돼 있기에 모두 직관적으로 촉각의 언어로 말하고 있다. 우리는 시각, 청각 같은 감각보다 촉각을 과소평가하지만, 촉각은 진화적 기원을 지닌 감각으로 타인과 조화를 이루고 주변 환경과 관계를 맺는 기초를 제공한다.

보잘것없는 동물계에서도 촉각은 중요한 위치를 차지한다. 선충은 생물학의 모형 종, 즉 과학에서 생명의 신비를 연구하는 수단으로 광범위하게 사용되는 간판급 표준 동물이다. 선충은 몸이 거의 투명하고, 40조 개의 세포로 이뤄진 인간과 달리 겨우 1000개 정도의 세포로 이뤄진 단순한 동물이다. 쉿가루 크기보다 작은 이 생명체는 전 세계 실험실에서 레퍼토리가 제한된 행동을 보여준다. 하지만 이 소박하기 그지없는 동물에서도 촉각이 제공하는 자극은 필수적이다. 선충 한 마리를 다른 선충과 물리적으로 상호작용할 수 없는 곳에서 키우면 자라는 속도가 더뎌지고 위험에 대처하는 방법도 배우지 못한다. 촉각의 심오한 기원을 탐구하는 인내심 강한 과학자는 외롭게 사는 선충을 탐침으로 부드럽게 두드리면 원래의 발달 경로를 회복하도록 도울 수 있음을 알게 됐다.

인간과 좀 더 가까운 쥐에 관한 연구를 보면 어미의 사랑과 관심이 새끼들의 건강한 발달에 얼마나 중요한지 알 수 있다. 사랑을 듬뿍 받은, 특히 어미로부터 털 고르기와 애정 표시를 많이 받은 새끼는 잘 적응하는 성체로 발달하는 반면, 보살핌이 부족했던 새끼는 초조하고 불안한 성체로 자란다. 어미의 보살핌을 받지 못한 새끼는 자기 꼬리를 쫓아다니고, 과식하고, 다른 쥐들과 상호작용하는 데 어려움을 겪는다. 나중에 이들도 새끼에게 관심이 부족한 어미로 자라기 때문에 이 문제가 세대를 거쳐 대물림된다. 여기서 한 가지 의문이 든다. 이런 현상이 나타나는 이유는 촉각을 박탈했기 때문일까? 선충의 경우와 마찬가지로 이것을 알아내기 위해서는 사람의 직접적인 개입이 필요했다. 연구자들은 따듯하고 축축한 붓으로 어미가 혀로 새끼를 핥듯 보살핌이 부족한 갓 태어난 새끼들을 쓰다듬었다. 언뜻 사소해 보이는 이런 개입만으로도 어미의 부족한 보살핌으로 인해 발생하는 최악의 효과를 개선하기에 충분했다.

우리와 제일 가까운 유인원 친척인 침팬지와 보노보는 서로 쓰다듬고, 털을 다듬고, 벌레를 잡아주는 데 하루에 최대 다섯 시간이나 할애한다. 이를 두고 벼룩이나 기생충 등으로부터 몸을 보호하기 위한 행동으로만 생각했다면 오산이다. 외모를 가꾸며 허영심을 부리는 것도 아니다. 철저한 털 고르기가 영장류의 위생과 티끌 하나 없는 외모를 유지하는 데 도움이 되는 것은 분명하지만, 털 고르기의 핵심은 사회적 유대를 구축하고 유지하는 것이다. 이들이 서로의 털을 매만지며 스킨십하는 과정에서 사랑의 호르몬이라고도 부르는 옥시토신이 분비되는데, 옥시토신이 친목을 장려해준다. 털 고르기는 유인원의 사회를 하나로 묶는 접착제인 셈이다.

사회적 접촉의 중요성은 인간에게도 그대로 적용되지만, 동물과 비교했을 때 관심도가 훨씬 낮다. 우리는 스킨십이 얼마나 기분을 좋게 하는지 알면서도 적극적이지 못하고 소심하다. 게다가 코비드 19 팬데믹이 사람들을 더 고립시키는 바람에 대인 스킨십은 셰익스피어가 말한 대로 '지키는 것보다는 위반하는 것이 더 명예로운 관습'이 돼버렸다. 접촉이 얼마나 중요한지, 우리 삶에서 이런 측면이 완전히 사라진다면 얼마나 끔찍할지를 보여주는 사례는 역사에서 찾아볼 수 있다.

13세기 신성 로마 제국의 황제 프리드리히 2세는 지식에 대한 갈망이 도덕적 양심보다 훨씬 큰 사람이었다. 수많은 영토를 지배하는 동안 프리드리히는 아담과 이브가 어떤 언어로 소통했을지 궁금해졌다. 그가 아는 한 히브리어, 그리스어, 아랍어, 라틴어 중 하나여야 했지만, 후보 목록을 줄이려면 냉정한 결정이 필요했다. 프리드리히는 몇 명의 아기를 엄마들에게서 빼앗아 엄격히 통제된 환경에서 기르도록 명령했다. 특히 그는 아이를 침묵 속에서 키우게 지시하면 아이들이 말하기 시작할 때 본능적인 언어에 의존할 것이라고 기대했다. 그런데 그보다 더 큰 문제는 아기를 돌보는 데 필요한 가장 기본적인 접촉 외에는 어떤 접촉도 할 수 없도록 금지한 것이었다. 실험을 마친 결과, 원래 풀고자 했던 의문과는 전혀 상관없지만 한 가지 극적인 사실을 알게 됐다. 아기들을 잘 먹이고, 잘 씻겼음에도 신체적 접촉과 스킨십이 사라지자 재앙을 낳았다. 사람과의 스킨십을 박탈당한 아기들이 하나, 둘씩 앓다가 죽고 만 것이다.

그리 신성하지 못한 신성 로마 제국 황제의 실험은 현대에 들어선 이후, 1989년에 루마니아의 독재자 니콜라에 차우셰스쿠Nicolae Ceauşescu가 몰락한 후에 발견된 충격적인 아동 방치 사건에서 반복됐다. 모든 종류의 피임을 금하고 자식이 없는 사람에게 세금을 매기는 정책으로 출산율이 급증했고, 그에 따라 국가에서 운영하는 고아원으로 고아들이 쏟아져 들어왔다. 이 고아원에서는 아이들에게 순순한 복종을 강요하며 폭행과 구타를 가했다. 그중에서도 최악은 방치였다. 방치는 눈에 보이는 상처를 남기지는 않지만, 관심과 사랑, 자극의 굶주림으로 더욱 깊고 아픈 상처를 남길 수 있다.

차우셰스쿠 정권의 몰락 이후 아동보호시설을 찾아간 의료진과 인도주의 활동가들은 **사실상** 감옥이었던 유아용 침대의 창살로 손을 내밀던 아기들에 관해 이야기했다. 아기들의 상당수는 그 어떤 형태의 애정도 경험하지 못해 그런 애정을 갈망하는 것 같았다. 하지만 안아주려고 들어 올리면 저항하고 몸부림쳤고, 내려놓으면 그 순간 또 안아달라고 떼를 썼다. 사람과 사람이 포옹하는 기본적인 상호작용을 이 아이들은 도저히 이해할 수 없는 듯했다. 일단 그 지옥 같은 상황에서 구조된 이후에도 타인과 유대감을 형성하지 못해 고생하는 아이가 많았다. 이들은 그간의 경험을 통해 뇌의 해부학에 영향을 받아 우리 삶의 근간을 이루는 정서적 연결이 아예 결여돼 있었다. 그 이후로 시간이 지나면서 루마니아 고아들의 상황은 여러 면에서 개선됐고, 지금은 대부분 중년의 나이에 접어들었다. 하지만 방치의 상처는 아직 완전히 치유되지는 않은 채 그들 가슴에 새겨져 있다.

차우셰스쿠의 고아원에서 벌어진 끔찍한 일들이 세상에 알려지기 10년 전쯤 콜롬비아에서는 다른 유형의 위기가 일어나고 있었다. 보고타의 산후안 데 디오스 병원San Juan de Dios Hospital 산부인과를 담당한 소아과 의사들은 급증하는 조산아들을 감당하기 어려워 고군분투하고 있었다. 전 세계적으로 신생아 여덟 명 중 한 명이 조산아였다. 조산아는 출산예정일보다 적어도 3주 정도 앞당겨 태어나는 것을 말한다. 조산아들은 체중이 가볍고, 발달이 완전하지 못하고, 정상 체온을 유지하기도 어려워 더 위험하다. 의학적 개입, 특히 인큐베이터 등은 큰 도움이 되지만 보고타의 의사 에드가 레이Edgar Rey와 헥터 마르티네즈Hector Martinez는 인큐베이터를 충분히 확보할 수 없었다.

레이는 우연히 캥거루가 자몽 크기 정도의 어린 새끼를 낳아 세상과 맞설 수 있을 정도로 충분히 커질 때까지 어미의 주머니 속에 머문다는 글을 봤다. 레이는 인간 조산아와 비슷한 상황임을 재빨리 알아차리고 영감을 얻어 캥거루식 미숙아 돌보기kangaroo care라는 방식을 개발하게 됐다. 레이와 마르니테즈는 인큐베이터 부족으로 생긴 문제를 해결할 단순하면서도 효과적인 해법을 찾아냈다. 엄마가 아기를 가슴에 단단히 감싸 안아 서로 피부를 맞대고 있도록 한 것이다. 이런 긴밀한 피부 접촉 덕분에 조산아의 체온을 따듯하게 유지하는 효과를 얻었지만 캥거루식 미숙아 돌보기의 이로움은 체온에서 그치지 않았다.

현재는 엄마와 아기 사이의 직접적인 피부 접촉이 신생아에게 놀라울 정도로 많은 이로움을 준다고 알려졌다. 수면 패턴이 개선되고, 모유 수유를 더 일찍 시작해 체중도 더 빨리 불어난다. 게다가 (어찌 보면 당연한 얘기지만) 울기도 덜 운다. 엄마*가 안아주는 단순

* 아빠 역시 이런 행동에 참여할 수 있다는 증거가 충분히 나와 있다. 다만 엄마를 대상으로 한 연구만큼 광범위하게 연구되지 않았을 뿐이다.

한 행위만으로도 스트레스의 핵심 호르몬인 코르티솔 수치가 떨어진다. 이런 행위는 똑같은 방식으로 엄마에게도 이롭게 작용한다.

부모가 아기에게 계속 달라붙어 있어야만 하는 것은 아니다. 매일 몇 분씩만 헌신적으로 스킨십해도 인상적인 결과를 얻을 수 있다. 마이애미대학교University of Miami의 티파니 필드Tiffany Field의 연구는 생후 초기에 스킨십 치료tactile therapy를 받은 조산아들은 그렇지 못한 아기들과 비교했을 때 약 50퍼센트가량 체중이 더 늘어난다는 것을 발견했다. 더 나아가 스킨십은 조산아들이 직면하는 가장 걱정스러운 문제 중 하나인 뇌의 발달 저하 문제를 완화한다. 영상 연구에 따르면 스킨십 치료를 받는 아기들의 주요 뇌 영역에서 활성이 증가하고, 그 효과는 불안정한 생후 초기를 넘어서까지 유지된다. 만 10세가 됐을 때 아기 시절에 피부 대 피부 접촉으로 혜택을 본 아이들은 스트레스에도 더 잘 대처하고, 잠도 더 잘 자고, 인지 능력도 다양하게 개선되는 것으로 나타났다.

아기는 기회가 생길 때마다 약간의 스킨십이 어떻게 도움이 되는지 부모에게 자연스럽게 알려준다. 어른이 바라보며 웃어주고 소리로 놀아준 아이와 그렇게 하면서 동시에 다리와 발을 함께 쓰다듬어 준 아이의 행동을 비교해 보면 명확한 결론이 나온다. 방정식에 스킨십이 더해졌을 때 아기는 더 많이 웃고, 더 많이 옹알이하고, 훨씬 덜 울었다. 아기와 놀아줄 때는 얼굴에 표정을 짓고, 말을 걸면서 놀아주는 것이 기본 옵션이지만 진짜 마술은 스킨십에서 나온다. 이것은 어른이 돼서 사람과 만나는 방식과는 큰 대조를 이룬다. 많은 이가 만나면 본능적으로 껴안고 포옹하지만, 최근까지도 스킨십이 갖는 깊은 의미를 제대로 이해하지 못했다.

두 종류의 촉각을 구분했으니, 피부도 두 종류가 있다는 점을 함께 지적해야겠다. 우리 몸은 대부분 모피毛皮, 즉 털 있는 피부hairy skin로 덮여 있다. 분명히 말하지만 그렇다고 해서 우리가 숲속에 사는 야수 같은 털가죽을 갖고 있다는 의미가 아니다. 모낭이 있는 피부를 말하는 것이다. 인간의 털은 간신히 알아볼 수 있는 정도다. 다리, 몸통, 팔, 머리는 털 있는 피부로 덮여 있고 손바닥, 발바닥, 젖꼭지, 성기관의 일부 등 몇몇 곳만 털 없는 평활피부glabrous skin로 덮여 있다.

각각의 피부 유형은 촉각에서 특정한 역할을 담당한다. 평활피부는 민감한 수용기들이 풍부하게 분포하고 있다. 이는 촉각을 통해 세상을 탐험할 때 우리가 손을 능동적으로 활용하고, 섹스가 재미있게 느껴지는 이유이기도 하다. 이와는 대조적으로 털이 있는 피부는 사물을 능동적으로 만져서 느끼는 용도로 사용되는 경우가 드물다. 대신 무언가가 우리에게 와 닿는 순간에 그것을 알리는 역할을 주로 한다. 심지어 부드러운 미풍처럼 실체가 분명하지 않은 것을 느낄 수 있게도 해준다. 미풍은 우리 얼굴에 있는 작은 털을 날려서 모낭 그 자체에 분포하는 신경말단을 흥분시킨다.

털 있는 피부는 식별 촉각의 용도로는 그다지 가치가 없지만 무언가가 몸에 와 닿는 것에 대해서는 강하게 반응한다. 사랑하는 이가 목이나 등을 부드럽게 어루만지는 말초적인 경험이 아니라 우리 몸이 대비하는 경험 중 하나다. 털 있는 피부의 수용기들은 동적인 자극에 특히 민감한데, 이는 운동으로 활성화된다는 의미다. 붓이 달린 로봇 팔을 이용한 일련의 실험에서 참가자들을 쓰다듬어 본 결과 연구자들은 최대의 즐거움을 끌어내는 완벽한 쓰다듬기 속도가 있음을 밝혀냈다. 너무 느리거나 너무 빠르면 유쾌한 감각으로 인식하지 않지만 초속 3~5센티미터 속도로* 쓰다듬으면 기계가 한 것이라도 대부분 황홀감을 느낀다. 심박수가 느려지고, 혈압이 낮아지며 긴장이 풀리는 기분을 느낀다. 이와 동시에 우리 뇌는 천연 진통제와 오피오이드opioid**를 분비해 따듯하고 편안한 느낌을 준다.

이런 효과는 더 오래 지속될 수도 있다. 긴밀한 신체 접촉을 즐기는 사람들은 더 행복해질 뿐만 아니라 더 건강하고, 면역계도 더 강화된다. 촉각적 상호작용은 사랑스러운 포옹부터 핸드폰을 보면서 엘리베이터에서 내리는 누군가와 부딪히는 것까지 온갖 형태로 나타날 수 있다. 우연한 접촉을 제외하면 신속하게 유대감을 구축하는 방법으로 가장 효과적인 수단이 촉각이다. 낯선 사람과의 순간적 접촉은 예상치 못한 방식으로 상대방에 호감을 느끼게 만든다. 오래

* 어떤 자료에서는 초속 1~10센티미터로 넓게 잡기도 한다. 따라서 오차범위가 꽤 넓다.

** 아편유사제를 말하며 오피오이드 수용기와 결합해서 작용하는 물질을 총칭하는 것 - 옮긴이

전부터 누군가가 팔을 건드리면 그 사람이 무엇을 요청하든 따르게 된다는 얘기가 있었을 정도다. 이와 같은 의견에 공감하지 못하는 사람도 있을 것이다. 우리 중 약 4분의 1은 접촉을 싫어하지만, 나머지 다수에 대해서는 데이터가 명확하다. 길을 가던 중 잠시 설문조사원과 이야기를 나누거나, 상점에 들어가다가 점원의 인사를 받는 등 온갖 종류의 시나리오에서 잠깐의 신체 접촉은 우리 내면의 따뜻한 마음을 해제하는 열쇠로 작용한다.

프랑스 식당에서 진행된 간단한 실험에서 웨이터가 음식을 전달하며 손님의 팔뚝을 살짝 건드렸더니 건드리지 않은 손님보다 식사를 더 즐기고 더 많은 팁을 주는 것으로 나왔다. 하지만 긴장을 풀고 있을 때는 유쾌하게 느껴지는 스킨십이라도 짜증이 난 상태에서는 오히려 화를 부추길 수 있다. 팁을 더 많이 받아보려는 웨이터라면 '모 아니면 도'와 같은 스킨십을 시도하기 전에 상황을 꼼꼼히 파악하는 것이 좋다.

이 현상은 스포츠 세계로도 확장된다. 배구나 복식 테니스에서 팀 선수들은 득점할 때마다 엄청난 양의 스킨십을 나눈다. 랠리를 이겼느냐 졌느냐에 따라 승리의 하이파이브일 수도 있고, 분위기가 가라앉은 포옹이 될 수도 있다. 심지어는 뛰어올라 가슴 부딪치기chest bump나 다른 열정적이고 자유로운 스타일의 스킨십이 될 수도 있다. 절제된 영국 관객이 보기에는 이런 행동이 조금 과해 보일 수 있지만 과학이 전하는 얘기는 다르다. 2008년에 캘리포니아대학교 버클리캠퍼스의 마이클 크라우스Michael Kraus와 동료들은 NBA 농구

시즌 초반에 팀 선수들 사이에서 이뤄지는 스킨십의 양을 꼼꼼하게 측정했다. 그런 다음 팀의 실력 같은 다른 변수를 통제한 후에 시합에서 스킨십의 빈도가 선수와 해당 팀의 시즌 성적을 얼마나 잘 예측하는지 조사했다. 놀랍게도 강한 상관관계가 있다는 결과가 도출됐다. 스킨십이 많을수록 성적이 더 좋았던 것이다.

어째서 그럴까? 스킨십은 관계를 구축하는 데 반드시 필요한 촉매제다. 스킨십은 다른 사람을 향해 따듯한 마음을 갖게 만들어 더 쉽게 협조하게 만든다. 동시에 스트레스를 가라앉히고, 수행 성적에 대한 불안감도 낮춘다. 뇌섬엽은 감각을 처리하고 형성하는 데 중요한 역할을 한다. 우리가 누군가를 만지거나, 누군가가 나를 만지면 뇌섬엽이 활성화된다. 그 촉각의 몸짓이 적절한 것이면 긍정적인 감정을 형성하고, 유대감을 강화하고, 신뢰를 구축하는 데 도움이 된다.

몇 년 전 한 유명한 연구에서는 과학의 이름으로 전기충격을 받겠다고 자원한 기혼여성의 반응을 조사했다. 이 절차를 거치는 동안 남편이 손을 잡아주거나, 잘 모르는 남성 연구자가 손을 잡아주거나, 아무도 잡아주지 않은 상태에서 실험이 진행됐다. 실험 대상인 여성에게는 뇌 촬영 영상 장치를 연결해서 여성이 전기충격 직전의 두려움과 전기충격 직후의 불쾌감에 얼마나 효과적으로 대처하는지 살펴봤다. 그 결과 손을 잡아주는 것이, 특히 남편이 손을 잡아주는 것이 여성의 불안 수준을 극적으로 낮추는 것으로 밝혀졌다. 더군다나 부부 사이 관계의 질이 결정적 요소로 작용했다. 서로 가깝다고 느낄수록 효과가 강력했다. 따라서 스킨십이 꼭 무차별적으로 이롭게 작용하는 것은 아니다. 스킨십 효과는 주체가 누구인지에 따라 달라진다.

하이파대학교University of Haifa의 파벨 골드스타인Pavel Goldstein과 동료들은 이 패러다임을 재검토했다. 이번에는 양쪽 부부 모두에게 뇌전도EEG 장치를 연결해서 뇌 활성 패턴을 확인했다. 이들의 가설은 특정인에 대해 더 가깝다고 느낄수록 공감을 더 잘하고, 상대방의 고통도 더욱 잘 공감하리라는 것이었다. 측정하기 쉽지 않은 부분이지만 다른 누군가와 깊이 공감하면 각자의 뇌에서 나타나는 활성 패턴이 일치하는 경향이 있다는 아이디어가 흥미롭다. 이것은 뇌 동기화brain-to-brain coupling라고 불리며 상호 공감과 이해의 토대라고 주장돼왔다. 아니나 다를까 실험적으로 한 사람에게 고통의 자극을 가하자 당사자의 뇌에서 일어나고 있는 일을 그대로 반영해서 배우자의 뇌에서도 활성 변화가 나타났다. 더군다나 두 배우자 사이의 뇌 활성이 가깝게 동기화될수록 고통받는 사람은 배우자의 손을 잡는 단순한 행위만으로도 통증 완화 효과를 더 크게 얻었다.

우리 삶에서 촉각이 중심을 차지한다는 것은 우리가 사용하는 단어에도 반영돼 있다. 우리는 자신의 느낌을 묘사할 때 '감정과 맞닿아 있다in touch with one's feeling'라고 표현한다. 그리고 누군가와 만나는 것을 '접촉하다get in touch'라고 말한다. 누군가가 자신을 짜증나게 하면 '거슬린다grate on(비벼 부스러뜨리다)'나 '부아를 돋우는abrasive(살갗을 벗기는)'이라는 표현을 사용한다. 예민한 사람을 보면 '민감하다thin-skinned(피부가 얇다)'라고 하는 반면, 인간관계에서 노련하지 못한 사람은 '냉담하다callous(피부가 굳어 못이 박히다)' 또는 '눈치가 없다tactless('tact'는 옛말에서 '촉각'의 의미로 사용됐다. 따라서 tactless는 촉각이 없다는 뜻)'라고 표현한다. 이들 모두 피부나 촉각과 관련된 은유적 표현이다. 이외에도 몸이 불편할 때는 '감촉이 꺼칠꺼칠하다feeling rough', 누군가 또는 무언가가 매력은 있지만 만족스럽지는 못할 때는 '알맹이가 없다lacking substance(여기서 substance는 직물 따위의 바탕을 의미. 촉각으로 만져봤을 때 옷감이 얇음을 나타낸다)'라고 표현한다. 사랑이 넘치고 관대한 사람은 '부드럽다soft'나 '따듯하다warm'라고 표현하고, 반대로 공감력이 낮은 사람은 '딱딱하다hard'나 '냉정하다cold'라고 표현한다. 이처럼 우리가 사용하는 언어에 촉각과 관련된 개념이 많은 것을 보면 생각을 빚어내는 촉각의 심오한 능력이 언어에 반영된 것은 아닌지 자못 궁금하다.

2010년에 MIT의 조슈아 애커만Joshua Ackerman이 이끄는 연구진은 우리의 촉각 경험이 판단에서 어떤 역할을 하는지 조사했다. 이들은 일련의 기발한 시나리오를 고안했는데, 각각의 시나리오에서는 촉각의 한 가지 측면을 조작해서 그것이 사람들의 관점에 영향을 미치는지 확인했다. 첫 번째 시나리오에서는 아무것도 모르는 참가자들에게 입사 지원서에 적힌 이력서를 보고 판단해 보라고 했다. 여기서 일부 이력서는 무거운 클립보드에 붙여서 보여주고, 일부는 조잡한 클립보드에 붙여서 보여주는 트릭을 사용했다. 놀랍게도 무거운 클립보드에 붙인 이력서를 읽은 사람은 그 입사지원자를 전체적으로 더 진지하고 나은 사람으로 평가했다. 하지만 그 지원자를 꼭 호감 가는 사람으로 여긴 것은 아니었다. 이것 모두 '무게 있는 weighty'이라는 단어를 성실성, 근엄함을 비유하는 용도로 사용하는 것과 일치한다.

이어서 연구진은 참가자들에게 두 가상의 인물이 만난 이야기를 읽고 그들의 대화에 관한 생각을 말해달라고 했다. 이번에는 참가자들에게 읽기 테스트 직전에 마무리해야 할 퍼즐 과제를 줬다. 일부 참가자에게는 거친 사포로 코팅된 퍼즐을 줬고, 일부에게는 매끄러운 조각으로 된 퍼즐을 줬다. 그랬더니 퍼즐 조각의 질감이 평가에 영향을 미치는 것으로 나왔다. 거친 퍼즐 조각으로 과제를 수행한 사람들은 가상의 두 인물 사이의 관계가 사포처럼 거칠고 힘들었다고 결론지었다.

에커만과 그의 동료들은 비슷한 접근방식을 이용해서 딱딱한 물체와 부드러운 물체를 만져보는 것이 관점에 영향을 미치는지 확인했다. 이번에도 역시 단단한 물체를 쥐고 있던 사람들은 부드러운 물체를 만지작거렸던 사람들보다 가상의 인물을 더 엄격하고 근엄한 사람으로 판단했다. 마지막 실험적 상황에서는 참가자들을 자동차 입찰에 참여시켰다. 입찰자가 된 이들은 첫 제안을 거절당하고 새로 제안하라고 요청받았다. 참가자들은 두 가지 서로 다른 조건에서 테스트를 받았다. 한 그룹은 딱딱한 의자에, 다른 한 그룹은 쿠션을 댄 푹신한 의자에 앉게 한 후 자동차 입찰을 진행했다. 그 결과 푹신한 의자에 앉는 경험이 입찰자의 행동을 더 유연하게 만든 것으로 나왔다. 참가자 양쪽 집단 모두 입찰가를 올렸지만 푹신한 의자에 앉았던 사람들이 딱딱한 나무 의자에 앉았던 사람들보다 평균 40퍼센트 정도 높은 입찰가를 불렀다.

종합하면 이 결과들은 우리가 촉각의 경험에 무의식적으로 영향받을 수 있음을 암시하고 있다. 마찬가지로 따듯한 음료를 들고 있을 때는 차가운 음료를 들고 있을 때보다 사람들에게 더 따듯한 느낌을 받는다. 바꿔 말하면 우리가 일상생활에서 사용하는 물질적 비유가 우리의 생각과 행동에서 직접 등장하는 것이라 볼 수 있다. 무언가 거친 것을 만지면 우리의 태도도 거칠어지고, 딱딱한 것을 만지면 판단도 더 엄하게 내리는 식이다. 이것은 감각이 관점을 만들어 낸다는 것을 보여주는 특이한 사례다.

촉각은 우리 몸에서 가장 크고, 가장 많은 기능을 담당하는 기관인 피부의 영역이다. 우리 몸은 약 2평방미터 정도의 피부로 덮여 있고, 이 피부는 생각보다 무거워서 총 몸무게의 6분의 1 정도를 차지한다. 피부는 우리와 바깥세상 사이의 경계를 이루고 있다. 피부는 수많은 병원체에서 우리를 보호하고, 체온을 단열하고, 그 안에 담긴 소중한 체액이 밖으로 빠져나가지 않게 막아준다. 하지만 피부가 단순히 덮개나 장벽의 역할만 하는 것은 아니다. 피부는 하나의 거대한 감각기관이다. 피부를 구성하는 여러 층 속에는 일련의 다양한 감각 수용기가 자리 잡고 있고, 유형에 따라 서로 다른 과제를 담당한다. 이런 수용기들이 있어서 우리는 피부를 누르는 압력이나 진동, 가려움, 간지럼 등을 느낄 수 있다. 촉각에는 여러 가지 유형이 존재하지만 우리는 이 모든 것을 한 가지 지각으로 경험한다. 이는 네 가지 서로 다른 유형의 수용기 사이에서 일어나는 상호작용에서 비롯된다.

촉각 중에서도 가장 예민한 감각은 피부 표면 바로 아래 있는 달걀 모양의 수용기인 메르켈 세포Merkel cell에서 나온다. 우리가 손가락을 물체에 대고 쓰다듬거나, 무언가를 손에 쥐고 있을 때는 예민한 촉각 중 상당 부분을 이 세포가 담당해서 우리가 건드리는 모든 것에 대해 정교한 피드백을 제공한다. 이들은 믿기 어려울 정도로 예민해서 피부가 1마이크론*만 움직여도 감지할 수 있다. 이는 머리카락 굵기의 1백분의 1도 안 되는 길이다. 이런 민감성에는 메르켈 세포가 다른 어떤 수용기보다도 피부 표면과 가까운 곳에 있다는 사실도 한몫한다. 메르켈 세포는 몸 전체에 분포돼 있지만 우리가 미세한 촉각을 느낄 때 제일 많이 사용하는 부위에 집중돼 있다. 예를 들어 손가락 끝에는 이 작은 수용기가 피부 1평방 밀리미터마다 무려 100개 정도로 빽빽하게 들어차 있다. 또한 이 수용기는 느린 적응

* 1마이크론이나 1마이크로미터는 1밀리미터의 1천분의 1이다.

slow-adapting 수용기로 알려져 있다. 무엇을 만지고 있든 간에 상황에 대한 업데이트를 꾸준히 제공한다는 의미다. 예를 들어 손가락으로 키보드 자판을 쭉 훑을 때 키의 가장자리를 느낄 수 있는 것은 메르켈 세포 덕분이다.

메르켈 세포가 이처럼 느리게 적응하는 속성이 있다는 것은 우리가 만지는 모든 것에 대해 지속적으로 실황을 중계한다는 의미다. 피부 속에 살짝 더 깊게 자리 잡은 마이스너 소체Meissner corpuscle도 부드러운 촉각gentle touch이라는 것에 기여하고 있다. 마이너스 소체의 핵심 임무는 피부를 누르는 움직임을 감지하는 것이지만 빠른 적응력fast-adapting 때문에 상황에 변화가 있을 때만 우리에게 알린다. 의자에 앉아 있는데 그 의자가 계속 느껴진다거나, 등에 닿은 옷감이 계속 느껴진다면 정신이 산만해질 것이다. 마이스너 소체는 변화가 있을 때만 알려줌으로써 일종의 '필요한 것만 알기' 접근방식을 취한다. 계속해서 불필요한 정보를 우리에게 쏟아내는 대신 필요한 것만 알게 하는 식으로 균형을 잡는 것이다. 메르켈 세포와 마찬가지로 마이너스 소체도 촉각에 광범위하게 사용하는 영역에 집중적으로 분포하고 있고, 이들이 수행하는 중요한 역할 중 하나는 손의 악력을 세밀하게 통제하는 것이다. 그래서 만약 유리잔을 너무 느슨하게 잡아서 손가락 사이로 미끄러지기 시작하면 우리는 본능적으로 악력을 높일 것이다.

메르켈 세포와 마이스너 소체 두 가지가 결합해서 정교한 감도의 촉각, 즉 미시 척도의 촉각 세계에 관한 지각을 제공해 준다. 이 각각의 수용기는 수용야receptive field가 작다. 즉 피부와 접촉한 세상을 고해상도로 선명하게 초점 맞춰서 느낄 수 있다는 뜻이다. 하지만 팀워크가 없다면 촉각은 아무것도 아니다. 중요한 역할을 하는 또 다른 수용기가 존재한다. 파시니안 소체Pacinian corpuscle는 피부 깊숙한 곳에 묻혀 있는 다층의 두툼한 감각수용기다. 이들은 깊은 압력과 고주파수 진동에 반응한다. 우리는 물체의 표면에 손가락을 문질러 보면서 질감, 거칠기, 특성을 진동으로 인식한다. 전축의 바늘이 LP판에 나 있는 미세한 홈을 읽어내는 것과 비슷한 방식이다.

이것을 동적 촉각dynamic touch이라고 하며, 그와 대비되는 정적 촉각static touch보다 훨씬 풍부한 정보를 제공한다. 우리가 촉각으로 무언가를 조사할 때 손가락을 표면 위로 미끄러지게 문질러보는 이유도 여기에 있다. 하지만 최근 캘리포니아대학교 샌디에이고캠퍼스의 코디 카펜터Cody Carpenter와 동료들이 수행한 놀라운 실험은 양쪽 유형의 촉각 모두 우리가 생각했던 것보다 훨씬 민감하다는 것을 보여줬다. 카펜터의 연구에서는 촉각과 관련한 훈련을 받아본 적이 없는 실험 참가자들에게 촉각을 이용해서 물질들을 구분하도록 했다. 확인 결과 우리는 촉각으로 물질을 구분하는 일에 믿기 어려울 정도로 뛰어나다는 것이 밝혀졌다. 두 물질 간 차이가 분자 하나 정도 두께의 표면 코팅밖에 없을 때도 실험 참가자들은 둘을 구분할 수 있었다. 손가락으로 표면을 문질러 볼 때는 특히 잘 구분했지만 손끝으로 표면을 가볍게 두드려 보기만 했을 때도 여전히 두 물질을 구분할 수 있었다.

촉각수용기 4총사 중 다른 것 못지않게 중요한 마지막 수용기는 루피니 종말Ruffini ending이다. 아마도 루피니 종말에 대한 이해가 가장 부족할 듯하다. 루피니 종말은 주로 우리의 자세 관련 정보를 뇌에 보내는 데 초점을 맞춘다. 이 수용기는 피부가 늘어난 정도를 감시하며 임무를 수행한다. 선반에서 잔을 꺼내려고 손을 뻗을 때 팔을 뻗고 있음을 인식하는 것이 이 수용기다. 손가락으로 잔을 감싸 유리잔을 집을 때도 이 수용기는 잔 주변을 감싸는 손에 관해 필요한 감각을 제공한다. 몸 전체에서 루피니 종말은 몸이 무엇을 하고 있는지에 관한 감각을 제공하며, 우리 행동을 조종하는 데 필수 요소다.

각각의 수용기에는 고유 장점이 있지만 촉각이 제대로 작동하려면 이들 사이의 시너지가 요구된다. 촉각의 꽃이라 할 수 있는 손을 예로 들어보자. 손으로 물건을 다룰 때의 믿기 어려울 정도의 정교함을 많은 사람이 너무 당연하게 여긴다. 손의 정교함은 어린 시절의 연습으로 향상된다. 아이가 카드를 섞는 모습을 지켜본 사람이라면 잘 알고 있을 것이다. 10대 초반 즈음이면 우리는 능란한 손재주로 사물을 정교하게 조작하는 데 필요한 뛰어난 소근육 운동fine motor skill 능력을 갖춘다. 촉각 지능tactile intelligence이라고도 하는 정밀한 촉각이 로봇공학 분야에서는 여전히 따라가기 힘든 도전적 과제로 남아 있다. 이제 우리는 초당 4천조 번을 계산하고, 우주의 탄생 순간을 시뮬레이션하며, 사람과 구분하기 어려운 수준의 문자 기반 대화를 나눌 수 있는 컴퓨터를 구축할 수 있다. 하지만 인공지능에서 놀라운 발전을 이뤘음에도 물이 든 컵을 쏟지 않고 매끄럽게 들어 올리고, 달걀을 깨고, 젓가락으로 음식을 안전하게 집어들 수 있는 로봇 손을 개발하기는 여전히 어렵다. 사람들은 고민 없이 척척 해내는 일인데 말이다.

우리 손은 자연에서 비교 대상을 찾아볼 수 없을 정도로 정교한 도구다. 더군다나 섬세하게 사물을 다루는 능력은 우리 종의 진화에서 가장 중요한 단계 중 하나가 펼쳐지는 데 필요한 무대를 마련해줬다. 바로 도구의 발달이다. 우리 외에도 도구를 사용하는 종이 있긴 하지만 우리처럼 도구에 크게 의존하지는 않는다. 영상 촬영 연구를 해보면 앞모서리위이랑anterior supramarginal gyrus이라는 뇌의 한 영역에서 활성이 나타난다. 이 영역은 도구 사용과 관련해 원인과 결과를 연결할 수 있는 능력과 관련된다. 이런 점에서 뇌가 인상적인 것은 사실이지만 이런 도구를 사용할 손재주를 제공하는 것은 촉각이다. 촉각수용기들은 도구를 사용할 때 손에 쥐고 있는 물건의 느낌을 전달하는 데 필수적인 역할을 한다. 그 물건은 빵을 썰 때 사용하는 칼이거나, 글을 쓰는 펜일 수도 있다. 도구를 사용할 때 우리는 그 물체를 손의 연장선으로 느낀다. 이런 놀라운 연결 덕분에 우리가 일상에서 정교한 과제를 수행하는 능력을 갖출 수 있는 것이다.

우리가 말하는 촉각은 피부에 있는 다양한 수용기의 활동이 결합해 나오는 것이다. 서로 다른 입력을 통합해서 정보를 하나의 일관된 촉각 지각으로 만드는 역할은 뇌가 담당한다. 수용기의 어마어마한 수를 생각하면 이는 믿기 어려울 정도로 대단한 능력이지만, 간단한 실험을 통해 뇌가 사용하는 지름길을 엿볼 수 있다. 두툼한 동전 세 개를 골라서 두 개는 15분 정도 냉장고 속에 넣어둔다. 그다음 차가운 동전 두 개는 양쪽 끝에 두고, 차갑지 않은 동전은 가운데에 오도록 세 개 동전을 일렬로 늘어놓는다. 이제 집게손가락과 약손가락(약지)의 끝을 차가운 동전 두 개 위에 올려놓고 찬 기운을 1~2초 정도 느낀다. 이어 가운뎃손가락을 가운데 놓인 동전 위에 올려놓는다. 사람들 대부분은 가운뎃손가락에서 나머지 두 손가락이 느낀 얼음같이 차가운 느낌을 받을 것이다. 가운뎃손가락은 차갑다고 느낄 이유가 전혀 없음에도 말이다.

이와 같은 현상은 뇌가 지각에서 생긴 틈새를 메우면서 일어난다. 양옆 손가락이 차가운 것에 닿아 있으니 가운뎃손가락도 차가운 것에 닿아 있을 가능성이 크다고 보고 차가운 느낌을 만들어낸 것이다. 뇌는 누군가가 냉장고에 넣어둔 동전으로 우리를 속일 가능성까지 고려하며 진화하지 않았다. 가장 가능성 있는 설명은 세 손가락 모두 차가운 물체에 닿아 있다고 설명하는 것이다. 하지만 뇌는 그렇게 호락호락하게 속아 넘어가지 않는다. 가운뎃손가락이 동전을 만져서 촉각 자극을 얻기 전까지는 특별한 온도감각이 없다. 가운뎃손가락이 동전과 접촉하고 나서야 뇌는 어떤 정보가 입력되고 있다고 인식하고 차갑다는 착각을 만들어낸다. 만약 같은 손이 아니라 반대쪽 손의 가운뎃손가락을 이용했다면 다른 결과가 나왔을 것이다. 뇌는 인접한 손가락에서 오는 느낌을 이용해 가운뎃손가락의 느낌을 채우지만, 더 멀리 떨어진 신체 부위에서 오는 정보로 같은 작업을 수행할 만큼 어리석지 않다.

'피부 토끼 환각cutaneous rabbit illusion'이라는 현상에서도 비슷한 일이 일어난다. 참가자가 팔을 앞으로 뻗고 다른 곳을 쳐다보고 있으면, 다른 누군가가 참가자의 손목 근처 팔뚝 안쪽을 빠르게 연속으로 가볍게 두드린 다음, 위쪽 팔꿈치 근처의 팔뚝도 똑같이 두드린다. 참가자 대부분은 마치 토끼가 팔을 따라 뛰어 올라오듯이 두드리는 위치가 점진적으로 팔을 타고 올라오는 느낌을 받는다. 여기서 '타우 환각tau illusion'도 시도할 수 있다. 이번에는 상완을 두드린 다음 팔뚝을 두드린다. 이것을 두 번 반복하되, 한 번은 두드림 사이에 최대한 짧은 시간 간격을 두고 두드리고, 한 번은 1~2초 정도 간격을 두고 수행한다. 사람들은 두드림 사이의 간격이 짧을 때가 두 지점 사이의 거리가 더 짧다고 느낄 가능성이 크다. 두 환각 사례 모두 뇌가 세상을 이해할 때 사용하는 틀 속에 있는 일련의 편견이 작용한 결과다. 정상적인 상황에서는 연속적으로 일어나는 두 번의 비슷한 감각 사이의 시간과 거리가 아주 밀접하게 관련돼 있다. 따라서 뇌는 앞선 경험을 바탕으로 다른 경험을 추측하며, 이런 이유로 시간 간격을 바꿔 혼란을 일으키면 거리에 대한 지각이 바뀌는 것이다.

속임수라는 주제를 계속 이어가자. 가운뎃손가락과 집게손가락을 교차해 손가락 끝에 V자를 만든다(나처럼 소시지 같은 손가락이 아니라면 V자 만들기는 어렵지 않을 것이다). 그러고 나서 구슬이나 다른 작은 물체를 두 손가락 사이의 틈새에 올려놓는다. 사실상 하나의 물체를 두 손가락의 서로 마주 보는 면이 아니라 반대쪽 면을 통해 만지고 있는 셈인데 정상적으로는 일어날 수 없는 상황이다. 이런 말도 안 되는 상황에 당황한 뇌는 보통 하나가 아니라 별개의 두 물체를 만지고 있다고 감각한다. 원래는 그렇게 감각하는 게 맞다고 한다. 하지만 나에게는 그런 효과가 일어나지 않았다. 우스꽝스러운 내 손가락 때문일 수도 있지만 이보다 더 나은 설명이 있다. 이 작업을 수행하며 나의 시선이 손가락을 향해 있던 탓에 촉각과 시각 사이에 감각적 충돌이 발생했다. 이런 상황에서는 일반적으로 시각이 승리한다.

미국의 심리학자 제임스 깁슨James Gibson은 1930년대에 이런 현상을 설명한 바 있다. 시연에서 깁슨은 눈을 감고 있는 참가자에게 자를 주고 어떤 느낌인지 설명해 달라고 요청했다. 제공한 자에는 특별한 점이 없었으므로 참가자는 나무로 만든 곧은 물체라고 말했다. 여기까지는 문제가 없었으나 한 가지 반전은 깁슨의 참가자가 직선을 곡선으로 보이게 만드는 렌즈가 장착된 고글을 착용하고 있었다는 점이다. 그가 참가자들에게 눈을 뜨고 다시 자를 만져보라고 하자 촉각 정보가 시각 정보와 보조를 맞추기 시작했다. 자가 보기에도, 만지기에도 휘어진 것처럼 느껴진 것이다. 참가자들은 자가 곧다는 것을 알고 있음에도 만지는 감촉을 시각적 입력과 분리해서 생각할 수 없었다.

서로 다른 감각, 심지어는 동일한 감각의 서로 다른 수용기에서 들어오는 정보를 통합하는 일이 뇌에는 믿기 어려울 정도로 부담스러운 일이다. 그래서 뇌는 감각을 지각으로 전환하는 과정을 기본적 규칙을 이용해서 단순화하는데, 이러한 작동방식 때문에 오류가 생길 수 있다. 앞서 설명한 착각 현상은 뇌의 이런 점을 활용한 것이다. 어쩌면 가장 중요한 점은 우리 뇌가 감각에서 얻은 신호를 단순히 수동적으로 표상하는 것이 아님을 이런 실험을 통해 알 수 있다는 것이다. 촉각은 피부에만 있는 것이 아니라 머릿속에도 있다.

피부는 촉각의 근본 요소와 함께 베인 상처, 꼬집힘, 온도, 심지어 캡사이신 같은 화학물질에 관한 정보도 수집한다. 모두 피부에 있는 수용기가 감지하는 것이다. 이들을 촉각과 한데 모아 더 폭넓은 감각 양식인 체성감각somatosense, 즉 몸에 대한 감각으로 부르기도 한다.

메르켈 원반, 마이스너 소체 등의 전문 수용기 사이에는 이와는 아주 다른 임무를 수행하는 덩굴손 모양의 신경이 있다. 이른바 자유신경종말free nerve ending이라는 것이다. '자유'라는 말이 붙은 이유는 조직학적으로 봤을 때 촉각수용기와 달리 정교한 형태를 갖춘 구조물에서 끝나지 않기 때문이다. 예를 들어 파시니안 소체는 정교한 층으로 이뤄진 양파처럼 생겼다. 메르켈 원반은 무언가를 닮았다고 설명하기에 조금 모호한 형태다. 이와는 대조적으로 자유신경종말은 식물의 뿌리처럼 가지치기하며 특별히 눈에 띄는 형태 없이 점점 가늘어진다. 이 뿌리들은 촉각수용기 너머까지 뻗어 피부 표면 가까이 자리 잡고 있다. 이곳에서 이들의 임무는 불쾌한 자극의 형태로 도착하는 나쁜 소식을 기다리는 것이다.

자유신경종말은 통각수용기nociceptor로 작용한다. 즉 우리가 통증으로 느낄만한 신호를 감지해서 중계한다. 그렇지만 통각nociception('해치다'라는 의미의 라틴어 'nocere'에서 유래)이 통증과 동의어는 아니다. 첫째, 우리는 육체적 손상과 상관없는 정서적 통증emotional pain을 느낄 수 있다. 둘째, 우리가 상처를 입을 때 통각과 통증 사이에는 차이점이 있다. 본질적으로 통각은 몸이 해로운 자극을 감지해서 신경 메시지로 암호화하는 수단인 반면, 통증은 그런 메시지에 대한 뇌의 반응이며 주관적인 경험에 해당한다. 통각은 우리를 해로운 것으로부터 보호하는 몸의 방어 시스템에서 필수적인 부분이다. 이 둘 사이의 차이를 이해하기 위해 누군가 부주의하게 바닥에 떨어뜨려 놓은 압정을 생각해보자. 압정을 밟으면 상처를 입은 발이 중추신경계로 메시지를 쏘아 올려 운동반사motor reflex를 활성화하고, 반사적으로 다리를 들어 올려 발을 핀에서 멀리 떨어뜨리게 된다. 이는 반사작용이라 의식적으로 경험되지 않기 때문에 대부분은 우리가 아파서 펄쩍 뛴 것으로 생각한다. 하지만 발을 들어 올리는 데 걸리는 밀리초 동안 우리는 아무런 통증도 느끼지 않는다. 통증은 조금 후에 찾아온다. 이런 반사작용 덕분에 우리는 통증이라는 감각을 이용해 압정을 피하는 경우보다 훨씬 더 효과적으로 부상을 최소화할 수 있다.

약 850억 개의 뉴런으로 구성된 뇌는 자체적으로 통증을 느낄 수 있는 능력이 없다. 그런데도 모든 통증은 뇌에서 생성된다. 뇌 자체는 통증을 느낄 수 없다는 말에 두통은 뭐냐고 묻는 사람도 있을 것이다. 실제로 두통은 뇌 자체가 아니라 뇌 속 근육과 혈관의 신경들에서 촉발한다. 따라서 뇌는 통증이라는 경험을 제공하지만 뇌라는 기관 자체는 통증에 면역돼 있다. 하지만 우리의 정신 상태는 통증의 느낌에 막대한 영향을 미친다. 유전학, 건강, 심지어 태도에 따라 통증을 다르게 느낀다. 같은 사람이라도 동일한 부상을 서로 다른 시간에 입었을 때 통증을 더 느끼거나, 덜 느낄 수 있다. 통증은 단순히 신체적 경험이 아니라, 심리와 불가분의 관계로 뒤엉켜 있어서 그날의 기분이 통증의 지각에 영향을 미치기 때문이다.

통증은 우리가 살면서 겪었던 부상의 기억에도 영향을 받는다. 나는 어린 시절에 집으로 돌아오다가 부랑아들을 잡아먹는 머리 여럿 달린 발 빠르고 사악한 괴물에게 쫓기고 있다는 상상에 사로잡혔다. 잔뜩 겁을 집어먹은 나는 마지막 100미터를 전력으로 달려서 집에 도착했다. 손잡이를 돌리고 집안으로 뛰어 들어갔어야 했는데, 문이 잠겨 있어서 유리를 깨고 들어가다가 무릎을 베었다. 이것이 내가 처음으로 당한 심각한 부상이었고, 깊은 통증을 처음으로 접한 날이었다. 나는 갑자기 퍼지던 날카로운 통증을 똑똑히 기억한다. 무릎을 다칠 때마다 그때 통증의 흔적이 머릿속을 맴돈다. 어른이 된 지금도 나는 길을 잃은 축구공이나 그 비슷한 것이 날아와도 몸을 날리는 경우가 드물다. 통증 기억pain memory이 뚜렷이 남아 있기 때문이다.

살면서 축적하는 통증의 기억들은 미래의 통증을 예상할 때와 현재 고통을 경험할 때 우리의 불안과 경험에 영향을 미친다. 통증 기억의 가장 놀라운 측면 중 하나는 팔다리 절단술을 받은 사람들에서 나타난다. 팔다리가 더 이상 존재하지 않음에도 여전히 팔다리를 느낄 수 있고 통증까지 느껴진다고 하는 사람이 많다. 이는 뇌가 팔다리 절단술 전에 손상된 팔다리의 통증 경험을 통증 기억으로 저장하고 있어서 생기는 결과다. 일단 팔다리를 제거하고 나면 뇌는 감각적 불일치를 겪으며 이를 해소하기 위해 고군분투한다. 팔다리 절단술을 하기 전에 국소마취로 통증을 효과적으로 치료하면 통증 기억의 형성을 제한해서 이후의 환상통증phantom pain을 감소시키는 데 도움이 된다.

나는 잔뜩 화가 난 곤충과의 불행한 만남으로 생긴 독특한 통증 기억이 있다. 경력 초반에 생물학과 학부생들과 함께 요크셔 말함 코브Malham Cove 주변에서 근근이 살아가는 강인한 생명체에 관해 연구하는 현장 교육을 나간 적이 있다. 아름다우면서도 황량한 장소에서 살아가는 동물들은 쉼 없이 내리는 비와 매서운 바람을 견뎌낼 만큼 강하고 거친 생명체임이 분명했다. 어느 날 나는 고지대 황야의 차가운 연못 속에 도사리고 있을지 모를 강인한 생명체들을 뜰채로 건져서 찾는 과제를 맡았다. 간신히 표본을 몇 마리 채집했지만 그날 쇼의 스타는 물방개의 유충이었다. 이 곤충은 두려움을 모르는 엄지 손가락 크기의 능숙한 사냥꾼이다. 자신보다 훨씬 큰 동물을 공격할 때도 두 번 생각하는 법이 없다. 머리 양쪽에서 곡선을 그리며 튀어나와있고, 끝이 날카롭게 뻗어 있는 한 쌍의 무시무시한 턱으로 무장하고 있기 때문이다. 운이 없게 잡혀서 수족관에 옮겨진 포식자는 기분이 더러워져서 자신의 앞에 얼쩡대는 무엇이든 잡아서 분풀이하려 했다.

곤충을 물끄러미 바라보며 관찰하는 내 뒤로 학생 하나가 조용히 다가와서 물었다. "내가 저 곤충 앞에 손가락을 넣으면 어떻게 반응할까요?"

당황한 나는 결국 너무도 당연한 대답을 했다. "물겠지."

"아플까요?" 이 질문으로 그 학생은 그날의 제일 멍청한 질문상을 수상했다.

"분명히 아프겠지."

학생은 무슨 생각인지 수조 안에 손을 넣고 손가락을 흔들며 잔뜩 화가 난 야수를 도발했다. 야수는 이것을 신호 삼아 학생의 손가락을 꽉 물었다. 손가락에서 피가 났고, 학생은 욕설을 내뱉으며 손을 잽싸게 뺐다. 하지만 안타깝게도 학생의 손가락에는 유충이 계속 매달려 있었다. 나로서도 개입하지 않을 도리가 없었다. 유충이 다치지 않게 조심하면서 턱을 비틀어 열었다. 분풀이 대상을 빼앗긴 물방개 유충은 그것을 대신할 것이 필요했고, 결국에는 나를 물었다.

갑작스러운 부상이 흔히 그렇듯 통증은 두 번의 파동에 걸쳐 찾아왔다. 곤충에게 물리자마자 찌르는 듯 갑작스럽고 날카로운 통증이 퍼지며 나를 펄쩍 뛰게 했다. 나는 무지막지한 녀석을 떼어내 수조에 다시 넣었다. 급성 통증이 가라앉으면서 깊고 둔한 통증이 찾아왔다. 부상이 생기면 통증은 보통 별개의 파동으로 찾아온다. 첫 파동에 실려 오는 날카로운 통증은 통각수용기가 초고속 A-섬유를 따라 뇌로 쏘아 올린 것이다. 이 신호는 몸이 손상을 입었다는 중요한 정보를 실어 나른다. 정서 촉각의 느낌과 비슷한 두 번째 파동은 속도가 느린 C-촉각 섬유를 따라 이동하며 사실상 손상의 범위를 설명하는 역할을 한다. 후자의 신호는 당분간 머물면서 일련의 행동 반응과 생리적 반응을 촉진한다. 나의 경우에는 학생을 향해 짜증이 올라오는 것을 간신히 눌렀다.

나는 물린 곳을 격하게 문지르며 상처를 입었을 때 흔하게 나타나는 반응을 보였다. 우리 종이 처음 존재하기 시작했을 때부터 즉각적으로 통증을 완화할 수단으로 이렇게 반응했을 가능성이 크다. 우리가 경험하는 아픔은 국소 통증 수용기들이 자신의 고통 신호를 뇌로 보내서 생기는 결과다. 다친 부위를 문지르거나 쥐고 있으면 통증과 관계없는 다른 촉각 메시지들이 전달된다. 뇌는 서로 다른 자극을 과다하게 접하게 되고, 지끈거리는 통증 말고도 생각해야 할 것이 많아진다. 이로써 통증 메시지는 단독의 감각 작용으로 무대 중앙을 차지하지 못하고, 여러 감각 중 하나로 전락한다. 그렇다고 통증이 마법처럼 사라지는 것은 아니지만 적어도 여러 가지가 뒤섞인 신경 입력 속에서 일시적으로 약해진다.

온갖 것이 우리에게 통증을 일으킬 수 있다. 사람을 무는 유충처럼 어떤 것은 기계적인 손상을 일으킨다. 기계적 자극은 우리의 통각수용기가 감시하는 유해 자극의 세 가지 범주 중 하나다. 나머지 두 개는 온도 자극과 화학 자극이다. 기계적 자극은 발가락에 책이 떨어지는 경우나, 서툴게 채소를 썰다가 엄지손가락을 베는 것까지 온갖 것이 해당된다. 피부에 있는 온도 통증 수용기thermal nociceptor는 피부 수준에서의 온도가 20℃와 43℃ 사이의 좁은 편안한 영역을 벗어날 때마다 반응하기 시작한다.

이 범위에서 벗어날수록 통각수용기는 자신의 불쾌함을 더 강한 신호로 보낸다. 예를 들어 55℃인 욕탕에 들어가는 것은 아주 격렬한 경험이며 1초도 안 돼 통증을 느낀다. 45℃의 욕탕물도 여전히 불편한 온도이기는 하지만 불편을 느끼기까지는 7초 정도가 걸린다. 온감과 냉감은 종류가 다른 두 수용기에 의해 따로 만들어진다. TRPM8이라는 이름의 냉수용기cold receptor는 20℃ 미만의 온도에서만 흥분하는 것이 아니라 멘톨에도 흥분한다. 민트의 맛을 시원하다고 표현하는 이유도 여기에 있다. 피부 온도가 15℃ 정도로 내려가야 통증을 경험하기 시작한다. 이와 유사하게 TRPV1을 필두로 하는 열수용기heat receptor도 높은 온도만이 아니라 매운 고추에도 흥분한다.

피부에 있는 화학적 통각수용기는 해로운 물질에 반응한다. 여기에는 조직 손상 이후에 몸에서 자체적으로 분비하는 물질도 포함된다. 베인 상처나 타박상을 입었을 때는 각 부위의 세포들에 의해 아라키돈산arachidonic acid 같은 화학물질이 분비되고, 이 물질이 통각수용기를 자극해서 부상 부위를 통증에 민감하게 만든다. 몸이 우리를 상대로 작당해서 상처를 더 아프게 만든다고 하니 가혹해 보일 수도 있지만, 행동의 변화를 유도하기 위한 필수 수단이다. 아프니까 상처를 더 신경 써서 돌보게 되고, 추가적인 손상을 막아 치유할 시간을 벌어준다. 그렇지만 이 통증이 불쾌한 것은 사실이다. 그래서 우리는 몸이 통증과 손상을 신호로 보내기 위해 사용하는 화학적 경로를 차단하는 이부프로펜ibuprofen 같은 진통제를 만들어 자연에 대응했다.

쏘는 곤충이나 우리가 일부러 먹는 고추, 겨자, 와사비 같은 물질의 형태로 해로운 화학물질을 만나기도 한다. 이런 화학물질은 식물이 먹이를 탐색하는 초식동물로부터 자신을 보호하기 위해 만들어내는 것이 많고, 풀을 뜯어 먹는 동물의 관심에서 벗어나는 데 성공한다. 하지만 식물들은 서로 다른 소량의 성분을 집어넣어 복잡한 요리를 만들어 먹는 종이 등장하리라고는 미처 예상하지 못했다. 매운 고추나 겨자를 대량으로 먹으며 즐거움을 느낄 사람은 거의 없겠지만, 이런 강력한 성분을 아주 살짝 첨가하면 기분 좋은 얼얼함을 얻을 수 있다.

부상 부위에 관심을 갖고, 다른 사람의 보살핌을 부르는 것 말고도 우리 몸은 외상에 대처하는 자체 방법이 있다. 예를 들면 매콤한 요리의 강렬한 맛을 즐기는 이들은 고추의 활성 성분인 캡사이신이 들불처럼 혓바닥 위를 가로지르는 느낌을 즐긴다. 이것이 유쾌하게 느껴지는 이유는 캡사이신이 입속 통각수용기를 자극하기 때문이다. 통각수용기는 캡사이신을 유해한 화학물질로 인식해 통증 감각을 일으킨다. 이에 반응한 뇌는 엔도르핀을 분비한 후 도파민을 분비한다. 이 과정이 기분 좋은 느낌을 주고, 통증도 어느 정도 진정시킨다.

오래전부터 아드레날린은 긴박한 순간에 일시적으로나마 극심한 손상을 견딜 수 있게 해준다고 알려졌다. 2019년 4월 네브래스카주의 농부 커트 카이저Kurt Kaiser는 미끄러지는 바람에 다리가 회전 곡물 오거auger*에 끼었다. 카이저는 기계에 분쇄되는 다리를 보면서도 기계를 끌 수도, 누군가에게 도움을 청할 수도 없었다. 그는 자신이 큰 위험에 처했음을 잘 알았다. 순간 늘 소지하고 다니던 주머니칼을 떠올렸고, 이 상황에서 빠져나갈 방법이 있음을 깨달았다. 카이저는 굳게 마음을 먹고 무릎 아래쪽을 자르기 시작했다. 다리를 잘라내고 오거 기계의 손아귀에서 벗어난 카이저는 거친 땅바닥을 기어가 주변 건물에 도착해서야 도움을 요청할 수 있었다.

이런 종류의 이야기들이 심심치 않게 뉴스에 등장하는데 한 가지 공통점이라면 피해자들의 입에서 통증에 관한 이야기가 나오지 않는다는 점이다. 그 이유 중 하나는 이미 앞에서 말했던 엔도르핀 때문이기도 하지만, 아드레날린이 더 중요한 역할을 맡고 있다. 이

* 나사처럼 움직이는 금속 날을 이용해 곡물을 퍼 올리는 기계

호르몬은 위급한 상황에 신속하게 반응해 몸을 생존모드로 전환한다. 아드레날린이 진통제는 아니지만 당면한 위협에만 온 정신을 집중할 수 있도록 시간을 벌어준다. 이로써 우리는 통증을 무시하고 오로지 상황을 해결하는 데만 초점을 맞출 수 있다. 이후 몸에 차오른 아드레날린의 농도가 줄어들기 시작하면서 강력한 통증이 찾아온다.

피부의 민감성은 대량으로 무리지어 있는 수용기들 때문에 생기는 결과이며, 각각의 수용기는 방대한 신경 네트워크가 떠받치고 있다. 진피dermis에는 수십만 개의 신경섬유가 촘촘하게 짜여 있고, 각각의 섬유는 우리가 바깥세상과 이루는 모든 접촉에 관한 메시지를 뇌로 실어 나르는 전기 전도체 역할을 한다. 하지만 모든 피부 부위의 민감도가 같지는 않다. 등 같은 부위는 최소 신경만으로 근근이 촉각을 수행하는 반면, 입술, 손끝 같은 부위는 제일 비싼 리넨 섬유보다도 많은 신경 가닥이 분포하고 있다. 이런 불균형은 뇌, 더 구체적으로 말하자면 체성감각겉질somatosensory cortex에도 똑같이 반영돼 있다. 체성감각겉질은 손, 얼굴, 성기 같은 영역에 더 많은 자원을 할당하고 나머지 신체 부위는 상대적으로 빈약한 신경 자원으로 근근이 역할을 수행토록 한다.

신체가 뇌에 어떻게 묘사되는지 발견한 것은 지난 100년 동안 신경학에서 가장 위대한 발전 중 하나에 해당한다. 이 업적을 이룬 주인공은 와일더 펜필드Wilder Penfield라는 신경 탐험가 겸 지도 제작자였다. 대륙을 가로지르며 미지의 땅을 지도로 작성하는 사람들과 달리 펜필드의 지도 제작 영역은 인간의 뇌였다.

당대의 뛰어난 과학자답지 않게 펜필드의 어린 시절은 정서적으로나, 경제적으로나 격동의 시기였다. 워싱턴주에서 일반 개업의로 일했던 그의 아버지는 혼자 있는 것을 좋아해서 환자를 돌보기보다는 야생에서 사냥하며 시간 보내기를 좋아했다. 병원 운영은 뒷전이었던 터라 경제적으로 어려워질 수밖에 없었고, 힘든 시간을 견디다 못한 펜필드의 어머니는 여덟 살이 된 펜필드를 데리고 위스콘신에 있는 부모님과 함께 살기 위해 떠난다. 펜필드가 겪었던 이런 궁핍한 처지가 성격 형성에서 중요한 역할을 했던 것으로 보인다.

펜필드는 프린스턴대학교에 입학하고 철학 과목을 선택했지만 처음 2년 동안은 학업에 별 의미를 찾지 못하고 방황했다. 그러다가 2학년 말에 가서야 삶에 변화가 찾아왔다. 아버지에 대한 기억 때문에 의학은 전공하지 않겠다고 굳게 맹세했지만 위대한 생물학자 에드윈 콘클린Edwin Conklin의 가르침 덕분에 자신의 열정을 발견하고 소명을 찾았다.

1913년 스물두 살의 펜필드는 학교를 졸업하고 로즈 장학금을 받는 데 실패해 의학 공부를 이어갈 수 없게 됐다. 하지만 여기에 굴하지 않고 노력을 게을리하지 않은 결과 성공할 수 있었다. 하지만 당시 학계에는 고전주의가 팽배했기에 옥스퍼드대학교에 입학하려면 그리스어로 입학시험을 치러야 했다. 펜필드는 그리스어 공부에 몸을 던져 생판 낯선 언어를 처음부터 시작해 완전히 통달하려 시도했지만 결국 다시 실패하고 말았다.

한 줄기 희망은 있었다. 재시험 허락을 받은 것이다. 펜필드는 매일 아침 한 시간씩 하버드대학교의 병리학 실험실에 나타나 해부를 기다리는 시체들에 둘러싸여 그리스어를 배웠다. 그의 노력은 결국 보상받았고 장학금을 따내 옥스퍼드로 떠났다. 그리고 그곳에서 나중에 신경계 연구로 노벨상을 받게 될 찰스 셰링턴Charles Sherrington 경 밑으로 들어가 공부한다. 펜필드가 '신경계야말로 위대한 미답의 영역, 언젠가 인간의 정신에 관한 미스터리를 설명해줄 미개척지라는 것'을 깨닫게 해준 사람이 셰링턴이었다.

펜필드는 뇌를 이해하는 데 크게 기여했지만, 업적 가운데 제일 유명한 것은 뇌 지도 작성이었다. 그는 환자들을 수술하는 동안 뇌를 자극했을 때 반응하는 신체 부위를 꼼꼼하게 기록해 뒀다. 점진적으로 각각의 신체 부위를 뇌의 어느 위치에서 담당하는지 보여주는 지도가 완성돼갔다. 개념 자체는 새롭지 않았지만 개념에 생명을 불어넣은 사람이 바로 펜필드였다. 처음부터 분명하게 드러난 결과 중 하나는 뇌가 각각의 신체 부위를 모두 동등하게 대우하지 않는다는 것이었다. 펜필드의 데이터를 이용하면 사람의 신체적 특성을 그 특성에 할당된 뇌 영역의 크기와 대응시켰을 때 어떻게 생겼을지 보여주는 모형을 구축할 수 있었다. 그렇게 해서 나온 것이 대뇌겉질 호문쿨루스cortical homunculus다. 이것은 과도하게 크고 음탕하게 생긴 입술이 도드라진 거대한 머리에 정말 거대한 한 쌍의 손을 가진 기괴한 생명체였다. 펜필드도 그 생명체가 마음에 들지 않아 이런 말을 했다고 전해진다. “할 수만 있다면 이 빌어먹을 것을 죽여버리고 싶다.” 하지만 우리 감각을 직관적으로 묘사하는 데는 이만한 것이 없다. 이 모형을 보면 우리가 촉각으로 세상을 어떻게 감지하는지, 또한 막대한 수의 신경종말이 몰려 있는 우리의 손과 입술이 어떻게 주변의 물리적 세상에 대한 정교한 측정기로 작용하고 있는지 분명하게 알 수 있다.

펜필드는 자신이 창조한 호문쿨루스를 싫어했지만, 그의 연구는 감각과 관련해서 현재 뇌의 작동방식을 묘사하는 모형 중에 가장 접근하기 쉽다. 그는 놀라운 유산을 남기고 1976년에 사망했다. 뇌의 겉질 표상에 관한 연구와 더불어 간질과 뇌 손상의 치료법을 개발하고, 뇌의 시각화에 관해 연구하는 등 많은 기여를 했다. 하지만 펜필드는 참으로 겸손한 사람이었다. 자신이 발견한 내용을 설명할 때도 항상 ‘내’가 아니라 ‘우리’라는 단어를 사용하면서 자신의 공을 주변 사람들에게 나누려고 항상 열심이었다. 펜필드가 사망한 이듬해 1977년에 출판된 자서전 《혼자인 사람은 없다No Man Alone》는 이 위대한 인물이 언제나 강조했던 집단 윤리를 잘 반영하고 있다.

펜필드의 연구는 서로 다른 신체 부위를 어떻게 표상하는지 이해할 목적으로 뇌를 검사하는 데 초점이 맞춰져 있었지만, 촉각을 완전히 이해하려면 촉각수용기들이 몸 전체에 어떻게 분포돼 있는지 이해해야 한다. 물론 쉬운 일이 아니다. 망막이나 속귀에 감각수용기가 얼마나 밀집돼 있는지 알아내는 것과 피부처럼 상대적으로 거대한 기관의 수용기 밀도를 알아내는 것은 전혀 다른 문제다. 그런데도 각각의 신체 부위에 촉각 신경이 얼마나 풍부하게 공급돼 있는지 조사하기 위해 고된 연구가 이어졌다. 피부에 도달하는 신경섬유들은 너무 미세해서 어떤 것은 직경이 1밀리미터의 1천분의 1조차 안 된다. 이 섬유 400개를 다발로 묶어도 사람 머리카락 굵기 하나에도 못 미친다. 신경배선 중에서도 가장 가늘다. 베이는 상처를 입었을 때 신경이 잘 보이지 않는 것도 이런 이유에서다. 이렇게 별 볼 일 없는 크기라도 신경섬유들은 피부의 촉각수용기에서 나오는 메시지를 뇌까지 실어나른다. 주어진 영역에 신경이 많을수록 더 많은 수용기가 연결돼 있고, 그 영역의 피부는 더 민감해진다.

쉐필드대학교University of Sheffield의 능동촉각연구소Active Touch Laboratory의 줄리아 코르니아니Giulia Corniani와 하네스 살Hannes Saal이 최근 추정한 바에 따르면 인체 피부 1평방센티미터당 평균 감각신경섬유의 수는 약 15개이고 몸 전체로 따지면 23만 개 정도다. 하지만 와일더 펜필드가 뇌를 탐구하는 과정에서 발견했듯이 신경섬유는 몸에 균일하게 분포돼 있지 않다. 예를 들어 손가락 끝은 1평방센티미터당 240개의 신경섬유가 밀집해 있고, 몸통은 같은 공간에 겨우 9개만 분포돼 있다. 사실 우리 몸 어느 부위도 손만큼 감각신경이 풍부한 곳은 없다(당신이 어느 부위를 생각하는지 잘 알지만, 대답은 '아니오'다). 신경의 풍부함으로 따졌을 때 손 다음은 얼굴, 특히 입술 주변이다. 이곳에는 1평방센티미터당 약 84개 신경섬유가 있다.

각각의 피부 영역에서 세어본 신경섬유 수는 그 영역이 뇌에 표상된 크기와 잘 맞아떨어지지만 이것으로 둘 사이의 관계를 완벽하게 설명할 수는 없다. 손과 얼굴에 막대한 수의 신경섬유가 분포하고 있음에도 뇌는 만족하지 않는 것 같다. 마치 선생님이 공부를 잘해서 아끼는 학생한테 더 관심을 쏟는 것처럼 뇌는 이 영역에서 올라오는 입력을 더욱 확대하면서 특별히 더 신경 쓴다.

뇌가 아끼는 대상이 항상 같은 것은 아니며, 이것은 적어도 부분적으로는 사용량에 달려 있다. 신체의 특정 부위를 촉각 과제에 많이 사용할수록 뇌는 그 영역에 대한 표상을 업그레이드하기 위해 더 많이 재조직한다. 현악기 연주자는 왼쪽 손으로 음의 높이를 조정하고 통제하기 때문에 왼쪽 손의 기량이 현저히 발달해 있다. 바이올린 연주자의 뇌를 검사해보면 손가락을 표상하는 부위가 비음악가보다 현저히 큰 것을 알 수 있다. 이 차이는 연주 경력이 길수록 커진다. 터치스크린, 특히 스마트폰을 많이 사용하는 사람에서도 비슷한 패턴을 볼 수 있다. 스마트폰을 많이 사용할수록 특정 손가락, 특히 엄지손가락에 더 집중하도록 뇌가 업그레이드된다. 스마트폰과 함께 자란 세대의 뇌는 자신의 세상에 맞춰 알맞게 형성됐다.

어느 정도 유연한 부분이기는 하지만 특정 신체 부위는 촉각에 특화돼 있다. 손끝에 촘촘하게 얽혀 있는 신경섬유들은 빽빽하게 밀집된 촉각수용기를 뒷받침한다. 즉 각각의 수용기가 아주 좁은 영역의 피부에 대해서만 보고하기 때문에 손가락 끝으로는 섬세한 부분까지 훨씬 잘 구분할 수 있다는 의미다. 신경섬유가 더 성기게 분포하고 있는 다른 신체 부위에서는 각각의 수용기가 훨씬 더 넓은 피부 영역을 담당해야 하므로 촉각 해상도가 훨씬 낮아진다. 이것을 측정하는 흔한 방법으로 2점 식별검사two-point discrimination test가 있다. 검사의 기본 개념은 간단하다. 참가자에게 이쑤시개 2개, 또는 과학적으로 타당성이 있는 뾰족한 찌르개 두 개로 참가자를 동시에 부드럽게 찔러보는 것이다. 두 찌르개의 위치가 적당히 떨어져 있을 때는 두 찌르개가 따로 찔렀다는 것을 쉽게 말할 수 있다. 하지만 거리가 가까워짐에 따라 하나로 찌른 것인지, 두 개로 찌른 것인지 말하기가 점점 모호해진다. 등이나 허벅지 같은 부위에서는 두 점 간의 거리가 4센티미터 미만이면 대개 사람들은 하나로 찔렀는지, 두 개로 찔렀는지 파악하기 어려워한다. 뺨이나 코는 1센티미터가 조금 안 되는 거리부터 구분할 수 있고, 손가락 끝에서는 2밀리미터 정도만 떨어져 있어도 구분할 수 있다.

통각을 담당하는 자유신경종말은 피부에서 가장 흔한 통각 수용기로, 바깥세상에 대해 촉각적으로 인식하는 수용기보다 수가 훨씬 많다. 촉각에 가장 민감한 신체 부위가 통증에도 가장 민감하다는 말이 있는데, 어느 정도 일리 있는 얘기다. 놀라울 정도로 정교한 촉각을 제공하는 손바닥과 손가락 안쪽은 그만큼 통증에 취약하다. 과거에 학교에서 가학적인 교사들이 체벌할 때 학생의 손을 회초리로 때린 것도 이런 이유일 것이다. 발바닥에서도 촉각과 통증 사이에 비슷한 관계가 존재한다. 고문하는 사람들은 얼굴과 함께 발바닥을 고문 부위로 선호한다.

매끄러운 평활피부에는 촉각과 통각 모두에 민감한 신경섬유가 가득 들어있다. 몸의 나머지 부분에서는 그렇게 명확하지 않다. 촉각의 예리함은 촉각에 제일 많이 사용하는 신체 부위에 집중해 있다. 팔을 따라 손에 가까워질수록 피부에는 더 많은 신경이 분포돼 있다. 이와는 대조적으로 촉각수용기는 몸통 근처에서 밀도가 가장 높다. 촉각은 팔을 따라 내려가면서 점점 예리해지고 통증은 반대다. 정확한 이유는 알 수 없지만, 방탄조끼와 비슷한 원리인지도 모른다. 즉 통각수용기가 몸에서 제일 중요한 부분을 보호하는데 집중하는 것이다.

피부를 뚫고 들어온 미세한 신경섬유의 수가 23만 개 정도라고 추정했지만 안타깝게도 모든 사람에게 똑같이 적용되지는 않는다. 어린 시절에는 몸이 자라면서 신경섬유의 수도 증가해서 십 대와 이십 대 초반에 정점을 찍는다. 이후로는 시간의 흐름에 따라 감각 능력이 저하되기 시작하고, 10년이 지날 때마다 신경섬유는 8퍼센트가량 줄어들며, 80세가 될 즈음에는 대략 절반 정도만 남는다. 설상가상으로 젊을 때 정교한 감각을 자랑하던 손과 얼굴, 발에서 가장 극적으로 감소한다. 이와 동시에 마이스너 소체와 메르켈 세포가 손가락 끝에서 놀라운 속도로 줄어든다. 즉 나이가 들면서 촉각의 민감도가 줄어든다는 의미다. 뇌의 적응 능력을 이용해서 촉각을 훈련할 수 있다는 점에서 어느 정도 위안이 되지만 사람마다 노화와 관련해서 큰 차이가 존재한다는 사실은 여전히 남아 있다. 나중에 살펴보겠지만 이것이 유일한 차이점도 아니다.

감각에서 놀라운 점 중 하나는 세상을 지각하는 능력에서 우리 모두 큰 차이를 보인다는 점이다. 예를 들어 시각장애인의 후각과 청각이 놀라울 정도로 예민하다는 것은 이미 잘 알려져 있었고, 이들의 촉각 역시 더 신속하고 정확하다는 개념을 뒷받침하는 증거도 많이 나와 있다. 이렇게 촉각 초민감성의 이유 중 하나는 시각이 아닌 다른 감각의 입력이 증가하면서 작용하는 뇌의 가소성 때문이다. 선천성 시각 장애가 있는 사람은 후천성 시각 장애를 얻은 사람보다 촉각 능력이 뛰어난 편이다. 감각 관련 뇌 영역들이 시각이 아닌 다른 감각을 더 잘 뒷받침할 수 있게 재구성되고, 추가적인 지각 능력을 이용하는 능력의 발전이 촉각에 집중된다. 예를 들어 점자를 읽는 사람들은 독서할 때 즐겨 사용하는 손의 손끝이 더 민감한 경우가 많다. 헬렌 켈러Helen Keller는 이렇게 말했다. "촉각은 앞을 못 보는 사람들에게 여러 가지 달콤한 확실성을 가져다줍니다. 앞을 볼 수 있는 행운을 타고난 사람들은 촉각을 가꾸지 않기 때문에 이런 부분을 놓치죠."

다른 감각과 마찬가지로 일반적으로 여성이 촉각을 통한 식별 능력이 남성보다 뛰어나다. 하지만 여성과 남성을 비교했을 때 여성의 감각이 더 섬세하게 조정돼 생긴 결과로는 보이지 않는다. 성차가 생기는 이유는 평균적으로 남성이 여성보다 체구가 크고, 손도 마찬가지로 크다는 기본적인 사실에서 나온다. 실제로 나이가 같은 임의의 두 성인을 골라서 촉각의 예민함을 비교하면 손이 작은 사람이 더 예민하게 나올 때가 많다. 촉각의 민감성은 신경종말의 밀도와 직접 관련돼 있기 때문이다. 우리 각자는 신경종말의 수는 대략 비슷하나 피부 양이 달라서 체구가 작은 사람이 신경종말의 밀도가 더 높고, 더 섬세한 촉각을 갖게 된다. 2009년 라이언 피터스Ryan Peters가 발표한 논문 제목 〈작은 손가락이 세부사항을 더 잘 식별한다〉가 이를 깔끔하게 잘 표현하고 있다.

촉각은 그렇다 치고, 통증에도 성차가 있을까? 물론 이 주제 역시 다양한 의견이 존재한다. 이는 결국 남자와 여자 중 누가 더 터프한지에 대한 어리석은 논란으로 이어질 수 있다. 질문을 객관적으로 조사하고 통증의 역치에 관한 데이터를 수집하는 일은 연구자들의 몫이다. 이와 관련한 비교 연구가 다수 진행됐고 그 결과가 〈통증Pain〉과 〈통증학술지Journal of Pain〉 같은 삭막한 이름의 정기학술지에 발표됐다. 이 연구들은 아마도 피학적 성향이 있는 사람이 아닐까 싶은 참가자들을 대상으로 과학이라는 이름 아래 둔기로 때리기, 날카로운 것으로 찌르기, 전기충격 주기, 화상 입히기, 동상 입히기, 민감한 피부에 고추즙 바르기 등 온갖 물리적 공격에 노출시켰다. 결과는 명확하고 일관적이다. 통증에 대한 민감성이 여성에서 현저하게 높이 나타났다.

이러한 연구 결과는 여성이 진통제를 더 많이 복용하고, 편두통이나 만성통 등을 더 많이 앓고, 통증 상담을 위해 의사를 찾는 경우가 남성보다 많다는 다른 연구 결과와도 일맥상통한다. 그렇다면 여성이 선천적으로 섬세하고, 연약하고, 약한 존재라는 의미일까?

절대 그렇지 않다. 앞에서도 언급했지만 통증은 주관적 경험이다. 통증 연구는 사람들이 고통을 가했을 때 나타나는 '어깨를 으쓱하는' 정도에서, '비명을 지르는' 정도까지의 척도로 통증 강도를 파악한다. 이런 방식이 연구의 정당성을 훼손한다고 볼 수는 없지만, 공정한 비교를 하기가 어려워지는 것은 사실이다. 우리는 모두 사회의 산물이고, 여전히 고통의 표현은 여성보다 남성에게 덜 허용적이다.

더군다나 통증 경험은 호르몬의 영향도 받는다. 발달 초기에 테스토스테론testosterone에 노출되면 다양한 통각 신경로에 변화가 생겨 남성은 통증에 덜 민감해진다. 하지만 여성은 에스트로겐이나 황체호르몬progesterone 같은 호르몬의 영향을 별로 받지 않는다. 배란 직전처럼 에스토로겐의 혈중농도는 높고, 황체호르몬의 혈중농도는 낮을 때 여성의 통증 민감도가 낮아진다는 증거도 있다. 생리 주기의 다른 시기에는 그림이 훨씬 복잡해서 똑같은 자극을 줘도 날에 따라 다른 통증 경험을 유발할 수 있다. 하지만 분명한 점은 여성은 호르몬을 통한 통증 완화 효과가 훨씬 덜하다는 점이다. 이것은 약하고 강하고의 문제가 아니다. 통증이 남녀에게 서로 다르게 경험될 뿐이다.

빨강머리 사람들의 상황은 좀 더 복잡하다. 머리카락이 빨간 사람은 피부색도 창백하다. 멜라닌이라는 색소가 상대적으로 결여돼 있기 때문이다.[*] 하지만 멜라닌을 만들어내는 생화학 경로가 뜻

[*] 좀 더 구체적으로 말하면 유멜라닌(eumelanin)이 부족하다. 빨강머리 사람들은 유멜라닌과는 종류가 다른 페오멜라닌(pheomelanin)을 갖고 있다.

하지 않게 통증 역치에도 영향을 미치기 때문에 빨강머리 사람들은 통증에 대한 저항력이 더 높다. 하지만 이상하게도 이들은 일부 마취제에 대해 덜 예민하다는 특성도 보인다. 그래서 사람들 대부분이 치과에서 편안한 마취 상태에서 치료받을 때 빨강머리 사람들은 같은 용량의 마취제를 주사해도 치과용 드릴에 괴로워할 수 있다.

성차와 머리카락 색깔에 따른 차이 말고도 통증의 경험이라는 문제에서는 사람들 사이에 수없이 많은 차이가 존재한다. 예를 들면 불안증이나 우울증이 있는 사람은 통증에도 더 예민해지는 이중고를 겪는다. 흡연하거나 과체중인 사람도 통증 역치가 낮아진다. 반면 규칙적으로 격렬한 운동을 하는 사람은 체력만 좋아지는 것이 아니라 통증도 잘 견딜 수 있게 된다. 결국 통증에 대한 경험은 사람마다 다르므로 다른 사람이 느끼는 고통에 대해 이러쿵저러쿵 재단하고 싶은 마음이 들 때는 이 점을 잘 기억해 두는 것이 좋다.

때로는 통증이 다른 사람의 손길로 완화될 수도 있다. 1987년 4월 다이애나Diana 비妃가 영국 최초의 HIV(에이즈) 전용 병동을 방문했을 때 영국은 에이즈에 대한 편집증에 사로잡혀 있었다. 이미 몇 년 전에 에이즈가 일반적인 접촉으로는 전파되지 않는다는 것이 밝혀졌음에도 유언비어를 퍼뜨리는 타블로이드 신문의 헤드라인과 기사에서 에이즈를 '게이 전염병gay plague'이라 부르며 말도 안 되는 무시무시한 경고를 쏟아내는 바람에 대중은 광란에 휩싸여 있었다. 에이즈에 대한 낙인이 너무 심해서 TV 카메라가 다이애나 비를 따라 병동으로 들어가자 환자들은 숨기 바빴다. 그중에 에이즈 말기에 접어든 32세의 남성 환자가 다이애나 비와 만나보겠다고 자원해서 나섰고, 이후에 촬영된 사진에서 그가 다이애나 비를 맞이하는 뒷모습이 잡혔다. 하지만 언론과 대중의 상상력을 모두 사로잡은 부분은 다이애나 비가 장갑을 끼지 않고 남성과 악수한 장면이었다. 사람들이 이런 점에 주목했다는 것이 새삼스럽지만 당시만 해도 용감함을 넘어 급진적인 행동으로 여겨졌다. 당시 의료 일선에 종사하고 있던 많은 사람이 이 사건을 에이즈에 대한 대중의 인식을 바꾸는 하나의 큰 전환점이었다고 말한다. 다시 말해 아주 간단한 인간적 손길이 질병으로 고통받던 사람들을 냉대로부터 구원해준 순간이었다.

그로부터 30여 년 후 우리는 다른 새로운 종류의 전염병과 마주했다. 이 전염병 역시 접촉이 중요한 역할을 한다. 코비드 19로 생겨난 사회적 거리두기 때문에 함께 사는 가족 말고는 서로를 껴안거나 스킨십을 나누기가 어려워졌다. 솔직히 말해 사회적 접촉은 여러 해에 걸쳐 우리 삶에서 조금씩 줄고 있었다. 이런 현상이 발생하게 된 데는 부적절한 행동으로 보일지 모른다는 걱정도 한몫했다는 주장이 있다. 의사들은 환자와 포옹하지 말라는 경고를 받고, 교사들은 행여 의도를 의심받을까 봐 학생들과의 스킨십을 꺼린다. 어린 세대들은 다른 친구들과 보내는 시간보다 스크린과 함께하는 시간이 더 많아지면서 점점 세상과 벽을 쌓고 있다.

물론 스크린 자체는 촉각을 이용하는 놀라운 터치 기술이지만, 수동적인 일방향 경험에 해당한다. 언젠가 사랑하는 이와 원격으로 스킨십을 나눌 수 있는 날이 올까? 연구자들이 이 감질나는 가능성에 관심을 보인지도 몇십 년이 흘렀다. 이 방향으로 이뤄진 최초 시도는 80년대 중반에 나온 전화 팔씨름 시스템Telephonic Arm-Wrestling System이었다. 기본 개념은 수천 킬로미터 떨어져 있는 선수들끼리 서로 팔씨름을 도전할 수 있게 하자는 것이었다. 각기 다른 장소에 있는 선수들에게 멀리 떨어져 있는 상대방의 팔을 대신해 지렛대를 장착해준다. 그런 다음 이들이 지렛대와 겨루는 힘에 관한 정보를 전화선을 통해 상대방의 지렛대로 전달한다. 이 기술은 유행을 타는 데는 실패했지만 지금은 기술의 발전 덕분에 실제로 대화형 촉각 경험interactive touch experience이 가능할 정도의 수준에 도달했다.

5G 기술로 등장한 초고속 통신기술 덕분에 소위 촉각 인터넷Tactile Internet이라는 것이 공상과학의 영역을 넘어 현실로 다가왔다. 머지않아 인간의 촉각은 한계 없이 작동할 수 있게 될 것이며, 촉각의 손재주를 이용해 원격으로 사물을 조작할 수 있을 것이다. 또 우리는 자기가 만지고 있는 것이 무엇인지도 촉각으로 알아낼 수 있을 것이다. 촉각 인터넷의 가능성은 물건의 질감을 직접 만져보고 구입할 수 있는 인터넷쇼핑에서, 의사가 직접 볼 수 없는 환자에 대한 원격 진료에 이르기까지 다양하게 펼쳐질 것이다. 심지어 이 기술을 이용해 사랑하는 이를 어루만질 가능성도 있다. 단점이라면 그런 촉각을 부여하는 주체는 인간이라도 결국에는 안드로이드 손 같은 하

드웨어를 통해 전달되리라는 점이다. 분명 없는 것보다야 낫겠지만 실제의 촉각과는 한 걸음 떨어져 있는 셈이다.

촉각은 오랫동안 타인과 교감하는 가장 친밀한 수단이었고, 여전히 그렇다. 하지만 그 수준은 자기가 자란 문화권에 좌우된다. 1960년대에 캐나다의 심리학자 시드니 조라드Sidney Jourard는 전 세계 사람들을 대상으로 커피숍에 앉아 있는 동안 사람들이 어떻게 상호작용하는지 연구했다. 조라드는 사람들을 관찰하면서 대화를 나누는 동안 서로 간의 신체 접촉 횟수를 기록했다. 그가 얻은 결과를 보면 사람들 사이에 꽤 큰 차이가 있음을 알 수 있다. 내성적이라고 알려진 런던 사람들은 접촉이 전혀 없었다. 미국인들은 좀 더 따듯해서 시간당 평균 2회 정도 접촉했다. 반면 프랑스인과 푸에르토리코인은 시간당 각각 110회, 180회 접촉할 만큼 서로에게서 손을 떼는 일이 거의 없을 정도였다.

그로부터 50년이 지난 후에 또 다른 연구에서 이 문제를 다시 다뤘는데 미국인들은 한 시간에 9회가량 서로를 만졌다. 흥미롭게도 도시와 시골 간 차이가 나타났는데, 도시에 사는 사람들이 시골 사람들보다 신체 접촉이 많았다. 그렇대도 한 시간에 9회는 그리 많지 않고, 코로나 19 바이러스로 촉발된 사회적 접촉의 큰 감소를 고려하면 아주 많은 사람이 만성적으로 스킨십을 박탈당한 느낌을 받는 것이 놀랄 일은 아니다. 최근에는 '접촉 결핍touch starvation'이라는 용어가 생겼다. 사람의 삶에서 신체 접촉을 상실하는 것이 혼자 외롭게 표류하는 느낌, 이어서 심리적 외상으로 이어지는 과정을 잘 드러내는 용어다.

신체 접촉의 결핍으로 우리는 사회적 존재로서 우리를 뒷받침하는 핵심 부분을 놓칠 위험에 처했다. 신체 접촉은 면역계의 기능을 높이고, 우리를 진정시키며 기분 좋게 만들어주는 세로토닌과 옥시토신의 분비를 개선해준다. 신체 접촉은 우리가 가진 것 중에서 가장 단순하면서도 가장 심오한 방법이자, 사회적 배제에서 오는 고통에 대한 가장 효과적인 치료제이며 인간관계의 뿌리다.

우리 피부는 자신을 타인과 구분 짓는 동시에 우리의 가장 필수적인 소통 수단 중 하나를 위한 접점으로도 작용한다. 다른 감각은 눈가리개, 귀마개 같은 것으로 억누를 수 있지만 촉각은 항상 그곳에 존재하면서 바깥세상의 모든 특성과 질감을 우리에게 끊임없이 일깨워준다. 무엇보다도 촉각은 우리에게 개별성, 즉 자기 고유의 정체성을 부여한다. 촉각은 우리의 가장 심오한 감각이지만 동시에 위험할 정도로 소홀히 대하는 감각이기도 하다.

# 6

# 잡동사니 감각

THE KITCHEN DRAWER OF THE SENSES

마술은 사실 감각의 스펙트럼 전체를 사용하는 것에 지나지 않는다.

인간은 감각으로부터 스스로를 단절했다.

— 마이클 스콧, 《알케미스트The Alchemyst》)

지금까지 시각, 청각, 후각, 미각, 촉각을 알아봤다. 우리는 모두 본능적으로 오대 감각을 이해하고 있다. 그러니 어쩌면 여기서 끝맺음을 하는 것이 깔끔할지도 모르겠다. 하지만 이런 식으로 접근하면 모든 것이 명확해지는 장점은 있으나 일상을 살아가면서 사용하는 다른 많은 감각은 무시하게 된다. 예를 들어 균형감각은 무엇으로 분류해야 할까? 반쪽짜리 감각? 아니면 이도 저도 아닌 것이 돼야 할까? 균형감각은 적어도 감각을 담당하는 수용기 시스템을 갖고 있다. 그렇다면 시간에 대한 감각은 어떨까? 우리는 달걀을 삶기 시작해서 얼마나 지났는지 파악할 수 있는 능력이 있다. 따로 감각을 담당하는 기관이 있는 것이 아니라 뇌의 기능 중 하나다.

감각 클럽의 회원 자격을 갖췄다고 주장하며 나설 만한 후보는 많다. 감각 관련 권위자 중에는 촉각을 여러 가지 별개의 감각으로 다시 구분하는 사람도 있어서 그림이 훨씬 복잡해진다. 따라서 사람의 감각이 몇 가지나 되느냐는 질문에 대한 답은 5개부터 50개 이상까지 다양하게 나올 수 있다.

사람만의 감각이 아닌 전체 감각의 종류가 몇 가지나 되느냐고 물어본다면 어떻게 될까? 그 수는 훨씬 더 많아진다. 인간이 아닌 다른 동물에서 진화한 감각이기 때문에 우리가 잘 알지 못하는 문제에 대한 통찰을 얻을 수 있다. 이런 낯선 감각들과, 갖고는 있지만 잘 사용하지 않는 감각들을 탐험해 보면 정통의 오대 감각만 고집해서는 결코 볼 수 없는 훨씬 많은 것이 보인다.

동물에게는 초감각이 있다는 말을 자주 듣는다. 특히 자연 현상과 관련된 이야기가 많다. 2004년 12월 26일 아침에 인도네시아의 시믈르Simuelue 섬과 수마트라Sumatra 섬 사이 두 대륙판을 따라 나 있는 단층에서 거대한 파열이 일어났다. 여기서 방출된 에너지는 일부 추정치에 따르면 히로시마 원폭의 2만 배가 넘으며, 거대한 쓰나미가 발생해 인도양 전역에 파괴를 불러 왔다. 인도네시아 수마트라 섬의 아체Aceh 특별구를 휩쓸 때는 파도 높이가 9층이나 10층 건물 높이인 30미터에 달했다. 파도와 잔해는 인도양 전역의 해안가 마을을 가차 없이 휩쓸고 가며 파괴했고, 약 2만 명의 목숨을 앗아갔다.

비극이 발생하고 나서 수 주, 수개월 동안 한 가지 의문이 계속해서 제기됐다. 왜 아무런 경고도 없었을까? 아체 특별구에서는 사실상 사람들을 대피시킬 시간이 없었지만 더 멀리 떨어진 곳에서는 경보가 있었다면 많은 목숨을 구할 수 있었을 것이다. 쓰나미가 태국 해안에 닿기까지는 한 시간 반의 여유가 있었고, 스리랑카를 타격하기까지는 두 시간의 여유가 있었다. 아무런 경보 없이 기습적으로 재해가 닥치는 바람에 사망자 수가 훨씬 많아진 것이다. 당시 인도양에는 아무런 경보시스템도 없었고, 지금은 해당 지역에 새로운 기술이 적용돼 있지만 바다에서 쓰나미를 감지하기는 여전히 어렵다. 역사상 가장 치명적인 이 쓰나미도 깊은 바다에 나가서 보면 무방비 상태의 사람들을 향해 다가오는, 1미터도 안 되는 높이로 솟아오른 물 덩어리에 불과하다.

2018년 인도 술라웨시Sulawesi 섬에서 또다시 발생한 파괴적인 쓰나미 후에 발간된 〈UN 보고서〉는 기술에 지나치게 의존하지 말 것을 촉구했다. 저자의 경고는 바다에서 쓰나미의 규모를 기록하는 시스템이 정확하지 않고, 또 거기서 얻은 정보를 광범위한 위험 지역에 알리는 데 어려움이 있다는 사실을 바탕으로 나온 것이었다. 위험의 발생 가능성과 범위를 결정하는 변수가 매우 다양하므로 현재 지식으로는 정확한 예측을 내리기 어렵다. 하지만 적어도 현재 사용하는 방식과 함께 고려해 볼 만한 더 단순한 해법이 존재한다.

쓰나미가 닥치기 오래전부터 동물들은 위험을 감지하고 있었다. 과거의 재난을 목격했던 사람들에 따르면 큰 파도가 밀려오기 전부터 소와 염소들이 공황에 빠져 더 높은 땅을 향해 달려가고 새들도 바닷가 가장자리를 두르고 있는 나무를 떠났다고 한다. 이 동물들은 쓰나미가 도착하기 적어도 몇 분 전에 우리가 인식하지 못하는 어떤 자극에 반응하는 것처럼 보일 때가 많았다. 동물들의 행동에 충분히 주의를 기울인다면 지역민들이 그 경고를 알아차리고 동물들을 쫓아 안전한 곳으로 피할 수도 있을 것이다.

일례로 시믈르 섬은 2004년 지진의 진앙과 가까운 지역이었지만 약 8만 명에 이르는 주민 중 쓰나미로 사망한 사람은 7명에 불과했다. 이는 지역민들이 지역 동물들의 행동에 주의를 기울인 덕분이라 할 수 있다. 동물들은 지진의 진동을 느낄 수 있고, 더 나아가 다른 신호도 감지할 수 있다. 아마도 이들은 지진을 예고하는 거대한 교란에서 발생하는 초저주파 불가청음을 들을 수 있을지도 모른다. 쓰나미 또한 초저주파를 만들어내기 때문에 이런 깊은 소리의 파동을 들을 수 있는 동물들에게 치명적인 파도의 위험이 다가왔음을 알린다.

역사를 살펴보면 자연재해가 닥치기 전에 이상 행동을 보인 동물들의 이야기가 곳곳에 있다. 1975년 겨울 중국 북부의 하이청Haicheng 지역에서는 지진이 발생하기 며칠 전에 고양이와 가축들이 이상 행동을 보이기 시작했다. 특히 당혹스러웠던 사건은 겨울 동면을 하던 뱀들이 땅 위로 기어나왔다가 수천 마리씩 동사로 떼죽음을 당한 것이다. 좀 더 최근에는 봄을 맞이해서 올챙이를 낳기 위해 이탈리아 산 루피노 호수Lake San Ruffino로 모여들었던 두꺼비들이 짝짓기를 하다 말고 단체로 물을 떠난 사건이 있었다. 그로부터 닷새 후에는 거대한 지진이 그 지역을 뒤흔들어 놓았다. 지각판 활동에서 바위들이 갈리고 쪼개지면서 생기는 가스 분출이나 전기 에너지 발생 등 지진에 앞서서 다른 변화들도 발생하지만, 두꺼비는 지진의 진동에 민감하게 반응해서 미리 경고를 느꼈던 것인지도 모른다. 시간과 장소에 따라서는 쥐들이 한낮에 거리로 쏟아져 나오기도 하고, 새들이 엉뚱한 시간에 울기도 하고, 말들이 우르르 몰려다니고, 고양이들이 새끼를 이동시키기도 한다. 어떤 문화권, 특히 이런 사건을 자주 겪는 지역에서는 이런 관찰이 전통문화의 지식 속에 통합돼 지역 주민을 보호하는 역할을 하고 있다.

특정 동물이 임박한 위험을 알리는 미묘한 신호에 민감하게 반응하는 것을 이용해서 기술을 발전시킬 수 있을까? 콘스탄츠에 있는 막스플랑크 동물행동 연구소Max Planck Institute of Animal Behavior의 소장 마틴 비켈스키Martin Wikelski는 가능하다고 믿는다. 그는 지구 곳곳에서 서로 다른 종의 이동을 추적하는 정교한 시스템을 개발했다. 각각의 동물들은 속도, 가속, 활동, 위치 등의 상세한 정보를 전송하는 최첨단 꼬리표를 달고 있다. 이 정보를 국제우주정거장에 설치된 정교한 안테나에서 수집해서 다시 지구로 중계해준다. 이카루스Icarus로 알려진 이 프로젝트의 주요 목표 중 하나는 동물의 장거리 이동을 연구하고, 동물들이 자신의 환경 생태계와 어떻게 상호작용하는지 조사해서 특정 표적을 대상으로 한 보호 활동을 가능케 하는 것이다. 하지만 이 정보가 질적으로 전례 없이 우수하고 풍부한 덕분에 동물의 행동을 자연재해에 대한 조기 경보시스템으로 사용할 수단이 생겼다. 마틴은 여기에 자연을 이용한 재해 경보 중개Disaster Alert Mediation using Nature, DAMN라는 이름을 붙여줬다.

몇 년 전에 마틴과 동료들은 시칠리아 섬에서 오랜 기간 골칫거리로 여겨진 화산火山 에트나 산Mount Etna을 확인하려 직접 찾아갔다. 화산의 측면을 따라 염소들이 기름진 화산토에서 자라는 풀들을 만족스럽게 뜯어먹고 있었다. 이 지역에 관한 염소들의 지식을 캐내기 위해 연구자들이 멀리서도 염소들의 행동을 관찰할 수 있도록 염소 몇 마리에 전자 꼬리표를 부착했다. 마틴과 연구진은 오래 기다릴 필요가 없었다. 불과 몇 주 후에 에트나 산이 폭발한 것이다. 마틴이 화산 폭발이 있기 전에 이뤄진 염소들의 행동을 역추적해 보니 폭발 6시간 전부터 분명한 반응이 관찰됐다. 염소들의 활동이 평소보다 몹시 활발해진 것이다.

하지만 무언가를 과학적으로 측정하려면 '평소보다 몹시 활발하다.'라는 수준으로는 부족하다. 그다음 해야 할 일은 염소가 에트나 산에 폭발이 임박했음을 감지했다고 말해줄 정확한 행동 매개변수를 확립하는 것이었다. 만약 이것이 가능해지면 염소를 이용한 경보시스템을 자동화해 염소의 행동에서 특정 측면이 임계값을 넘어설 때마다 자동으로 경보를 울릴 수 있다. 2년에 걸쳐 이 용맹한 염소들은 거의 서른 번의 화산 활동을 성공적으로 감지해 냈고, 그중 일곱 차례는 심각한 피해가 예상될 정도였다. 그 자체로도 인상적이지만 더한 결과가 있다. 에트나 산에는 기계적 센서를 이용해서 화산 활동을 예측하는 측정소들이 여럿 설치돼 있는데, 이런 최첨단 기술보다 염소가 에트나 산의 요동을 훨씬 일찍 감지해 더 뛰어난 성과를 올린 것이다. 더군다나 염소들은 임박한 화산 활동의 심각성도 알아낼 수 있었다. 심각성은 과학 장치를 통해서 알아내기가 어렵기로 악명이 높은 부분이다. 동물에서 진화한 초감각과 최첨단 기술을 결합함으로써 마틴은 오래전부터 전승된 지식에 엄격한 21세기 관점을 접목했다. 이것을 이용하면 전 지구적 문제에 대해 저렴하면서도 효과적인 해법을 제공할 수 있을 것이다.

마틴이 동물의 예민한 감각을 처음으로 이용한 사람은 아니다. 빅토리아 시대의 발명가 조지 메리웨더George Merryweather는 거머리의 기압 변화 감지 능력을 이용했다. 폭풍우 예측기Tempest Prognosticator로 알려진 그의 일기예보 장치는 폭풍우가 몰아치는 날씨를 예측하려는 시도였다. 폭풍우 예측기는 작은 회전목마처럼 생겼는데 목마 대신 작은 병이 들어있고, 각각의 병에는 거머리가 한 마리씩 있었다. 자연 서식지에서는 거머리들이 축축한 은신처에 머물면서 비 오는 날을 기다린다. 그러다 비가 오면 거머리들이 흥미를 느끼고, 천둥과 번개까지 치면 열광하기 시작한다. 메리웨더의 기계장치에서는 저기압 전선이 거머리를 자극하면 거머리들이 유리병 벽을 기어오르기 시작한다. 그러면 이것이 장치의 균형을 깨뜨리는 효과를 내서 종이 울리고 근처에 있는 사람들에게 경보를 알린다. 이는 매우 기발한 아이디어였고, 발명자 메리웨더는 해안경비대에 이 장치를 도입하려고 열심히 로비했지만 성공하지 못했다. 하지만 그는 1851년에 개최된 런던 만국박람회에 이 장치를 전시하는 영광을 누렸다.

거머리는 날씨의 변화에 민감한 수많은 동물 중 하나일 뿐이다. 프랑스 일부 지역에서는 농부들이 개구리를 유리병에 잡아둔다. 개구리들이 비가 내릴 것 같으면 우는 습성을 이용하는 것이다. 여러 식물도 일기예보에 뛰어나다. 클로버는 소나기가 내리기 전에 자신을 보호하기 위해 이파리를 접는다. 한편 금잔화, 해바라기, 별봄

맞이꽃scarlet pimpernel은 이파리 대신 꽃잎을 접는다. 아마도 꽃가루를 건조한 상태로 유지하기 위함일 것이다. 우리 역시 기압이 떨어지면 기분이 처지는 느낌을 받는다고 알려져 있었다. 특히 기압이 낮아지면 편두통, 류마티즘, 만성통의 강도가 함께 높아진다. 어째서 이런 현상이 일어나는지는 분명하지 않지만 기압 저하로 몸에서 스트레스 호르몬이 분비돼 신경 활성을 끌어올리고, 이것이 다시 우리를 통증에 더 예민해지게 만든다. 하지만 이것이 엄격한 의미에서 감각에 해당하는지는 의문이다. 기압을 전문적으로 담당하는 수용기가 존재하지 않는 것으로 보인다는 점도 한 가지 이유다. 그렇지만 적어도 생쥐는 기압의 변화가 속귀에서 신경 활성을 촉발한다는 것을 알고 있다. 어쩌면 우리 신체도 비슷한 일을 겪을지 모른다.

폭풍우에는 기압의 요동만이 아니라 전기적 요동도 함께 따라온다. 꿀벌은 전기장을 대단히 경계하기 때문에 폭풍우가 다가오면 꽁지가 빠지게 벌집으로 돌아간다. 전기장을 감지하는 능력을 전기수용electroreception이라고 한다. 이것 역시 꿀벌의 먹이 채집 전략에서 한 자리를 차지한다. 다른 곤충들과 마찬가지로 꿀벌도 날개를 퍼덕이면 몸에 살짝 정전기가 오른다. 꿀벌이 꽃 위에 앉으면 전하가 식물로 전달돼 남아 있다가 줄기를 통해 천천히 땅으로 흩어져 사라진다. 꿀을 찾아 주변을 찾아다니던 벌들은 다른 꿀벌이 날아들었다가 남겨놓은 이 전기적 활성을 감지할 수 있다. 그래서 전하를 띠고 있는 식물은 피한다. 앞선 방문객이 이미 꿀을 대부분 쓸어갔을 것이기 때문이다.

엄밀히 말하면 꿀벌은 전기수용이 아니라 촉각을 통해 전기를 지각해 전기를 감지한다. 하지만 다른 많은 동물이 실제로 전기장을 감지할 수 있는 수용기를 갖고 있다. 전기장 감지 능력이 탁월하다고 알려진 상어는 돌아다니면서 주변에서 전달되는 전하의 박동과 웅웅거림을 살핀다. 작은 물고기들은 상어의 시야를 피해 숨을 수는 있어도 자신의 신경에너지에서 나오는 미세한 전압을 숨길 수는 없기 때문에 결국 상어에게 위치를 들키고 만다. 그와 마찬가지로 돌고래와 알을 낳는 단공류 동물monotreme 등의 포유류는 살아있는 먹잇감에서 나오는 전기장을 정확히 찾아낼 수 있다. 오리 주둥이를 가진 오리너구리는 호주의 개울과 호수에 사는 사냥의 대가다. 물이 탁한 곳이 많지만 오리너구리에게는 전혀 문제가 되지 않는다. 오리너구리의 주둥이에는 수용기가 잔뜩 박혀 있어 물속 시야가 확보되지 않은 상황에서도 맛있는 무척추동물 먹잇감들을 찾아낼 수 있다.

전기수용은 우리에게 없는 감각이지만 전자기장을 아예 인식하지 못하는 것은 아니다. 우리가 전자기장에 얼마나 민감한지에 대한 의문 때문에 온갖 음모론이 세상에 나왔다. 가장 최근에는 5G 네트워크 출시와 코비드 19의 등장이 관련 있다는 주장도 제기됐다. 물론 여기에는 어떤 관련성도 없고, 이를 뒷받침해줄 믿을 만한 과학적 증거도 없다. 그런데도 전자기장이 인간에게 미치는 영향에 대해 그럴듯한 우려가 존재하며, 이 주제는 과학에서 가장 활발하게 연구가 진행되는 분야 중 하나다. 20세기 이래로 우리는 송전선, 실내조명, 가정용 전자기기 등을 통해 전기장 형태의 복사에너지와 가까이 접촉하게 됐다.

전자기장은 위험할까? 이 의문에 많은 관심이 집중되면서 무선장치와 핸드폰 같은 기기에 대한 조사가 이뤄졌고, 과학자들 사이에는 명확한 공감대가 형성됐다. 위험이 존재하더라도 대단히 미미한 수준이며, 특히나 햇빛 노출, 지속적인 과음, 잘못된 식생활 등으로 매일 겪고 있는 위험에 비하면 현저히 낮은 수준이라는 것이다.

그렇다고 우리가 신경 쓰지 않아도 된다는 의미는 아니다. 몸을 은박지로 감싸고 살든, 의심스러운 부적을 붙이고 다니든, 수정으로 몸을 감싸든, 나 몰라라 살든 그것은 개인의 선택에 달렸다. 우리가 비자발적으로 전자기파에 노출되고 있으며, 감지할 수 없다는 사실 때문에 전자기파는 한층 위협적으로 느껴진다. 하지만 동물을 관찰한 결과와 일부 주장에 따르면 우리도 감지할 수 있는 전자기파 종류가 한 가지 있다. 이것은 지구 전체에 퍼져 있으며, 우리는 수 세기 동안 항해에 이것을 사용했다. 바로 지자기장geomagnetic field이다.

2013년 체코의 한 연구진이 개의 대변 습관과 관련해 힘들게 수집한 다소 특이한 연구 결과를 발표했다. 이들은 거의 2000마리에 이르는 테리어, 불도그, 라브라도의 배변 습관을 관찰한 후에 연구 결과를 대중에게 공개해 사람들을 당황하게 했다. 2년 후에 나는 프라하의 한 강당에서 그 연구진의 리더인 히네크 부르다Hynek Burda의 강연을 들었다. 부르다는 연구 결과를 발표한 후에 받은 상에 관해 설명했다. 인정받는다는 것은 언제라도 좋은 일이지만 이그노벨상Ig Nobel Prize은 풍자적으로 비꼬는 상이다. 이것은 〈있을 법하지 않은 연구 연보Annals of Improbable Research〉라는 잡지에서 '우선은 사람들을 웃게 만들고, 그다음에는 생각하게 만드는 업적'에 수여하는 상이다.

부르다는 이그노벨상 수상으로 기분 나빠하지 않았다. 과학적으로 악명을 얻은 것에 오히려 즐거워했고, 과학의 이상한 측면에 관한 이야기로 1시간 넘게 청중을 웃게 했다. 그의 개 연구는 지구의 지자기장에 대한 동물의 반응인 자기수용magnetoception에 초점을 맞췄다. 부르다와 그의 연구진이 발견한 바에 따르면 신기하게도 개들은 배변 전에 몸의 방향을 남북축에 맞췄다. 머리는 북쪽, 엉덩이는 남쪽을 향할지, 아니면 그 반대인지는 상관하지 않았지만 어쨌든 몸을 그 방향으로 맞추는 것을 좋아하는 듯했다. 내장된 나침반을 이용해 자신의 행동을 유도하는 동물이 개만 있는 것은 아니다. 부르다는 소와 사슴이 풀을 뜯을 때 똑같이 남북축을 따라 몸을 향하며, 사냥하는 여우도 북쪽으로 먹잇감을 덮치는 것을 좋아한다고 설명했다. 대부분의 행동학 관련 데이터와 마찬가지로 동물들의 이런 방향성도 잡음이 많이 낀다. 자연의 부름을 받아 변의를 느끼는 개와 풀을 뜯는 소의 몸이 모두 나침반의 자침처럼 정확하게 남북을 가리키지는 않는다. 하지만 그 방향은 결코 무작위적이지 않으며 바람이나 날씨로 설명하기도 불가능하다. 어쩌면 이것을 가장 효과적으로 보여주는 사례는 송전탑 근처에 동물을 데려다 놓았을 때 일어나는 상황이 아닐까 싶다. 송전탑은 지자기장을 방해하며 동물들이 향하는 방향에서 질서가 사라진다.

세균에서 박쥐에 이르기까지 다양한 생명체가 지구의 극성을 감지하는 능력을 갖고 있다. 그리고 앞에서 언급했던 동물들은 특이한 방식으로 지구의 극성에 반응하지만 뱀장어, 비둘기, 고래처럼 지자기장의 지각이 자체 내장 항법 시스템에서 정교한 요소로 작용하는 종들도 있다. 동물들은 어떻게 이런 방향을 감지하는 것일까? 철새를 대상으로 진행한 혁신적인 연구에 따르면 새들은 망막에 존재하는 크립토크롬-4cryptochrome-4 단백질 덕분에 지구의 자기장을 눈으로 볼 수 있다. 이것이 시각적 경험이라는 것은 분명해 보인다. 새들은 빛이 전혀 없는 상황에서는 방향감각을 잃고, 크립토크롬을 활성화하면 일반적인 시각의 경우와 동일한 뇌 영역이 자극을 받기 때문이다. 하지만 지자기장이 그들의 눈에 어떤 식으로 보일지는 순수한 추측의 영역이다. 아마도 부가적인 대조나 밝기 등의 형태로 지자기장을 감지할 가능성이 크고, 이렇게 되면 진북true north이 어느 쪽인지 말 그대로 눈에 보일 것이다. 시각에 이런 특별한 기능이 있다면 하늘을 날면서 길을 찾는 것쯤이야 식은 죽 먹기일 것이다.

크립토크롬은 새들뿐만 아니라 생명의 나뭇가지 곳곳에서 발견되는 아주 오래된 단백질이다. 사실상 이 단백질은 샐러드용으로 즐겨 먹는 갓류 식물cress에서 처음 추출됐고, 곤충에서 우리 인간에 이르기까지 다양한 동물종에서도 발견된다. 대부분 종에서 이 단백질의 1차적인 역할은 블루라이트blue light를 감지해 내부 시계를 설정하는 것이다. 하지만 이런 종들의 일부는 이 단백질이 다양화하면서 다른 단백질과 힘을 합쳐 생물나침판biocompass이라 할 만한 것을 만들어냈다. 크립토크롬을 갖고 있다고 해서 동물이 아무런 문제 없이 길을 찾아다닐 수 있다는 의미는 아니다. 장거리 이동을 하는 철새들은 자기장에 민감하게 반응하는 크립토크롬 나침반을 갖고 있다. 반면 닭과 편지비둘기homing pigeon는 크립토크롬을 가지고 있지만 다른 새들만큼 민감하지는 않다. 하지만 비둘기는 길 찾기 능력으로 유명하다. 그렇다면 자기장을 추적하는 또 다른 메커니즘이 존재하는 것일까?

철분은 비둘기의 몸에서 대단히 중요한 원소다. 다른 동물들도 마찬가지다. 철분은 혈액 속에서 산소를 운반하는 헤모글로빈의 필수성분이다. 철분은 또한 자철석magnetite이라는 일종의 미네랄 형태로도 존재하며, 새의 부리, 꿀벌의 뇌, 어류의 코에서 발견된다. 사실 철분은 엄청난 길 찾기 능력을 보여주는 거의 모든 동물의 머리에서 발견된다. 지구의 자기장은 냉장고에 붙이는 자석의 200분의 1 정도에 불과할 정도로 힘이 약하지만 자철석은 무척 민감해서 자기장의 방향에 맞춰진다. 흥미롭게도 우리 역시 뇌의 앞쪽 영역에 자철석이 집중적으로 존재한다. 그렇다면 우리 역시 자기수용이 가능하다는 의미일까?

40년 전에 맨체스터대학교University of Manchester의 로빈 베이커Robin Baker는 우리가 실제로 지구의 자기를 느낄 수 있다는 실험을 보고했다. 그는 눈을 가린 학생들을 버스에 태우고 어딘지 모를 곳으로 데려간 다음 집의 방향을 가리키라고 했다. 동물을 대상으로 한 부르다의 실험과 마찬가지로 여기서 얻은 데이터도 잡음이 좀 끼어 있었지만 참가자 중 90퍼센트가 올바른 방향과 소름이 끼칠 정도로 비슷한 쪽을 가리켰다. 추측으로 맞힌 부분을 모두 합산했을 때 평균값은 올바른 방향에서 5도 이내, 즉 2퍼센트 미만이었다. 하지만 눈가리개를 벗은 후에 다시 방향을 추측하라고 했을 때는 이런 방향 파악 능력이 사라졌다. 눈가리개를 했을 때 정확하게 알아맞힐 수 있었던 것은 어떤 마법 같은 고대의 감각에 의존할 수밖에 없는 상황에 밀어넣었기 때문으로 보인다. 여기에 지배적 감각인 시각이 추가되는 순간 모든 것이 사라져 버렸다. 더군다나 눈가리개와 함께 머리에 자석을 장착해서 내부의 나침반에 혼란을 준 사람은 상대적으로 집으로 향하는 방향을 추측하기 더 어려워했다.

추가적인 감각의 존재 가능성을 보여주는 증거가 나오자 처음에는 흥분이 일었지만 베이커의 발견을 회의적으로 보는 사람들이 생겨났다. 다양한 연구진이 그의 연구를 재현했지만 모두 실패로 끝났다. 어떤 사람들은 우리 머리뼈에 자철석이 존재한다고 해도 그것이 지구의 자기장에 어떻게 반응하는지 파악할 수 있는 수용기가 없음을 지적했다. 그래서 베이커의 연구 결과는 요행으로 나온 것이며, 인간은 자기수용 능력이 없다는 결론으로 마무리됐다. 이것은 베이커에게는 징벌과도 같은 경험이었고, 결국 그는 이 연구를 포기했다. 슬픈 일이지만 이 사건은 때로는 전투적이고 때로는 적대적인 과학의 본성에 대해 많은 것을 말해준다.

그 후로 무언가 있을지 모른다는 감질나는 단서들이 등장했다. 예를 들면 박쥐 같은 포유류가 자철석을 길 찾기 보조 도구로 사용한다는 암시가 있다. 한편 인간의 뇌를 대상으로 한 영상 촬영 연구에서 흥미로운 증거가 등장했다. 2019년 캘리포니아공과대학교의 코니 왕Connie Wang이 이끄는 학술 연구진이 국소적인 자기장의 변화에 참가자가 어떻게 반응하는지 조사했다. 참가자들은 뇌 활성 측정을 위한 전극을 장착하고 패러데이 상자Faraday cage에 앉아 있었다. 패러데이 상자를 이용하면 실험자가 그 안의 자기장을 조작할 수 있다. 결과는 분명했다. 나침반을 리셋할 때마다 많은 실험 참가자의 뇌가 반응해서 불이 들어왔다. 이 실험은 우리 뇌가 자기장을 알아차린다는 것을 보여줄 뿐만 아니라 두 가지 사실을 더 보여줬다. 첫째, 참가자 중에 무슨 일이 일어나고 있는지 인식하고 그것을 표현한 사람은 아무도 없었다. 둘째, 뇌마다 큰 차이가 있었다. 어떤 뇌는 민감하게 반응하는 반면, 어떤 뇌는 변화를 거의 파악하지 못했다. 어쩌면 우리 중에 초능력 같은 방향감각을 소유한 사람은 무의식 깊숙한 곳에서 작동하는 이 신비로운 감각의 도움을 받고 있는지도 모른다.

아리스토텔레스가 오감을 지목한 것은 우리가 이 기본 감각 양식과 직관적으로 연결돼 있음에 착안한 것이다. 우리는 시각, 청각, 후각,

미각, 촉각을 의식적으로 인지하며, 별 어려움 없이 감각을 능동적으로 발휘해서 수동적 감각 경험을 능동적 경험으로 업그레이드한다. 예를 들어 우리는 생각 없이 들리는 것만 듣다가도 능동적으로 귀 기울여 들을 수도 있고, 수동적으로 보이는 것만 보다가 능동적으로 관심을 기울여서 볼 수도 있다. 하지만 오감을 제외한 다른 감각의 경우는 꼭 그렇지가 못하다. 우리가 자기장을 감지할 수 있다는 증거는 있지만 그렇다고 우리가 꼭 그것을 인식할 수 있는 것은 아니다. 자기수용은 감각sensation과 지각perception 사이의 차이를 잘 보여준다. 우리는 지구의 극성을 파악하고 거기에 반응할 수 있는 동물들의 감각적 하드웨어를 함께 공유하는 것으로 보이지만 동물처럼 인식하지는 못한다. 이것은 결국 진화의 문제라고 주장할 수도 있다. 진화는 생명체에게 능력을 부여할 때 쩨쩨하게 구는 경향이 있어 무언가 이점을 부여해주는 특성만 선택된다. 새나 거북이, 또는 이동하면서 사는 다른 동물들은 먼 곳에서 집을 곧장 찾아올 수 있는 능력을 갖추면 당연히 큰 도움이 될 것이다. 그들에게는 이것이 생과 사를 가르는 차이가 될 수도 있다. 반면 인간은 좀 더 효율적으로 길을 찾는 능력이 생겨서 나쁠 것은 없지만 1년마다 장거리 이동을 하며 살아본 역사가 없다. 그 때문에 내장형 생물나침판이 인간의 성공에 필요조건은 아니었다.

인간의 자기수용 능력은 감각이라 하기도 모호하고, 아니라고 하기도 모호한 영역이지만, 갖고 있음이 확실함에도 감각을 얘기할 때 종종 무시되는 두 가지 감각이 있다. 균형감각equilibrioception은 시각, 청각, 후각보다 덜 중요해 보일지는 몰라도 우리가 활동적으로 살아갈 수 있는 토대를 제공한다. 대부분 균형감각의 존재를 느끼지 못하고 살지만, 균형감각에 문제가 생겼을 때는 확실히 느끼게 된다. 2016년 미국 대선 운동 당시 힐러리 클린턴Hillary Clinton은 9·11 테러 추모 행사에서 중심을 잃고 쓰러졌다. 순간적으로 균형감각을 상실한 것을 두고 힐러리의 정적들은 그가 균형감각이 부족한 취약성을 상징적으로 보여주는 것이라며 꼬투리 잡았다. 이 사건은 두 달 후 힐러리 클린턴이 대선에 패배하는 데 결정적 역할을 했다.

균형을 유지하는 것은 눈, 피부, 근육, 안뜰계vestibular system(전정계)의 감각기관에서 들어오는 입력이 모두 결합한 집단적 노력의 산물이다. 안뜰계는 속귀에 있는 액체로 찬 고리 모양의 관 삼총사로 정교하게 구성돼 있다. 우리가 움직일 때 이 관 속에 있는 액체가 철벅거리면서 미세한 감각털sensory hair을 자극하면 이것이 운동을 감지해서 정보를 뇌로 보낸다. 이 털과 여기 달린 세포는 그 옆 달팽이관에 있는 것과 매우 유사하다. 이는 청각과 균형감각이 해부학적으로 밀접하다는 것을 보여준다. 양쪽 모두 고대의 어류 선조로부터 물려받은 것으로 두 개가 하나의 감각이었다. 우리는 각각 서로 다른 방향으로 설정된 세 개의 반고리관을 가진 덕분에 3차원 공간 속에서의 움직임을 파악할 수 있다. 여기에 덧붙여 한 쌍의 이석기관otolith organ이 존재해서 추가적인 정교함을 얻는다. 이석기관에는 이석otoconia이라고 하는 작은 돌가루가 들어있다. 말 그대로 '귀 먼지ear dust'다. 이석의 목적은 우리가 어떻게 움직이고 있는지 알려주는 것이다. 한 쌍의 이석기관 중 하나는 뇌에 우리의 수직적 가속, 즉 추락하고 있는지를 알려주고, 다른 하나는 수평적 가속 여부를 알려준다. 짐작하겠지만 양쪽 이석기관 모두 우리가 롤러코스터를 탈 때나 비행 중 난기류를 만났을 때 아주 바빠진다.

안뜰계를 구성하는 여러 가지 관과 주머니들 덕분에 우리는 자신이 만들어내는 모든 움직임에 민감하게 대응할 수 있지만, 이 기관들 모두 각설탕 하나 정도밖에 안 되는 공간 속에 빽빽하게 들어차 있고, 속이 액체로 차 있는 뼈처럼 딱딱한 관도 직경이 1밀리미터 정도밖에 안 된다. 여기서 우리의 균형감각과 신체협응능력 coordination ●이 비롯된다고 생각하면 참으로 놀랍다. 우리가 일상적인 활동을 하면서 똑바로 설 수 있는 것과 자세를 유지할 수 있는 것 모두 전적으로 안뜰계 덕분이다. 비틀거렸을 때 자세를 안정시켜주는 정향반사righting reflex도 귀와 속귀에서 들어오는 입력을 바탕으로 뇌가 번개처럼 빠른 계산을 해서 나오는 것이다.

하지만 안뜰계가 제공하는 가장 소중한 기능은 안뜰눈반사 vestibulo-ocular reflex일 것이다. 우리는 이 부분을 인식하지 못하지만 안뜰눈반사가 없다면 인생은 정말 불쾌하기 짝이 없을 것이다. 얼마나 불쾌할지 감을 잡고 싶다면 아마추어가 촬영한 홈 무비home movie를 떠올리면 된다. 이런 영상을 보면 카메라가 계속 덜컥거리며 화면이 거칠게 움직이기 때문에 평소에 우리가 지각하는 시각적 환경과는

● 근육, 신경기관, 운동기관 등이 서로 호응하며 조화롭게 움직임을 완성시켜 나가는 능력 - 옮긴이

완전히 다른 불쾌한 경험을 하게 된다. 웃기는 것은 사실 이렇게 형편없이 촬영된 동영상이 우리 눈에 보이는 세상을 더 정확하게 반영하고 있다는 점이다. 우리가 조깅이나 춤 같이 머리를 빠르게 자주 움직여야 하는 활동을 하면서도 흔들림 없는 매끈한 시야를 누릴 수 있는 것은 시야를 일정하게 유지해주는 안뜰눈반사 덕분이다. 이것은 작동에 걸리는 시간이 1백분의 1초도 안 되는 제일 빠른 반사작용 중 하나다. 그 과정에서 눈이 자동으로 움직이면서 머리의 움직임을 상쇄해 우리가 당연하게 여기는 매끄러운 시각적 경험을 제공한다.

안뜰계에 이상이 생기는 악몽 같은 시나리오가 찾아오면 대단히 기초적인 동작도 거의 불가능해진다. 뉴잉글랜드 출신의 의료종사자 존 크로포드John Crawford의 사례를 살펴보자. 크로포드는 결핵과 싸우기 위해 장기간 항생제 스트렙토마이신streptomycin을 투여했다. 이 약으로 질병을 물리치는 데는 성공했으나 부작용으로 안뜰계의 기능도 함께 파괴되고 말았다. 몇 주간 치료를 받은 후에 자신이 겪었던 병실이 빙글빙글 도는 느낌과 현기증이 얼마나 심했는지 설명했다. 책을 읽으려고 해도 머리를 침대 끝에 있는 금속 막대 사이에 끼워 넣어 고정해야 했다. 약간의 움직임, 심지어 심장박동이 만들어내는 아주 미세한 움직임만 있어도 단어들이 종이 위를 멀미가 날 정도로 어지럽게 뛰어다니는 것처럼 보였기 때문이다. 복도를 따라 걸을 때도 복도가 발밑에서 마치 폭풍우에 휘말린 배의 갑판 위처럼 휘청거렸다. 항생제 투여를 중단하자 회복되기 시작했지만 그때도 균형을 유지하려면 극단적인 조치가 필요했다. 특히 시각을 통해 움직임을 조정할 수 없는 밤에는 더욱 심했다. 그는 저녁 술자리에서 나와 어둠으로 들어가서는 손을 땅에 짚고 기어야 했다. 자존심 강한 그는 그것이 어떤 의학적 이유가 있어서가 아니라 칵테일을 너무 많이 마셔서 그렇다고 스스로 변명했다.

눈과 몸에서 들어오는 입력은 안뜰계가 말해주는 내용과 조화를 잘 이룬다. 하지만 차에 타서 책을 읽거나, 거친 바다에서 배를 타는 등 이 시스템을 구성하는 참가자들끼리 서로 모순되는 메시지를 보내기 시작하는 순간 우리는 큰 불편을 느끼게 된다. 왜 그럴까? 인간은 분명 활동적으로 움직이는 동물이고, 우리의 균형감각은 살면서 이뤄지는 정상적인 움직임에 대처하도록 진화했다. 하지만 현대의 운송수단은 뇌가 대처하기 힘든 비교적 새로운 경험을 제공한다. 이런 상황에서는 우리가 슈뢰딩거의 승객 같은 처지가 되기 때문에, 즉 움직이면서 동시에 움직이지 않는 상태가 되기에 문제가 발생한다. 차에 타고 있으면 근육의 수용기들은 뇌에 우리가 정지한 상태라고 말한다. 하지만 안뜰계는 흔들림과 가속을 감지하고, 눈은 차 내부를 보느냐, 외부를 보느냐에 따라 우리가 정지해 있다고도 말하고, 빠르게 움직이고 있다고도 말한다. 한마디로 뒤죽박죽이다. 이런 메시지 사이의 불일치가 뇌에 문제를 일으킨다. 우리의 진화 역사는 대부분 자동차가 없는 상태에서 이뤄졌기 때문에 뇌에는 이런 때 필요한 적절한 기준이 없다. 그 결과 뇌는 가장 흔하게 감각 불일치를 야기하는 상황을 의심한다. 바로 중독이다. 뇌는 독소를 배출하는 제일 간단하고 빠른 방법을 알고 있다. 토해내는 것이다.

물론 가끔은 우리가 실제로 미약하게나마 중독되는 바람에 균형을 잡지 못할 때도 있다. 척추 꼭대기 근처에 있는 호두만 한 뇌 부위인 소뇌cerebellum는 균형을 잡고 신체를 협응하는 데 필요한 서로 다른 가닥의 정보들을 한데 모으는 데서 핵심적인 역할을 한다. 소뇌는 우리가 좋아하는 신경독소인 알코올의 영향을 제일 먼저 받는 뇌 영역 중 하나다. 과음했을 때 비틀거리며 잘 넘어지는 것도 이런 이유에서다. 뇌는 이런 상황에 있을 때를 대비해서 마련해둔 제1안을 가동한다. 구토를 일으키는 것이다.

우리는 균형감각을 부차적인 감각으로 분류하지만 이것은 삶의 질을 결정하는 데 절대적인 감각이다. 뇌수술 환자가 잘 회복하고 있는지 예측할 수 있는 가장 큰 단일 변수는 균형을 잡고 자세를 유지하는 능력이다. 이것은 균형감각이 서로 다른 많은 원천으로부터 입력을 받아들이고, 또 여러 뇌 영역을 가동하는 협력적 성질을 갖고 있기 때문이다. 이는 아기가 도움 없이 혼자 설 수 있을 정도로 모든 정보를 통합하는 데 오랜 시간이 걸리는 이유 중 하나다. 균형감각을 통달하는 데는 다른 감각보다 훨씬 오랜 시간이 걸린다.

평균적으로 아이들은 만 한 살 정도가 돼야 일어서는 데 필요한 소근육운동fine motor control 능력이 발달한다. 그때가 돼도 아이들은 걸핏하면 넘어지기 때문에 걸음마 아기라 불린다. 나이가 들면서 안뜰계는 마모돼 낡는다. 제자리를 벗어난 끈적한 액체들이 반고리관에 고이고 이석기관의 소중한 이석도 양이 줄어든다. 그 결과 나이 든 사람은 현기증을 자주 느끼고 낙상도 잦아진다. 그나마 다행스러운 소식이라면 안뜰계가 자신을 괴롭히는 이런 문제를 어느 정도까지는 보상할 수 있다는 것이다. 그래서 걸음마 하는 아기보다 나이가 많고, 70세보다는 적은 사람들은 균형감각의 가치를 과소평가하는 우를 범할 수 있다. 균형감각은 사라지기 전에는 중요성을 깨닫지 못하는 존재다.

균형감각을 시각, 청각, 후각, 미각, 촉각과 함께 묶어준다고 해서 끝나는 것이 아니다. 이런 감각들을 묶어서 바깥세상에 대해 알려주는 외수용감각exteroception이라고도 한다. 반대로 몸속에서 일어나는 일을 알려주는 감각은 내수용감각interoception이라고 한다. 두 감각 사이에는 샌드위치처럼 끼어 있는 고유수용감각proprioception 또는 운동감각kinaesthesia이라고 불리는 것이 있다. 고유수용감각은 관절과 근육에 흩어져 있는 감각수용기를 바탕으로 신체 부위가 나머지 신체 부위와 이루는 상대적 위치를 인식할 수 있게 해준다. '내 손이 어디에 있는지 알 수 있네.', '알 수 없네.' 하는 말은 이상하게 들린다. 그렇게 생각할 만도 하다. 시선이 제일 먼저 가는 곳이 항상 팔 끝일 테니까 말이다. 하지만 이것이 사소한 문제로 보인다면 눈을 감고 코를 만져보라. 십중팔구 아무 생각 없이 편하게 만질 수 있을 것이다. 이는 고유수용감각 덕분이다.

고유수용감각이 제공하는 신체적 자각은 엄청나게 중요하

다. 테니스 선수 세레나 윌리엄스Serena Williams가 몸통과 팔다리의 완벽한 조화를 이루며 승리를 결정짓는 완벽한 스매싱을 날리는 동작에서 이를 확인할 수 있다. 본인은 인식하지 못하겠지만 세레나가 완벽한 타구를 날릴 수 있는 것은 고유수용감각 덕분이다. 나처럼 변변치 않은 인간도 밥을 먹고, 길을 따라 걷는 등의 단순한 동작에서 이 감각에 많은 빚을 지고 있다.

때로는 극단적인 사례를 통해 감각의 고마움을 느낀다. 이안 워터맨Ian Waterman의 이야기는 고유수용감각의 중요성을 잘 보여준다. 1971년 이안은 19세의 나이로 저지 섬에서 도축업을 하다가 희귀한 병에 걸렸다. 처음에는 복통을 수반한 독감이라 생각했는데 목 아래로 마비가 찾아오자 의사는 당황할 수밖에 없었다. 하지만 이 증상을 딱히 설명할 수 있는 원인이 보이지 않았다. 근육에는 아무런 손상이 없음에도 운동을 협응할 수 있는 능력이 소실돼 있었다. 알고 보니 이안의 몸에 있는 신경 네트워크 전반이 파괴된 것이 문제였다. 아무래도 극단적인 자가면역 반응 때문에 생긴 일 같았다.

남은 평생을 휠체어에 의지해서 살아야 한다는 생각에 끔찍해진 이안은 예전의 삶을 일부라도 되찾기로 단단히 마음먹었다. 정신과 근육 사이에 새로운 연결을 만드는 것이 급선무로 보였다. 그는 다른 감각을 이용하면 고유수용감각의 손실을 만회할 수 있음을 알아냈다. 진척 속도는 느렸다. 양말 신는 법을 다시 배우기까지 넉 달이 걸렸고, 혼자 서는 데는 1년이 걸렸다. 일상적인 활동을 하는 데 필요한 일관성과 짜임새가 이안에게는 더 이상 당연한 것이 아니었다. 밥을 먹을 때는 반드시 손을 보고 있어야 했고, 걷는 동안에는 발과 다리를 보고 있어야 했다. 시선을 팔다리에 둠으로써 운동 협응을 끌어낼 수 있었다.

이안이 고안해 적용한 해결책은 충분히 잘 작동했으나 완벽하지는 않았다. 그는 지금도 빛이 없으면 무기력해진다. 병원에서 퇴원한 직후 어느 저녁에 어머니의 주방에서 갑자기 전기가 나갔을 때 이 사실을 처음 깨달았다. 이안이 새로 습득한 시각 기반 뇌와 신체의 연결이 끊어지면서 그대로 바닥에 쓰러졌다. 모든 감각이 그렇듯이 감각을 잃어보지 않고는 우리가 그 감각에 얼마나 의존하는지 제대로 느끼기 힘들다. 질병을 극복하고 정상적인 삶으로 나아가는 이안의 여정은 여전히 진행 중이지만 사람들에게 커다란 영감을 준다. 그는 상실된 고유수용감각을 보완하기 위해 여전히 다른 감각에 의존해야 하지만, 삶의 질을 되찾는 어려운 도전에는 분명 성공했다.

고유수용감각은 신체 부위가 다른 신체 부위나 바깥세상과 관련해 어떤 자세를 취하고 있는지 파악하는 감각이라고 할 수 있다. 몸속 깊은 곳에서 무슨 일이 일어나는지 감시하는 다른 감각도 많이 있다. 최근 나는 현장 연구를 하러 대보초에 갔다. 수면에서 몇 미터 아래로 잠수해 수중 동굴 안을 들여다봤을 때 거대한 바닷가재와 얼굴을 마주 보게 됐다. 뜻하지 않은 만남으로 누가 더 놀랐는지는 모르겠다. 바닷가재의 얼굴 표정을 보고 알 수 있는 문제도 아니지만, 그 생명체의 크기에 놀라서 평소보다 물속에 더 오래 머물게 됐기 때문이다. **둘만의 만남**tête à tête이 끝날 무렵에는 어서 빨리 공기를 마셔야 한다는 뇌의 요구가 나를 압도했다. 수중으로 내려온 지 얼마 지나지 않았지만 상황의 긴박함을 무시할 수 없었다. 공기를 크게 들이마시는 것이 유일한 지상과제처럼 느껴졌다. 뇌가 공기를 마셔야 한다고 고집부린 이유는 사실 산소가 부족해서가 아니다. 일반적으로는 독성이 있는 이산화탄소가 몸속에 축적돼 새로 균형을 회복해야 할 긴박한 상황에서 호흡의 욕구를 느낀다.

이런 충동은 자신에게 온전히 집중하라고 명령하는 거대한 바닷가재의 매력도 단숨에 떨쳐내고 의식 속에서 긴급 안건으로 신속하게 떠오른다. 물론 몸의 내적 상태가 정신을 완전히 장악하는 여러 가지 맥락이 존재한다. 최근 술자리에서 흥미진진한 대화에 참여하다가 방광벽 속에 있는 뻗침수용기stretch receptor가 그동안 술을 들이켠 데 따르는 결과를 신호로 알려왔다. 처음에는 사소한 배경음으로 시작했던 소변 욕구가 시간이 지날수록 점점 강력해져서 결국 친구를 혼자 두고 자리를 떠야 했다.

하지만 대부분의 행동은 더 미묘한 방식으로 조절된다. 예를 들어 물컵으로 손이 가는 것이 순전히 자발적 결정이라고 생각하기 쉽지만, 부분적으로는 혈중 삼투압의 미묘한 변화에 무의식적으로 민감하게 반응해서 나온 행동이다. 어떤 시나리오든지 행동의 근본 원인은 정신과 육체 간에 이뤄지는 끊임없는 대화다. 심장의 박동과 혈액의 화학에서 위벽, 창자, 방광의 벽이 늘어난 정도에 이르기까지 모든 것이 끊임없이 감시되고 있다. 몸에서 무슨 일이 일어나는지 뇌가 지각하는 것을 내수용감각이라고 하며, 뇌는 신체의 생리학적 균형을 유지하기 위해 온갖 다양한 방식으로 우리 행동을 끌어낸다.

우리는 뇌가 사령관으로서 나머지 몸을 통제하고 조정한다고 생각한다. 몸 상태에 대한 지각이 뇌에서 일어나는 것은 맞지만, 소통은 양방향으로 이뤄진다. 사실 뇌에서 장기로 가는 신경섬유보다 반대 방향으로 가는 신경섬유가 4배나 많으므로 오히려 몸이 뇌를 통제한다고 말할 수도 있다. 화장실에 가고 싶다거나 잠수하다가 수면으로 올라와 숨을 쉬고 싶은 경우처럼 생물학적 욕구가 긴박할 때는 더욱 분명하게 드러난다. 하지만 정신과 육체를 따로 분리하는 관점을 받아들이기보다는 정신과 육체를 전체에 통합된 일부로 보는 것이 더 타당하다. 정신과 육체가 긴밀하게 연결돼 있다는 것은 우리의 모든 생각이 어느 정도는 나머지 몸에서 일어나는 일에 의해 형성된다는 의미다. 그리고 이것은 우리의 감정, 의사결정, 자아감sense of self에 심오한 영향을 미친다.

내수용감각이라는 주제에 관한 폭발적인 관심은 몸이 정신 과정을 크게 좌우한다는 것을 사람들이 깨닫고 있음을 보여준다. 일부 흥미로운 연구에서는 사람들이 자신의 몸에 얼마나 예민한지 조사했는데, 이를 내수용감각 민감성interoceptive sensitivity이라고 한다. 이 검사에서는 참가자에게 일정 시간 침묵 속에서 자신의 심박수를 세어보게 하거나, 규칙적인 박자를 들으면서 자신의 심장 리듬과 일치하는지 판단하게 한다. 양쪽 경우 모두 참가자의 평가는 자신의 심박동에 대한 인식을 바탕으로 이뤄진다. 손목에 손가락을 대서 심박수를 세는 것은 부정행위로 간주한다. 이런 방식을 이용한 연구 결과를 보면 사람들 사이에 놀라울 정도의 다양성이 존재함을 알 수 있다. 우리 중 약 3분의 1은 자신의 심박동에 예민해서 자신의 심장 활동을 아무런 어려움 없이 설명할 수 있다. 하지만 나머지는 이 과제를 어렵게 느낀다.

이 발견은 흥미롭고도 중요한 함축을 담고 있다. 구체적으로 말하면 몸에서 오는 메시지를 지각하고 이해하는 능력이 스트레스에 대응하고 자신의 감정과 상호작용하는 방식에서 결정적인 역할을 보인다는 것이다. 이 분야의 선구자인 신경과학자 안토니오 다마지오Antonio Damasio는 의식적 지각이 무의식적인 생리학적 반응에서 어떻게 탄생하는지 설명했다. 우리의 감정적 반응과 행동적 반응은 이런 변화에 대한 뇌의 감지에 바탕을 두고 있다. 자신의 신체 상태에 대해 잘 인식할수록 자신의 느낌을 해석하고 적절하게 반응하는 능력도 뛰어나다.

몸과 마음의 대화가 제대로 이뤄지지 않으면 문제가 발생한다. 예를 들면 우울증을 앓는 사람 중에는 신체 감각을 판단하는 능력이 상대적으로 빈약해서 신체 과정과 조화를 이루지 못하는 사람이 많다. 내수용감각적 자각interoceptive awareness은 우리 심리와 긴밀하게 얽혀 있는 것으로 보인다. 몸이 보내는 신호와 마음 사이의 혼란은 비만, 약물 남용, 심지어 자살을 예측할 수 있는 변수다.

불안장애anxiety disorder가 있는 사람은 몸속에서 일어나는 일을 좀 더 잘 감지하지만, 잘못 해석할 수 있다. 특히 불안이 심한 사람은 심장박동에서 나타나는 작은 요동도 과도하게 인식하는 경향이 있어 공황에 더 쉽게 빠질 수 있다. 이 모든 사례는 내수용감각을 자아감의 주춧돌로 바라봐야 이해하기 쉽다. 여기에 문제가 생기면 심각한 결과를 낳을 수 있다는데, 그럼 어떻게 대처할 수 있을까?

우리는 운동이 육체뿐만 아니라 정신에도 이롭다는 이야기를 많이 듣는다. 한 흥미로운 개념에 따르면 운동은 내수용감각 능력을 향상시켜 뇌와 몸 사이의 연결을 강화한다. 사실 대부분 운동이 이런 효과를 가져올 수 있다. 예를 들어 근력운동은 불안과 싸우는 데 특히 효과적이다. 몸을 단련하면 내수용감각이 개선돼 몸이 보내는 신호에 더 예민해지고, 결국에는 정서적 회복 능력과 정신적 건강이 개선된다.

꼭 헬스클럽을 찾아가지 않아도 효과를 볼 수 있다. 명상이나 마음챙김mindfulness도 몸과 마음을 연결하는 데 큰 역할을 한다. 서식스대학교의 리사 쿼트Lisa Quadt와 동료들의 최근 연구에서는 훈련을 통해, 구체적으로 말하면 심박동 감지를 통해 얼마나 효과적으로 내수용감각 능력을 개선할 수 있는지 조사했다. 대조군으로 두 번째 집단에는 신체 자각에 초점을 맞추지 않은 훈련을 제공했다. 결과는 흥미로웠다. 내수용감각 훈련을 받은 사람은 능력이 개선됐을 뿐만 아니라 대조군 대비 불안증도 극적으로 감소했다. 이 연구에서 가장 흥미로운 부분은 신체 운동과 치료가 불안증을 줄이는 효과가 증명

됐다는 점이 아니라, 우리가 이런 변화의 메커니즘을 이해하기 시작했다는 점이다. 이와 같은 유형의 연구는 아직 초기 단계지만 정신질환을 표적으로 하는 새로운 치료법을 개발할 수 있으리라는 전망은 매우 고무적이다.

요즘에는 내수용감각이 뜨거운 연구 주제지만 주요 감각의 수준까지 따라잡으려면 갈 길이 멀다. 하지만 바깥세상을 향하는 감각과 몸의 내부 상태와 관련된 감각을 통합해서 이해해야 한다는 인식이 점점 커지고 있다. 세상에 대한 종합적인 지각은 전적으로 이들을 통합하는 것에 달려 있다. 아침에 눈을 뜨자마자 빵집으로 들어가 갓 구워낸 빵과 원두커피의 냄새를 맡는다고 가정하자. 냄새가 기분 좋게 느껴지는 이유 중 하나는 배가 고프기 때문일 것이다. 몽글몽글 피어나는 빵 냄새가 그렇게 유혹적인 것은 몸속 수용기들이 혈당 수치가 떨어지고 있고, 위도 비어 있음을 알리고 있어서다. 아침 식사를 거하게 한 후에 빵집에 갔다면 코가 그렇게까지는 자극받지 않았을 것이다. 주요 외부 감각을 경험하는 맥락은 몸 상태에 대한 지각이 결정하며, 이런 지각은 내수용감각에 의해 정해진다. 좀 더 과학적으로 표현하자면 내수용감각이 바깥세상에서 들어오는 자극의 두드러짐 정도salience를 결정한다. 이것이 어떤 자극에 초점을 맞춰야 하는지와 그에 따라 어떻게 반응해야 할지를 결정한다.

내수용감각과 외수용감각의 조합 덕분에 우리는 자신을 하나의 통합된 존재로 지각할 수 있으며, 이것이 우리가 말하는 자아감의 핵심이다. 고무손 착각 현상rubber hand illusion은 이것을 잘 보여주는 유용한 사례다. 참가자가 탁자 앞에 앉아 왼팔을 펴고 살짝 옆쪽으로 뻗어 손바닥을 아래로 하고 탁자 위에 편안하게 올려놓는다. 실험자는 참가자가 팔을 볼 수 없도록 막을 설치하고, 진짜 팔과 똑같이 생긴 가짜 팔을 탁자 위에 놓는다. 이제 참가자는 가짜 팔을 보게 되지만, 상황 판단에 혼란이 오고 이쯤이면 자기가 터무니없는 일에 얽혀들었다는 생각이 들 것이다. 참가자가 가짜 팔을 내려다보는 동안 실험자는 고무로 만든 모조 팔과 숨겨진 진짜 손을 작은 붓으로 동시에 부드럽게 쓸어내린다. 몇 분 후, 참가자에게 눈을 감은 상태에서 오른손을 왼손 바로 아래 왔다고 생각할 때까지 탁자 밑에서 움직여 보라고 한다.

아주 간단한 실험이지만 결과는 놀라웠다. 실험 참가자의 약 80퍼센트가 속임수를 이미 알고 있음에도 고무팔이 마치 자신의 팔인 것처럼 느껴져 당황했다고 보고했다. 오른손을 왼손이 있는 곳까지 움직여 보라고 하면 많은 사람이 진짜 손이 아니라 가짜 손 아래에 갖다 놓았다. 시각, 촉각, 고유수용감각에서 들어오는 입력 사이에서 감각적 혼란이 일어나서 뇌가 가짜 팔을 자기 것이라고 착각한 것이다. 최근에 같은 실험을 반복했는데, 이번에는 사람들 사이에서 나타나는 차이를 내수용감각적 자각으로 설명했다. 이 실험으로 알아낸 정보는 자신의 몸에 예민한 사람일수록 착각에 훨씬 덜 취약하다는 것이다. 자신에 대한 지각을 형성하고 정신 건강을 구축하는 데 있어서 내수용감각이 얼마나 중요한 역할을 하는지 깨달은 것은 감각의 근래 과학에서 일어난 가장 중요한 발견 중 하나다.

사람이 세상을 인식할 때 오감만 사용하지는 않는다. 우리는 고유수용감각이나 균형감각과 같이 상대적으로 무시당해온 감각을 과소평가하다가 문제가 생긴 다음에야 각각의 존재감을 느끼곤 한다. 동시에 내수용감각이 우리 지각에 색안경을 씌우고, 왜곡한다는 점 또한 분명한 사실이다. 사랑에 빠졌을 때나 인생의 도전을 처음으로 정복했을 때는 활력을 주던 감각적 자극이 우울함에 빠져 있을 때는 오히려 맥이 빠지고, 화가 나는 느낌을 줄 수도 있다. 주관적 경험에만 빠져 있지 않고 다른 동물이 느끼는 감각적 경험에서 영감을 얻는다면 우리는 주변 세상을 더욱 깊이 이해할 수 있다.

우리가 얼마나 많은 감각을 갖고 있느냐는 질문에는 여러 가지 대답이 나올 수 있다. 분명 5개보다는 많고, 어쩌면 50개가 넘을 수도 있다. 나는 감각의 종류가 몇 개인지 세는 건조하고 산술적인 접근방식으로는 배울 것이 없다고 주장하고 싶다. 여기서 중요한 것은 감각의 최종 결과물인 지각, 즉 우리의 전반적인 감각적 경험은 개별 감각들이 특별하게 결합하고 융합해 얻어진 결과물이라는 점을 이해하는 것이다.

# 7

# 지각 짜맞추기

THE WEAVE OF PERCEPTION

뇌는 지각의 요새다.

— 대 플리니우스Pliny the Elder

이 책을 시작하면서 어느 아름다운 봄날 아침에 새로운 학생들의 마음을 사로잡으려 감각 생물학의 경이로움에 대해 이야기했던 기억을 꺼냈다. 내가 강의실에 들어가면 꽤 일관적인 일상이 펼쳐진다. 학생들에게 미소를 지으며 강의실로 성큼 들어가면서 발을 헛디디거나 인스타그램에 올라갈 만한 짓을 하지 않으려 노력한다. 그리고 무엇을, 어떻게 말할지에 집중한다. 특히 어떻게 하면 감각 생물학의 최정상에 있는 지각이라는 독특하고 주관적인 현상의 세계로 학생들을 이끌 수 있을지 고민한다.

실제로 이 책에서 설명한 접근방식과 비슷하게 각각의 감각을 개별적으로 생각해보는 것으로 시작할 때가 많다. 감각을 분리해 차례로 살펴보며 각각의 감각이 어떻게 작동하는지 논리적으로 접근할 수 있다. 하지만 그렇게 한 후에는 어찌 처리할지 난감해 모른 척하고 있던 방 안 코끼리, 즉 다루기가 쉽지 않은 지각이라는 코끼리와 직면해야 함을 잘 알고 있다. 우리가 바깥세상과 몸속에서 얻는 감각은 육체적 과정이지만 그로부터 생겨나는 지각은 심리적 과정이다. 정신에 도착한 감각은 조직화되고 걸러지고 해석되며 편견과 편파에 예속된다. 따라서 지각에 대한 우리의 의식적 경험은 감각을 설명할 때 사용했던 깔끔한 방식으로는 접근이 어렵다. 사실 개개의 지각은 독특하고 복잡미묘해서 과학적 이해 범위 밖에 놓인 것처럼 보인다. 지각은 과학보다는 예술과 철학이 만나는 접점에 존재한다. 하지만 이 다루기 까다로운 코끼리에게서 달아나는 대신, 무질서한 작동방식을 직시하고 적어도 어떤 것인지 설명할 수 있었으면 좋겠다.

감각은 우리에게 환경의 다양한 자극을 지각할 수 있는 능력을 제공한다. 환경의 신호는 처음에는 한 가지 매체로만 전달되는 경우가 많아 다양한 감각으로 무장하면 신호를 놓치지 않을 수 있으므로 진화적으로 중요하다. 예를 들어 꼭 눈으로 보지 않아도 불이 난 것을 냄새로 먼저 알아차리거나, 한밤중에 누군가가 접근해 오는 것을 발소리로 알 수 있다. 각각 다른 감각 대역을 감시하는 채널을 다양하게 갖추면 주변 환경에 대한 인식의 폭이 넓어진다. 위험을 분산시킬 뿐만 아니라 여러 감각을 통해 삶을 풍부하게 경험할 수 있게 되는 것이다. 다양한 감각을 갖췄을 때 얻을 수 있는 가장 중요한 이점은 일관된 시각을 획득함으로써 세상을 더욱 잘 이해할 수 있도록 돕는다는 점이다.

우리의 주요 감각은 각자의 영역에서 작동하지만 다른 감각에도 반응하기 때문에 지각은 이 모든 감각의 복합체라고 할 수 있다. 역설적이게도 감각들이 어떻게 서로 의존하는지는 그중 하나를 임시로 제거했을 때 무슨 일이 일어나는지 살펴보면 알 수 있다. 예를 들어 눈가리개를 씌워 시각을 차단하면 다른 감각에 대한 의존성이 높아지고, 뇌가 그 감각들에 새로 동조되는 과정에서 감각이 더 예리해진다. 청각이나 촉각을 차단하면 고립된 느낌을 받고 주변 환경에 소원해진다. 후각 역시 세상과의 정서적 연결에서 중요한 역할을 한다. 후각을 잃은 사람들은 가끔 주변 사람들과 단절된 기분을 느낀다고 말한다.

그런데도 우리는 때때로 어떤 맥락에서 특정 감각을 지나치게 강조한다. 친구와 우연히 만나 대화를 시작할 때 지배적인 감각은 말하는 소리와 듣는 소리의 상호작용이다. 하지만 소통은 절대 어느 한 감각 양식이 독차지할 수 있는 영역이 아니다. 메시지는 모든 감각 채널을 최대한 폭넓게 사용할 때 가장 강력해진다. 나는 이 단순한 진실을 내 인생에서 가장 슬픈 시기에 뼈저리게 깨달았다. 당시 나는 어떻게 하면 사랑하는 이에게 닿을 수 있을지 고민할 수밖에 없는 처지였다.

나는 어머니에게 진 빚이 많다. 따듯하고 이해심 많고 놀라울 정도로 재미있는 분이셨던 내 어머니는 고된 삶을 살아야 했다. 머릿속에 떠오르는 어린 시절 대부분은 어머니가 어떻게 해서라도 근근이 먹고 살기 위해 애쓰시던 모습으로 가득하다. 나이가 들고 일을 시작하면서 나의 가장 큰 소망은 돈을 많이 벌어서 어머니가 그동안 형편 때문에 누리지 못했던 호사로운 것들을 사드려 어머니에게 진 빚을 갚는 것이었다. 하지만 내 계획은 결국 실현되지 못했다. 50대 중반부터 어머니의 건강 상태가 안 좋아지더니 결국에는 조기 발병 알츠하이머병early-onset Alzheimer's disease으로 진단받으셨다.

처음에는 깜박깜박하는 수준이었다. 단어가 생각나지 않을 때마다 스스로 '멍청한 박쥐'라고 부르면서 자책하는 정도였다. 하지만 표면 아래로는 질병의 진척 속도가 빨라지고 있었다. 어머니는 블루벨 꽃woodland bluebell을 좋아하셨는데 봄이 물러나고 여름이 다가와 나무 꼭대기에 무성해진 이파리가 하늘을 가리면 꽃잎이 시들기 시작하는 것처럼 어머니의 활달한 성격도 서서히 희미해져 갔다. 어머니는 상태가 안 좋아지는 과정에서 끔찍한 이정표들을 남겼다. 처음에는 기억을 깜박깜박하는 일이 더 자주, 더 분명하게 생겼다. 이에 더해 현실에 대한 이해력이 약해지기 시작했다. 점점 말이 어눌해졌고, 남의 말을 이해하기도 자신을 이해시키기도 어려워졌다. 우리가 공유하던 유머감각도 사라졌다. 우리를 하나로 묶어주던 유대감이 한 가닥, 한 가닥씩 풀어지더니 완전히 바스러졌다. 결국 어머니는 내가 닿을 수 없는 곳으로 떠내려 가버린 것 같았다. 하지만 그때까지도 어머니가 나와 얼마나 멀어졌는지 명료하게 깨닫지 못했다. 어머니가 더 이상 나를 기억하지 못하는 순간이 찾아왔을 때까지 말이다.

내가 알던 어머니는 더 이상 존재하지 않고 아무리 빌고, 또 빌어도 이전의 모습을 볼 수 없다는 것을 알았다. 나를 보는 어머니의 얼굴엔 행복감이 비쳤지만 내가 보기에는 절망적인 상황이었다. 긍정적으로 생각하려고 마음먹으면서 어머니를 찾아갔지만 매번 농담으로 대화를 시작해도 내가 바랐던 반응을 불러일으키는 데는 실패했다. 무언의 절망 속에서 나는 어머니 곁에 앉아 어머니를 도울 방법을 찾아내려 했다. 그러다 고인이 된 에이드리언 앤서니 길 Adrian Anthony Gill의 글을 보고 영감이 떠올랐다. 그는 고통스러운 치매의 심연으로 빠져든 아버지의 이야기를 적어 놓았다. 길은 아무 소용도 없는 일방적인 대화를 시도하며 고통스러운 슬픔으로 빠져드는 대신 아버지가 좋아하는 아이스크림 한 통과 숟가락 두 개를 가져와 다정하게 함께 먹었다.

나는 고집스럽게 한 가지 감각에만 의존하기보다 다른 감각적 자극을 이용해서 어머니의 삶에 즐거움을 불러오려고 했다. 물론 어머니에게 계속 말을 걸면서, 길이 한 것처럼 어머니가 좋아하던 아이스크림을 가져갔다. 어머니는 늘 달콤한 것을 좋아했다. 나는 어머니의 머리카락을 쓰다듬고, 어머니가 좋아하는 오래된 향수를 뿌려줬으며, 어머니가 십 대 시절부터 좋아하던 음악을 틀어줬다. 옛 사진을 보여주고, 울로 된 부드러운 카디건을 선물하고, 꽃을 사가서 꽃꽂이하게 하는 등 다양한 감각을 이용해 여러 가지 감각을 즐기실 수 있도록 했다.

모든 노력에 효과가 있던 것은 아니지만 가끔 순간적으로 일부 감각을 회복한 어머니가 얼굴을 활짝 피며 미소를 지었다. 이를 계기로 나는 어머니가 잃어버린 것과 우리가 잃어버린 것을 생각하며 두려움에 빠지는 대신 어머니를 보러 갈 준비를 하는 동안에 무언가 긍정적인 일을 할 수 있었다. 그때 처음으로 나는 감각에 대한 접근방식을 폭넓게 생각하게 됐고, 우리가 세상과 서로 어떻게 관계를 맺는지에 대한 생각이 바뀌었다.

훈련받은 생물학자로서 나는 각각의 감각을 별개로 생각하도록 교육받았지만, 관점에 변화가 생겼다. 이런 관점은 각각의 감각이 서로 다른 자극에 초점을 맞추고, 각각의 신호가 독자적인 경로를 따라 뇌로 전달된다는 데서 유래했다. 하지만 각 신호의 궁극적인 운명은 지각이라는 경험으로 통합되는 것이다. 따라서 지각이 일어나는 곳은 보는 이의 눈도, 듣는 이의 귀도, 만지는 이의 손끝도 아니고 뇌 속인 것이다.

나는 열일곱 살에 처음으로 뇌를 봤다. 학창시절 내내 생물학 교실 뒷방에 보존액에 담가놓은 해부학 표본이 있다는 소문이 떠돌았다. 그곳은 흥미와 두려움이 공존하는 장소였고, 우리에게는 금단의 장소여서 오히려 매력이 더 커졌다. 이 생물학의 알라딘 동굴은 은퇴한 비크로프트Beecroft 선생님만의 공간이었다. 그는 고약한 성질머리와 관리 안 된 코털로 학생들에게 두려움의 대상이었다. 졸업반이었던 해의 어느 금요일 우리 반은 뜻하지 않게 그 뒷방으로 불려갔다. 생물반 친구들 대부분 나와 똑같은 기분을 느꼈을 것이다. 마치 윌리 웡카의 초콜릿 공장 출입을 허락받은 찰리 버킷Charlie Burket과 일행이 된 것만 같았다.

뒷방에는 어두운 색깔의 목제 선반을 따라 포르말린 단지들이 군대처럼 딱딱 열을 맞춰 정리돼 있었다. 액체로 채워진 단지 속에는 온갖 표본이 잠겨 있었다. 한결같이 죽음을 암시하는 듯한 베이지색으로 탈색돼 있었다. 비크로프트 선생님이 큰 단지 중 하나를 꺼내 벤치 위에 올려놓고, 안에 든 꼬불꼬불한 물체를 가리키며 말했다. "사람의 뇌란다." 그는 숙달되고 과장된 동작으로 뇌를 단지에서 꺼내 우리 앞 탁자 위에 올려놓았다. 표본은 들릴 듯 말 듯 희미하지만 듣기 거북한 '쩍' 소리를 내며 탁자 한구석에 자리 잡았다. "이건 한때 사람이었다. 그 사람을 그 사람답게 만들었던 모든 것이 이 안에 들어있었지."

뇌를 눈으로 직접 보면서 물에 불어터진 호두처럼 생긴 축 처진 조직 덩어리가 우리의 모든 경험이 일어나는 곳이라고 생각하니 정말 특별하게 느껴졌다. 도무지 말이 안 되는 얘기 같았다. 컴퓨터를 열어서 복잡하게 뒤엉킨 회로를 보면 정교한 미로처럼 보여 경탄이 절로 나온다. 하지만 훨씬 더 복잡한 인간의 뇌는 언뜻 보기에는 공장에서 대량으로 찍어 만든 생명 없는 젤리처럼 너무도 단순하게 생겼다. 뇌의 놀라운 능력과 이 겉모습이 어울리지 않는다고 느낀 학생이 나만은 아닌 것 같았다. 비크로프트 선생님은 눈치가 빠른 분이었다. "별 것 없어 보이지? 하지만 이 뇌는 우주에서 가장 놀라운 존재지." 그가 뇌의 한 지점을 가리키며 말했다. "이 부분은 말하기를 통제하고, 여기 뒤쪽 부분은 언어의 이해를 담당한단다." 그는 뇌 영역을 하나씩 짚어가며 뇌가 구획으로 나뉘어 있고, 구획마다 별개의 기능을 전문적으로 담당한다는 점을 지적했다.

생물학을 공부한 사람이라면 뇌가 모듈식으로 구성된 존재라는 개념에 익숙할 것이다. 하지만 이것이 전적으로 정확한 표현은 아니다. 축구 경기에 빗대어보자. 축구를 좋아하는 사람이라면 각각의 선수가 담당하는 역할이 눈에 들어올 것이다. 선수들 모두 자신의 포지션에서만큼은 이름이 있는 사람이다. 그래도 스트라이커가 수비 위치로 호출되기도 하고, 필사적인 상황에서는 골키퍼까지 상대 진영으로 넘어가 코너킥 상황에서 동점 골을 노리기도 한다. 더 폭넓게 바라보면 이들은 각자 서로에게 의존하고 있다. 그렇지 않은 팀은 희망이 없다. 축구팀을 자율적으로 행동하는 단위가 모여 있다고 생각하는 것은 지나친 단순화이며, 뇌 역시 마찬가지다. 따라서 특정한 일을 전문으로 담당하는 신경 영역을 확인할 수 있대도 뇌가 뛰어난 능력을 보일 수 있는 한 가지 이유는 서로 다른 부위끼리 유연하게 협력할 수 있기 때문이다.

감각을 담당하는 뇌 영역만큼 이 말이 잘 맞아떨어지는 예도 없다. 각각의 주요 감각은 거기에 특화된 뇌 영역과 연결돼 있다. 이것을 1차 겉질primary cortex이라고 한다. 예를 들면 눈에서 오는 신경 신호는 1차 시각겉질primary visual cortex로 가는 반면, 귀에서 오는 신호는 1차 청각겉질primary auditory cortex로 가는 식이다. 각각의 겉질은 서로 분리돼 있다. 1차 겉질이 자신의 해당 감각에서 수집한 정보만 처리하는 자족적인 방식으로 작동한다고 생각하게 된 데는 이런 구조도 한몫했다. 이런 관점에서 보면 감각의 통합은 더 높은 수준의 뇌 영역에서 살짝 늦은 단계에 일어나야 한다.

이제는 감각의 통합이 이보다 훨씬 빨리 일어나며, 독립적으로 일어나는 것이 아니라 각각의 감각겉질 사이에서 수많은 혼선이 일어난다는 것을 알고 있다. 이런 상호작용은 각각의 감각이 다른 감각의 지각에 심오한 영향을 미치며, 우리 모두에게서 흔히 일어나지만 특정 집단의 사람들에서는 정도가 심하다.

몇 년 전에 대학원 과정을 밟고 있는 사마라Samara라는 학생을 소개받았다. 사마라는 내 이름을 듣고 생각에 잠겼다가 이렇게 말했다. "애슐리…. 아, 그건 양배추 맛이네요." 나는 잠시 그가 나를 도발한다고 생각했지만, 사마라가 공감각synaesthesia 🐈이라는 특별한 증상을 안고 살아가는 희귀한 사람 중 한 명이라는 것을 금방 알 수 있었다. 그의 일상 경험은 특이한 감각적 상호작용으로 물들어 있었다. 사마라는 한 감각에 자극을 받으면 완전히 다른 감각에서 추가적인 반응이 생겼다. 이름에서 맛을 느낄 뿐 아니라 음악을 들을 때마다 색을 본다. 거의 모든 공감각자와 마찬가지로 이 믿기 어려울 정도로 풍부한 다중감각적 경험이 사마라에게는 지극히 흔한 일이었다. 다른 사람들도 자신과 같다고 여기고 살아온 사마라는 몇 년 전에 모두가 그런 것이 아니라는 사실을 알고 깜짝 놀랐다.

대부분의 공감각자들에게 감각이 겹치고 융합되는 것은 감각을 풍요롭게 하고 거기에 질감을 부여하는 긍정적 현상이다. 음악가와 화가들은 우리 대부분이 누리는 관점에 또 다른 관점을 추가로 누릴 수 있으며 예술을 창조하는 데 도움을 준다. 재즈 작곡자 겸 밴드의 리더인 듀크 엘링턴Duke Ellington은 자기네 앙상블의 다른 구성원들이 연주하는 음을 들으면서 서로 다른 색을 경험한다. 덕분에

🐈 공감각이 있는 사람의 수에 대한 추정치는 낮게는 2000명당 1명에서 많게는 25명당 1명까지 다양하다.

그는 상상 속에서 일종의 소리 팔레트를 활용해 음악의 색조를 혼합할 수 있다. 사실 프란츠 리스트Franz Liszt부터 빌리 조엘Billy Joel, 스티비 원더Sevie Woner, 빌리 아일리시Billie Eilish에 이르기까지 음조와 색조의 공감각을 경험하는 음악가가 많다. 이 능력은 창의적인 사람들에게서 더 흔하게 나타나지만, 항상 축복으로 여겨지지는 않았다. 빈센트 반 고흐Vincent van Gogh가 어릴 적 피아노 선생님에게 음에서 저마다의 색깔이 느껴진다고 말하자, 선생님은 고흐가 미쳤다고 생각해서 더 이상 가르치지 않았다.

고흐는 어떤 음들을 프러시안 블루, 짙은 초록, 밝은 카드뮴 같은 색깔로 묘사했지만, 우리 대부분의 머릿속에는 이런 선명한 이미지가 떠오르지 않는다. 우리는 서로 관련 없는 시각과 소리를 짝짓는 경향이 있다. 예를 들면 아이들은 만 2세가 되기 전에 시끄러운 소리와 큰 물체를 연관 짓는 법을 배운다. 덜 분명하기는 하지만 우리는 저음 대비 고음의 소리를 더 밝고 가벼운 색과 연결한다. 이런 종류의 연관association은 뿌리가 깊어 우리와 제일 가까운 동물 친척인 침팬지도 똑같이 연관을 짓는다. 정확히 무슨 이유로 우리가 이러는 것인지는 분명하지 않지만 두 가지 서로 다른 자극의 특성을 연관 짓는 것이 아닐까 추측한다. 시끄러운 소리와 큰 물체를 짝짓는 이유는 우리 지각에서 비슷한 강도를 공유하기 때문이다. 높은 주파수의 소리와 밝은색도 비슷한 이유로 함께 묶일 수 있다. 하지만 이것이 사실이라면 우리가 고음의 소리와 작고 뾰족한 물체를 연관 짓는 이유는 설명하기 힘들어진다. 인간의 지각을 연구하는 선구적 학자인 예일대학교의 로렌스 마크스Lawrence Marks가 진행한 실험에서 참가자들은 고음의 소리는 뒤집은 'V'와 연결하고, 깊은 저음의 소리는 뒤집은 'U'와 짝지었다.

마크스의 실험은 심리학자 볼프강 쾰러Wolfgang Köhler가 발견한 내용과 일맥상통한다. 쾰러는 소리를 무늬와 짝짓는 또 다른 유형의 연관을 입증했다. 쾰러는 두 가지 추상 도형을 디자인했다. 하나는 외곽이 매끄럽고 둥글둥글한 모양이었고, 다른 하나는 불규칙하게 생긴 별 도형처럼 지그재그 모양을 하고 있었다. 그는 참가자들에게 두 도형과 이름을 함께 제시하면서 둘을 짝지어보라고 요청했다. 스페인의 테네리페 섬에서 진행한 원래의 연구에서는 타케테Takete와 발루바Baluba라는 이름을 제시했지만, 영어 사용자를 대상으로 한 나중 버전에서는 키키Kiki와 부바Bouba라는 이름을 제시했다. 이 실험은 처음 등장한 후로 수십 년에 걸쳐 진행됐는데 참가자들은 압도적인 비율로 뾰족한 별 모양의 도형에는 그와 어울리는 날카로운 소리의 이름인 타케테와 키키를 짝지었고, 매끄럽고 둥글둥글한 도형에는 발루바와 부바라라는 이름을 짝지었다. 이런 이름 패턴을 선택하는 경우가 무려 98퍼센트로 나왔다. 이것을 보면 우리가 시각적 이미지를 확인할 때 선택하는 단어가 전혀 작위적이지 않음을 알 수 있다. 도형과 단어의 추상적인 속성을 결합해서 둥글둥글한 도형에는 둥글둥글한 어감의 단어를 붙여주고, 지그재그로 뾰족한 도형에는 뾰족한 느낌의 이름을 지어주는 것이 우리 뇌에는 적합해 보인다. 도형의 형태를 단어의 소리에 투사하고, 음의 높이를 색의 밝기에 투사하는 이 두 가지 사례 모두에서 뇌는 두 개의 서로 다르면서도 어쩐지 서로 상응하는 감각적 속성을 결합하고 있다. 어쩌면 이런 경우를 통해 공감각자가 아닌 사람이라도 한 가지 감각으로 지각한 내용이 어떻게 다른 지각에 영향을 미칠 수 있는지 경험할 수 있을지도 모르겠다.

감각들이 서로 중첩되는 것이 어떤 느낌인지 비공감각자들도 엿볼 수 있는 다른 상황들도 존재한다. 그중 하나는 스위스의 화학자 알베르트 호프만Albert Hofmann의 발명 덕분에 세상에 나왔다. 1936년에 호프만은 맥각ergot이라는 곡물의 곰팡이를 연구 중이었다. 인류가 호밀과 밀 같은 작물을 재배해서 먹는 동안 오염된 곡물을 먹고 발작하거나, 생생한 환각을 경험하거나, 심지어 맥각에 감염된 곡물을 빻아 만든 가루로 빵을 구워 먹고 괴저가 생기는 사람도 있었다. 하지만 이런 끔찍한 경우와는 별개로 맥각은 새로운 약물의 원천으로 유망하다고 여겨졌다. 호프만의 목적은 호흡자극제respiratory stimulant로 사용할 약물을 만드는 것이었다. 하지만 고생해가며 유효성분을 분리해냈음에도 그의 노력은 별다른 성과를 거두지 못했다.

이 프로젝트는 호프만의 관심에서 멀어져 마음 한구석에 묻혀 있다가 몇 년 후 우연한 기회로 실험을 다시 진행키로 했다. 이번에는 우연히 피부를 통해 미량의 정제된 물질을 흡수했다가 LSD 환각 체험을 하게 됐다. 이 경험을 통해 대담해진 호프만은 자신의 초기 연구에서 LSD라고 이름 붙였던 화합물을 일부러 자신의 몸에 조금 더 주입했다. 그는 이날의 경험을 자신의 일기에 아름답게 서술

했다. "만화경 같은 환상적인 이미지가 내게 달려들어 얼룩덜룩하게 번갈아가며 원과 나선으로 열리고, 닫혔다. 그리고 색들이 분수처럼 터져 나오면서 새로 배열되고 지속적인 흐름 속에서 합쳐지며 잡종의 색을 만들어냈다. 문손잡이 소리나 지나가는 자동차 소리 등 모든 청각적 지각이 시각적 지각으로 바뀌는 것이 특히 놀라웠다. 모든 소리가 자체적으로 일관된 형태와 색을 가지고 생생하게 변화하는 이미지를 만들어냈다." 환각을 경험하고 스스로 애정을 담아 문제아라고 부른 그의 발견은 일시적이나마 그를 약에 취한 공감각자로 바꿔 놓았다.

물론 공감각은 환각이 아니라 정당한 감각적 지각이다. 공감각자들의 증언을 확실하게 뒷받침해준 뇌 촬영 연구 덕분에 이 사실을 알게 됐다. 하지만 호프만과 수백만 명의 사람들이 체험했던 LSD 환각 덕분에 공감각이 어떤 상태인지에 대한 통찰을 얻을 수 있었다. 수십 년 동안 공감각자들은 무질서한 뇌 연결 때문에 결함이 생긴 사람이라는 낙인이 찍혀 있었다. 하지만 지금 이해하는 바에 따르면 이것은 사실과 거리가 멀다. 공감각자들의 정신적 능력에는 전혀 문제가 없다. 공감각자와 그렇지 않은 사람 간의 차이를 바라보는 현대의 신경학적 입장은 공감각자의 뇌 구조 및 흥분성에 주목하고 있다. 이들은 감각겉질 사이의 연결이 더 풍부하다. 즉 한 감각이 활성화되면 다른 감각도 자극해서 강력하고 생생한 반응을 끌어낸다는 의미다. 설득력이 있는 한 주장에서는 태어나기 전에는 뇌의 서로 다른 감각 영역들이 광범위하게 연결돼 있다고 한다. 그러다가 발달이 진행되면서 연결이 점진적으로 가지치기 돼 결국에는 인접한 뇌 영역 사이에 걸쳐진 지엽적인 신경조직만 남게 된다. 이렇게 하면 감각들 사이의 연결은 유지하면서도 혼선의 양은 제한하는 효과가 있다. 하지만 공감각자에서는 이런 가지치기가 훨씬 덜 일어난다. 즉 감각겉질끼리 초연결 상태로 남게 된다는 의미다. 그래서 서로 다른 감각 양식 간의 흐름이 훨씬 크게 일어나서 많은 경험을 더 풍요롭게 만든다.

정도는 약하지만 감각의 혼선은 우리 모두에게 존재한다. 맥길대학교McGill University와 펜실베이니아대학교University of Pennsylvania의 자한 자다우지Jahan Jadauji와 동료들은 연구에서 비공감각자의 시각겉질에 실험적으로 활성을 촉발하면(이 경우는 자기장을 이용) 후각겉질에서 그에 상응하는 반응이 나타난다는 것을 발견했다. 이 과정에서 참가자의 후각이 자극을 받아 냄새를 더 쉽게 구별할 수 있는 효과가 나타났다. 이런 감각적 협력은 반대 방향으로도 나타날 수 있다. 그래서 우리가 무언가의 냄새를 맡으면 후각 중추뿐만 아니라 시각겉질도 함께 활성화된다. 레몬 냄새를 맡으면 과일의 이미지가 머릿속에 떠오를 가능성이 크다. 따라서 뇌는 한때 생각했던 것처럼 감각들을 구획으로 나누기보다는 한 가지 자극에 대해 더욱 폭넓은 관점을 얻기 위해 여러 가지 감각 양식을 능동적으로 끌어들인다.

공감각은 임의의 두 감각 경로가 연결돼 생겨날 수 있다. 가장 흔한 형태는 자소 색 공감각grapheme-colour synaesthesia으로 글자와 숫자들이 별개의 색으로 경험된다. 예를 들어 영문자 E는 분홍색, 숫자

3은 밝은 노란색으로 보일 수 있다. 단색의 글자와 숫자에서 화려한 총천연색이 보이는 것을 두고 어릴 적 밝은색을 입힌 기호로 숫자를 배우는 바람에 형성된 산물이라 무시하는 사람도 있다. 하지만 그렇지 않다는 강력한 증거가 나왔다. 여러 가지 숫자로 채워진 한 장의 종이가 비공감각자에게는 무의미해 보이겠지만 공감각자는 종이 안에 숨은 패턴을 힘들이지 않고 골라낼 수 있다. 뒤죽박죽 섞인 숫자 속에서 5라는 숫자들은 정사각형의 꼭짓점을 이루도록 배열돼 있거나, 8이라는 숫자들이 삼각형의 점이 있는 위치에 모여 있다고 가정하자. 비공감각자의 눈에는 숫자들의 집합 속에서 이것이 보이지 않겠지만 진짜 공감각자라면 즉시 알아볼 수 있다. 게다가 공감각자가 숫자를 보는 동안 뇌속을 볼 수 있는 장치를 착용하고 있다면, 단색의 글자나 숫자를 볼 때 색에 반응하는 시각겉질 부위가 강하게 활성화되는 것이 보였을 것이다. 이런 글자들을 볼 때 일어나는 이 영역의 활성화는 망막으로부터 직접 색 정보를 획득할 때만큼이나 신속하게 이뤄진다.

공감각에는 모든 감각을 뒤섞을 잠재력이 있다 보니 취할 수 있는 형태가 무려 200가지나 된다. 예를 들면 물체를 만질 때 맛을 지각하는 사람도 있고, 누군가와 악수하면 입안에 쓴맛이 돌아 몇 시간이나 지속되는 사람도 있다. 어떤 공감각자는 맛이 촉각을 만들어내는데, 계피가 든 음식을 맛보면 손으로 모래를 휘젓는 느낌이 난다고 한 사람도 있었다. 진성 공감각에서는 두 가지 현상이 일관되게 나타나는 것으로 보인다. 첫째, 반응이 일관적이다. 계피를 맛볼 때

손가락이 바닷가 모래사장에 가 있는 것처럼 느껴지는 사람은 계피를 맛볼 때마다 같은 경험을 한다. 둘째, 유도된 감각 반응이 처음 지각한 감각과 엮인 이유가 일반적으로 명백하지 않다. 예를 들면 누군가와 악수한 것이 쓴맛을 유발하는 것을 봐도 여기에는 이렇다 할 만한 이유가 없다. 이런 때는 공감각자의 뇌가 겉보기에는 관련 없는 감각적 지각을 연결하고 있는 것이다. 이런 특성은 사람이 무관해 보이는 아이디어와 개념을 연결해서 세상을 다르게 바라보고, 창조성을 발휘할 수 있게 해주는 근본적인 방식이다. 더 넓게 바라보면 뇌가 다양한 자극을 연결해서 세상에 대한 지각에 도달하는 방식과 이유를 알아내는 것이 우리를 움직이는 원리를 이해하는 데 핵심이라 할 수 있다. 이런 측면에서 보면 공감각은 인간 정신의 진화와 거기서 발현되는 가장 놀라운 현상인 의식consciousness에 대해 통찰을 제공해줄 수 있을 것이다.

감각들은 협업을 통해 어느 하나의 감각에서 들어오는 정보가 고르지 못하거나 약한 상황을 보완한다. 사람으로 북적거리는 실내에서 왁자지껄한 대화 소리에 파묻힌 상태에서는 소리만으로 대화를 쫓아가기가 참 어렵다. 머리를 살짝 돌려서 귀가 화자를 향하게 하는 것도 한 가지 방법이지만 화자의 얼굴을 보는 것이 가장 큰 효과를 볼 수 있다. 이런 상황에 있는 사람들을 연구해보면, 배경 잡음의 크기가 커짐에 따라 청자가 화자와 눈을 마주치는 시간보다 화자의 입을 바라보는 시간이 더 늘어나는 경향이 있다. 이런 식으로 귀가 처한 어려움을 보완하기 위해 점점 더 시각에 의존하게 된다. 양쪽 감각 모두 자체적으로는 청자에게 완벽한 이해를 제공할 수 없다. 하지만 이 둘이 결합하면 상가적superadditive 방식으로 우리의 이해 수준을 끌어올린다.

뇌의 감각 입력 통합 능력은 서로 다른 신호들이 얼마나 조화를 잘 이루는지에 달려 있다. 위에서 설명한 대화 상황에서는 소리와 얼굴 움직임의 조화를 이뤄야 뇌가 두 가지를 동화해서 더 쉽게 명확한 지각을 끌어낼 수 있다. 반면 동기화가 깨지거나 공간적 분리가 심해질수록 일관된 관점을 획득할 가능성이 떨어진다. 동영상의 소리와 영상이 제대로 동기화되지 않을 때 무슨 일이 일어나는지 판단하는 것 자체는 어렵지 않겠지만 전체적인 경험이 낯설게 느껴져 재미가 떨어진다. 하지만 뇌는 약간의 재량을 허용한다. 영화를 볼 때도 비슷한 일이 일어난다. 영화 극장에서는 스피커가 보통 스크린 옆쪽에 세워져 있다. 이런 상황에서 뇌는 소리와 영상의 위치를 따로 분리하는 대신 소리가 나는 위치를 영상의 위치 위로 중첩시켜 말소리가 실제로 배우의 입에서 나오는 것 같은 인상을 받는다. 이것 역시 뇌가 객관적 진실을 반영하기보다는 주관적 버전의 현실을 창조해낸다는 것을 보여주는 사례다.

불빛을 한 번 번쩍이면서 두 번의 빠른 소리 펄스를 들려주는 착각 현상을 통해 뇌가 서로 다른 감각들을 어떻게 조화시키는지 엿

볼 수 있다. 보통은 소리에 속아 불빛이 한 번이 아니라 두 번 번쩍였다고 믿는다. 이 착각은 놀라울 정도로 설득력 있으며, 뇌가 속임수를 잘 부린다는 증거이기도 하다. 여기서 가장 흥미로운 부분은 소리 펄스가 시간상으로 얼마나 가까운지에 따라 착각의 설득력이 달라진다는 점이다. 두 소리 펄스의 시간 간격이 10분의 1초 이하일 때는 뇌가 빛이 두 번 번쩍였다고 지각하지만, 그보다 간격이 길어지면 이런 일이 일어나지 않는다. 이는 뇌가 서로 다른 감각의 흐름이 연결돼 있는지 판단할 때 사용하는 짧은 시간의 창이 존재하며, 더 나아가 이 창의 길이가 부분적으로는 뇌파brain wave라는 활동 리듬에 의해 결정된다는 것을 암시한다. 뇌파는 1초에 10번 정도 회백질을 훑으며 가로지른다.

두 개 이상의 감각이 결합하면 메시지가 더욱 강해진다. 반응시간 검사에서 사람들은 보통 번쩍이는 불빛과 삑 소리를 함께 제시해주면 훨씬 신속하게 반응한다. 나는 강의할 때 경력 초기에 들었던 충고를 마음에 새기려 노력한다. 말할 때는 입뿐만 아니라 몸으로도 말해야 한다는 것이었다. 말과 조화되는 팔 동작을 함으로써 내가 전하려는 바를 좀 더 효과적으로 전달할 수 있다. 학생들 앞에 서보면 학생들이 집중하고 있는지 그냥 멍한 상태로 있는지 쉽게 알아볼 수 있다. 강의 내용을 알차게 구성하는 것도 중요하지만, 적절한 제스처를 사용하는 것도 학생들의 집중력을 끌어올리는 데 도움이 된다. 이런 정신적 동조화가 감각을 더욱 자극해서 양의 피드백 고리가 자리 잡는다. 다중감각적 단서가 우리의 관심을 사로잡고,

이것이 다시 자극에 대한 집중력을 끌어올리는 것이다.

강의하면서 학생들의 얼굴을 가까이 들여다볼 수 있다면 학생들이 얼마나 집중하고 있는지 확실하게 알 수 있는 결정적인 단서가 있다. 동공의 크기다. 동공은 두드러지는 자극을 처음 감지했을 때는 크기가 커지지만, 어려운 과제에 지속적으로 집중하고 있으면 중간 크기에 머무는 경향이 있다. 내가 앞에 차려놓은 지식의 뷔페 테이블에서 학생들이 자신의 관심사를 집어 먹을 때도 그들의 동공이 이런 상태였으면 좋겠다. 문제는 학생들의 동공이 어떤 상태인지, 학생들이 얼마나 집중하고 있는지에 대한 명확한 답을 얻으려면 학생들에게 다가가서 눈을 들여다봐야 하는데, 그랬다가는 동공이 단추 구멍만 해질 것이다. 어떤 경우든 시간이 지나면서 집중력은 약해지기 쉽다. 강의를 들을 때는 그래도 별 문제가 없지만 다른 상황에서는 집중력이 흩어지는 것이 재앙으로 이어질 수 있다. 집중력 저하는 동공이 확장하거나 수축했을 때 많이 일어난다. 보인다. 그 중간 어딘가에 뇌가 적당한 각성 상태를 유지하며 주의력 결핍 발생 가능성이 제일 작아지는 최적의 지점이 존재한다.

주의를 기울이면 한 가지 감각에 더 집중할 수도 있다. 한밤중에 예상치 못했던 잡음이 들리면 우리는 귀를 쫑긋 세워 듣는다. 뇌는 이때 자동으로 우리 요구에 응답해서 일부 감각처리 영역의 활성은 낮추고 청각의 활성을 끌어올린다. 실험 참가자에게 변화를 줘 자극을 가하면서 뇌 영상을 촬영해 보면 새로운 정보에 주의를 기울여 그쪽으로 관심을 전환하면 뇌의 전기적 활성 패턴과 활성 위치에 변화가 보인다. 운전 같은 과제에 필요한 집중력를 확보하려면 감각적 주의를 함께 끌고 가는 능력이 필수적이지만 주의를 전환하는 데는 대가가 따른다. 뇌의 주의력 기어를 바꿀 때는 감각처리에 지연이 발생한다. 잠깐 울리는 핸드폰의 벨 소리가 우리의 관심을 끌면 도로에 기울이고 있던 주의가 증발해 버린다. 그 시간에는 교통사고 발생 확률이 엄청나게 높아진다. 심지어 운전하면서 핸드폰으로 대화를 나누기만 해도 사고 위험이 4배 정도 높아진다.

감각의 수요에 따라 자신의 자원을 할당하는 뇌의 유연한 접근방식은 하나지만, 그 이상의 감각이 결여된 사람에게서 제일 분명하게 찾아볼 수 있다. 예를 들어 귀가 먼 사람은 시력이 좋아지고, 눈이 먼 사람은 청력이 좋아진다. 이때 뇌는 주요 감각겉질 중 덜 사용하는 것이 있으면 거기서 추가적인 처리용 공간을 끌어들여 사용한다. 신경가소성neural plasticity이라고 알려진 이런 현상을 연구한 것을 보면 시각장애자가 점자를 읽거나 소리에 귀를 기울일 때는 시각겉질에 있는 뇌 영역들이 그런 활동을 거들러 나서는 것을 볼 수 있다. 따라서 뇌는 가용 자원을 바탕으로 처리 능력을 할당하는 지능적인 판단을 내리는 것이다. 뇌의 이런 유연성은 시각은 정상이지만 일시적으로 시력을 박탈당한 사람에게도 나타난다. 예를 들어 사람에게 눈가리개를 씌우면 할 일 없이 놀고 있는 뇌 영역을 다른 감각들이 히치하이킹해서 남아도는 계산 능력으로 자신의 감각 양식에 힘을 보탠다.

뇌가 견고한 버전의 현실을 창조할 수 있는 것은 감각으로부터 뒤섞인 메시지를 수신했을 때 생기는 충돌을 신속하게 해소할 수 있어서다. 예를 들어 대부분의 사람은 다른 차들과 함께 교통체증에 갇히거나, 역에 정차한 기차에 앉아 있던 경험이 있을 것이다. 이럴 때 옆에 있던 차가 앞으로 나가기 시작하거나 다른 기차가 움직이기 시작하면 마치 자기가 뒤로 움직이는 것 같은 느낌이 들 때가 있다. 운전하고 있던 경우라면 마치 내 차가 뒤차에 가서 박을 것 같아 불안한 느낌이 들 수도 있다. 세상은 이렇듯 뇌의 착각을 불러올 수 있는 뒤엉킨 감각적 메시지로 가득하다. 하지만 대부분의 경우 뇌는 이런 충돌을 효과적으로 해소하기 때문에 우리의 의식으로 쏟아져 들어오는 정보의 흐름이 뒤죽박죽 엉켜 있는 것을 거의 인식하지 못한다. 이는 뇌가 서로 다른 정보의 흐름을 상호 참조해 현재 상황을 확실하게 지각하기 때문이다. 위에서 설명한 자기가 움직이고 있다는 착각의 경우 처음에는 시각 정보가 아주 확실해 보이지만 다른 감각 자극과 조화를 이루지 못한다. 그러면 움직임 여부를 감지할 수 있는 안뜰계가 구원투수로 나서서 착시를 제거하고 뇌에게 우리가 움직이는 것이 아니라고 안심시킨다.

이런 모호함을 효율적으로 제거하려고 뇌는 간단한 규칙에 의존한다. 규칙 중 하나가 다른 감각보다 일부 감각에서 들어오는 입력에 가중치를 부여하는 것이다. 이렇게 하면 결국 감각 위계질서

sensory hierarchy가 생긴다. 이것은 아리스토텔레스가 2000여 년 전에 제안한 개념이다. 하기야 아리스토텔레스가 아니면 누구였겠는가? 그가 제시한 그림을 보면 시각이 지배적인 감각이고 청각, 후각, 촉각, 미각이 그 뒤를 따른다. 다른 감각보다 시각과 청각이 우위에 있다는 것은 반박하기 어렵겠지만 여전히 의문은 남아 있다.

아리스토텔레스의 감각 위계질서가 과연 자연의 질서일까? 최근 요크대학교의 아시파 마지드와 동료들이 이런 논쟁에 대한 검증에 나섰다. 그는 사람들이 저마다 세상을 다르게 감각하는지 알아내기 위해 전 세계의 다양한 문화권을 조사했다. 이것을 파악하는 한 가지 기발한 방법은 언어를 조사하는 것이다. 결국 각각의 감각을 묘사하는 어휘의 폭을 보면 해당 감각이 화자에게 상대적으로 얼마나 중요한지 알 수 있기 때문이다. 아니나 다를까, 영어와 대부분의 서구 언어에서는 각각의 감각 양식과 관련된 단어의 수가 아리스토텔레스가 제안한 순서와 거의 맞아떨어졌다. 시각과 관련된 단어의 수는 상당히 많은 반면, 후각 관련 단어는 소수에 불과했다. 하지만 조금 더 넓게 그물을 던져 보면 그림이 아주 달라진다. 페르시아어, 광둥어, 라오어Lao●, 중앙아메리카와 남아메리카의 토착 언어들을 살펴보면 미각과 관련된 어휘가 가장 풍부하다. 서아프리카 쪽의 어휘는 촉각에 편향된 반면, 연구에서 다뤘던 호주 원주민 언어에서는 후각이 지배적인 감각이었다. 이것을 보면 서구의 관점으로 오랫

● 태국 북부에서 라오스까지 두루 쓰이는 말로 태국어에 가깝다. - 옮긴이

동안 추측하고 있던 것과는 달리 인간의 감각에는 보편적인 위계가 존재하지 않음을 알 수 있다. 대신에 우리의 전반적인 다중감각 경험은 문화에 크게 영향을 받는다.

적어도 서구인들 사이에서는 감각의 위계질서가 존재한다는 증거를 확인할 수 있는데, 이를 맥거크 효과McGurk effect라고 한다. '입술을 듣고 목소리를 보기Hearing Lips and Seeing Voices'라는 재미있는 제목이 붙은 1976년의 한 연구에서 해리 맥거크Harry McGurk와 존 맥도날드John MacDonald는 엄마의 목소리에 대한 유아의 반응을 연구하다가 우연히 이상한 현상을 발견했다. 이들은 동영상에서 누군가가 '가'라는 음절을 발음하면서 그 영상 위에 '바'라고 말하는 사람의 소리를 더빙하면 사람들 귀에는 '다'로 들린다는 것을 발견했다. 처음에는 별난 실수라 생각했지만 머지않아 이들은 이것이 뇌가 서로 경쟁하는 정보 흐름을 어떻게 정리하는지 보여주는 증거임을 깨달았다. 우리는 누군가와 대화할 때 그 사람이 하는 말을 귀로 들을 뿐만 아니라 얼굴도 읽어가면서 언어 정보를 처리한다. 보통 누군가가 '바'라고 말할 때는 '가'라고 말할 때와는 다른 얼굴 표정을 짓게 된다. 이때 뇌는 정보의 충돌을 지각한다. 화자의 입술을 통해 입력되는 정보가 소리를 통해 입력되는 정보와 조화를 이루지 않는 것이다. 이 문제는 뇌가 아리스토텔레스의 위계질서(눈으로 보는 화자의 얼굴을 귀로 듣는 목소리보다 우선시함)에 따라 시각의 손을 들어줌으로써 해결된다.

최초의 연구 이후로 다양한 언어 사용자를 대상으로 다양한 변형 실험을 시도해봤다. 그 결과 유럽 쪽 언어에서는 원래의 패턴이 그대로 유지됐지만 일본과 중국의 청자listener는 패턴에 별로 얽매이지 않았다. 이는 뇌가 세상을 지각하고 정리하는 방식이 대단히 유연해서 문화의 영향을 강하게 받는다는 사실을 다시금 암시하고 있다.

우리는 맥거크 효과나 앞서 설명했던 고무손 착각 현상 같은 감각의 수수께끼를 경험하고 나서야 뇌가 자신의 경험을 인위적으로 빚어내고 있음을 그나마 깨달을 수 있다. 우리가 객관적인 실제를 경험하고 있다는 자만심에 경종을 울리는 비슷한 다중감각적 경험이 몇 가지 있다. 예를 들면 한 착각에서는 소리를 이용해 촉각에 대한 지각을 왜곡한다. 참가자들에게 헤드폰을 씌워 준 다음 마이크 앞에서 손을 비비게 한다. 마이크로 입력된 소리가 귀로 전달될 때 실험자는 음향을 왜곡해서 참가자가 자기 손에서 느끼는 촉각을 극적으로 변화시킬 수 있다. 소리를 거칠게 하면 참가자들은 마치 자기 손이 나무껍질처럼 건조하다고 느끼고, 소리를 부드럽게 해주면 자기 손이 매끄럽고 부드럽다고 착각한다. 참가자들은 속고 있지만 경험하는 촉각은 진짜처럼 느껴진다.

서로 다른 감각을 통합하는 데서 오는 지각의 흐름이 각각의 감각에서의 경험을 빚어낸다. 흥미로운 여러 연구를 통해 한 감각에서의 변화가 다른 감각의 지각에 어떤 영향을 미치는지 조사가 이뤄졌다. 각각의 실험은 과제 수행의 배경환경을 조작하면서 참가자들에게 한 감각을 바탕으로 자신의 경험을 보고하도록 요청하는 방식으로 진행됐다. 예를 들면 은은한 냄새는 촉각 경험에 영향을 미친다. 재료의 촉감을 묘사할 때 사람들은 불쾌한 냄새에 노출됐을 때보다 레몬 향을 맡았을 때 그 재료를 더 부드럽다고 평가했다. 소리도 촉각의 지각에 영향을 미친다. 똑같은 칫솔임에도 인위적으로 윙윙거리는 소리를 키워 놓은 전기칫솔은 일반적인 소리가 나는 전기칫솔보다 더 거슬리게 느껴진다. 질감을 제외한 모든 부분에서 동일한 두 가지 젤리를 맛보라고 하면 사람들은 일관되게 둘 중 더 부드러운 젤리가 더 맛있다고 느꼈다. 시각적 단서 역시 맛의 지각에 영향을 미친다. 특히 밝은 색깔의 음식은 색깔만 칙칙하고 나머지는 똑같은 음식보다 맛이 훨씬 강한 것으로 나타났다.

감정과 기분은 감각에 더 큰 영향을 미친다. 불안으로 고통받고 있을 때는 짠맛이나 쓴맛을 잘 못 느끼는 반면, 부정적인 감정을 느낄 때는 미묘한 냄새를 잘 인지하지 못한다. 심지어 자세도 다른 감각과 상호작용한다. 자세 역시 감정 상태와 전반적인 감각적 시점으로부터 정보를 받아들인다는 것도 이유지만, 자세가 좀 더 직접적으로 관점을 변화시킬 수도 있다. 파리에서 진행된 한 흥미로운 연구에서는 몸을 한쪽으로 기울이고 있는 사람은 에펠탑이 더 작아 보인다고 보고했다.

한편 운동되튐효과motion bounce effect에서는 소리가 눈에 보이는 것을 바꿔 놓을 수도 있다. 컴퓨터 화면 위에서 두 개의 원반이 서로 교차해 움직일 때 아무 소리가 안 나면 그냥 서로를 가로질러 제 갈 길을 가는 것처럼 보인다. 그런데 두 원반이 만나는 시점에 맞춰 소리를 추가하면 모든 게 달라진다. 원반이 당구대 위의 공처럼 서로 충돌한 후에 날카롭게 되튀어 나오는 것처럼 보이는 것이다. 이 두 버전의 과정은 소리의 유무를 제외하고는 완전히 동일한 데도 우리는 이 둘을 완전히 다르게 해석한다. 문제를 해결할 때 어떤 감각을 끌어들이느냐에 따라 우리는 한 가지 버전은 진짜고 다른 버전은 가짜라는 철통같은 확신을 경험한다. 이때도 앞서 다뤘던 모든 사례처럼 상충하는 일련의 시나리오를 제시하면 뇌는 각자의 시나리오가 옳을 확률을 효과적으로 계산한다. 그리고 그중 한 가지에 결정적으로 유리하게끔 우리의 지각을 빚어낸다. 이것은 베이지안 통계Bayesian statistics와 비슷한 구석이 있다. 베이지안 통계는 기존의 예상과 가정을 바탕으로 사건이 일어날 확률에 가중치를 부과하는 통계 방식이다. 이것은 오류 가능성을 최소화하는 정교한 방법이지만 그 가능성을 완전히 제거할 수는 없다. 한마디로 우리의 편향 때문이다. 뇌가 내리는 판단은 꽤 정확한 편이지만 그래도 가능한 여러 가지 버전의 실재 중 일부분만 제공할 뿐이다.

무엇이 현실이고 무엇이 가상인지 알아내기가 까다로울 수 있다. 비단벌레jewel beetle도 이런 문제를 안고 있다. 이 벌레의 수컷은 사랑을 찾아 날개를 펼치는 낭만적인 방랑자다. 반면 암컷은 방랑이 별로 없는 삶을 산다. 수컷과 달리 암컷은 날 수 없고 대신 서부 호주의 시골을 돌아다니며 꽃을 찾아가 꿀을 빨아 먹는다. 날개 달린 비단벌레 수컷 한 마리가 우연히 암컷을 발견하면 그곳에 내려가 딱정벌레만의 방식으로 수작을 걸기 시작한다. 그런데 사람이 버리는 쓰레기가 많아지면서 수컷의 우선순위가 극적으로 바뀌고 말았다.

쓰레기 중에는 호주인들이 스터비stubbie라 부르는 갈색 유리로 만들어진 맥주병이 있다. 딱정벌레의 머릿속에서 무슨 일이 벌어지고 있는지 누가 알겠느냐마는, 하늘을 날고 있는 수컷이 암컷 비단벌레의 색깔과 흡사한 스터비 맥주병을 발견하면 첫눈에 빠지는 사랑 비슷한 것을 경험한다는 점은 분명하다. 스터비 맥주병은 종래에 골랐던 짝에 비하면 크기가 훨씬 크지만 거대한 몸집의 애인을 만날 수 있다는 기대감이 수컷의 마음에 오히려 더 큰불을 지른다. 스터비 맥주병이 시야에 들어오면 수컷은 급강하해서 맥주병과 짝짓기하려는 헛된 시도를 한다.

수컷이 짝사랑을 완성하는 데 너무 몰입해 있다 보니 짝짓기를 시도하는 동안 개미에게 몸이 토막 나는 수컷이 많다. 하지만 성욕에 타오르는 다른 수컷들은 이런 장면을 보고 의욕이 꺾이기는커녕 쓰러진 동료 수컷의 자리를 대신 차지하려 들다가 똑같은 최후를 맞이한다. 수컷 비단벌레가 맥주병을 보고 느끼는 사랑의 열병을 보면 이들의 지각이 오류에 얼마나 취약한지, 이 오류가 그들의 현실을 얼마나 기이하게 바꿔 놓는지 알 수 있다. 비단벌레에게 이 맥주병은 초정상 자극supernormal stimulus에 해당한다. 초정상 자극은 기존의 자극이 더욱 과장된 버전으로, 그에 걸맞은 강렬한 반응을 끌어낸다. 하지만 이것이 비단벌레에게만 해당하는 규칙이지 우리와 상관없다고 생각하면 곤란하다. 우리도 이런 과장된 자극에 취약하긴 마찬가지다. 예를 들어 정크푸드 제조업체에서는 엄청난 양의 소금과 지방을 집어넣기 때문에 어떤 사람에게는 이런 식품이 거부할 수 없는 유혹이 된다. 성형수술, 특히 입술, 가슴, 엉덩이의 확대술은 기존의 편견을 이용해서 성적 매력을 증폭한다. 몰입형 온라인 게임과 표적 광고는 더 밝고, 더 극적인 현실의 복제품을 이용해서 우리에게 호소한다. 우리는 비단벌레보다는 훨씬 세련된 뇌로 무장하고 있을지는 모르지만, 이런 착각과 자극을 보면 우리의 지각이 너무도 쉽게 변할 수 있으며, 우리가 느끼는 현실도 환상에 불과하다는 것을 알 수 있다. 게다가 이것이 현재 경험에만 영향을 미치는 것도 아니다. 과거, 특히 우리의 기억을 통해 기록된다.

대뇌겉질 호문쿨루스의 탄생으로 이어진 연구를 했던 신경과학자 와일더 펜필드는 뇌를 탐험하는 동안 여러 가지를 발견했다. 그중 가장 극적인 발견은 1930년대에 이뤄졌다. 당시 그는 나중에 몬트리올 수술Montreal Procedure이라 알려지게 될 기술을 완성하고 있었다. 그의 목적은 심각한 간질이 있는 환자를 치료하는 것이었다. 이 수술은 환자가 국소마취를 하고 깬 채로 누워 있는 상태에서 펜필드가 노출된 뇌에 약한 전기 자극을 가해 조사하는 방식으로 진행됐다. 그런데 그가 일부 환자의 관자엽temporal lobe을 건드렸더니 뜻하지 않게도 환자들이 생생한 과거의 경험을 얘기하기 시작했다. 그중 상당수는 오랫동안 잊고 있던 것이었다. 더군다나 그가 똑같은 위치를 다시 건드리면 그 경험이 다시 생생하게 펼쳐졌다.

경험 자체는 다양했지만 기억은 믿기 어려울 정도로 구체적이었다. 갑자기 분만실로 돌아와 아기를 낳았던 어머니, 자신이 정원에서 친구들과 함께 웃고 있는 모습을 본 어린 소년, 과거에 들었던 교향악을 기억하고 의식의 전면으로 다시 떠오른 곡조를 따라 흥얼거린 소녀에 이르기까지 다양한 경험이 있었다. 마치 펜필드가 뇌 속에서 기억의 뚜렷한 위치를 발견한 것처럼 보였다. 하지만 환자들에게 이것은 단순히 과거 사건을 머릿속에 회상하는 것과는 다른 경험이었다. 많은 환자가 실제로 그 시나리오를 다시 체험하는 것처럼 느꼈다. 펜필드의 전극이 관자엽을 건드린 순간만큼은 이들의 인식이 현재에서 멀어져 과거에 벌어졌던 사건으로 옮겨갔다.

정신병으로 환각을 경험하는 사람들은 어떨까? 예를 들어 조현증이 있는 사람은 현실을 비정상적으로 해석하지만 그들의 경험은 우리가 경험하는 것만큼 현실적으로 느껴진다고 한다. 현실에 대한 누군가의 지각이 일반적인 합의와 커다란 차이가 있을 때는 대부분 세상을 경험하는 방식과는 아무런 상관이 없는 일탈로 치부한다. 그렇다면 법정에서 수 세기 동안 근본적인 역할을 해왔던 목격자 진술을 생각해보자.

우리가 목격자 진술을 얼마나 신뢰하는지 보여주는 연구가 있다. 이 연구에서 두 건의 모의재판을 시행했다. 두 건의 재판에서 다른 점은 목격자의 유무다. 나머지는 모든 면에서 같은 조건으로 설정했다. 각각의 사건에서 제출된 증거가 모두 동일함에도 범인을 알아볼 수 있다고 주장하는 목격자의 존재만으로 배심원이 유죄 평결에 도달할 가능성이 18퍼센트에서 72퍼센트로 4배나 높아졌다. 하지만 목격자에 대한 무한한 신뢰는 부적절하고 위험하다. 미국에서는 부당하게 수감이 이뤄졌다가 새로운 증거를 바탕으로 뒤집힌 사례 중 4분의 3 정도가 애초에 부정확한 목격자 진술을 바탕으로 유죄를 선고받은 것들이다. 2012년 라이델 그란트Lydell Grant는 텍사스의 한 나이트클럽 밖에서 남성을 살해한 혐의로 유죄 선고를 받았다. 여섯 명의 목격자가 그란트를 범인으로 지목했다. 하지만 재판이 있고 9년 후인 2021년에 새로운 증거가 등장하며 그랜트의 무죄를 입증하고 진짜 살인자를 찾아줬다. 다른 대부분 사건의 목격자들과 마찬가지로 이 목격자들 역시 진실을 호도하려고 작정해서 그런 것이 아니었다. 그들은 자신의 기억을 철석같이 믿고 있었을 뿐이다. 하지만 현실은 그 믿음과 달랐다.

사람들은 대개 어떤 상황과 비슷한 사례들을 알고 있다. 친구와 함께 겪었던 사건을 얘기하다가 친구의 기억이 자신의 기억과 다르다는 것을 알게 되는 일도 있다. 두 사람 모두 동일한 일을 겪었음에도 서로의 관점에 차이가 있는 것이다. 이렇듯 우리 지각이 얼마나 변덕스러운지 명확하게 보여주는 사례가 적지 않은 데도, 대부분은 자신의 기억을 암묵적으로 신뢰하는 경향이 있다. 어떤 기억을 떠올릴 때마다 그것은 그 일을 마지막으로 기억했던 때를 기억하는 것이라는 말이 있다. 기억을 떠올리는 과정에서 세부사항들이 뒤죽박죽 엉뚱하게 뒤섞이고 맥락에 따라 조금씩 달라진다. 당신과 친구 사이의 분열은 각자의 특이한 지각에서 시작되며, 이후로 각자의 마음속 덤불에 자리를 잡고 계속 커져만 간다.

서로 다른 수많은 관점과 지각이 공존한다는 것은 감각에서 흥미로운 측면 중 하나다. 이는 사상가들이 오랫동안 깊이 고민해온 주제이기도 하다. 시골길에서 상쾌하게 산책하는 상황을 예로 들어보자.

기운이 나는 활동이기는 하지만 그런 산책은 당신의 피를 노리는 작은 생명체와 조우할 가능성을 품고 있다. 여러분 중에서 진드기가 된다는 것이 어떤 것일지 생각해 본 사람이 과연 있을까 싶지만, 독일의 생물학자 야콥 폰 윅스킬Jakob von Uexküll이 선택한 예기치 못했던 세계관 중 하나가 바로 그것이었다.

어쩌면 폰 윅스킬이 진드기를 선택한 이유는 단순한 동물이었기 때문인지도 모르겠다. 진드기의 특징은 좀처럼 지겨움을 모르는 동물이라는 점이다. 진드기 성체는 분위기가 후끈 달아오른 카바레 가수처럼 두 팔을 활짝 벌린 채로 고사리 잎사귀나 나뭇잎 가장자리에 끈기 있게 앉아 있다. 몇 시간, 또는 며칠이 지나도 진드기는 지나가는 사람을 끌어안을 준비를 하고 같은 자세로 한자리에 떡하니 버티고 있다. 보기에는 진드기가 아무것도 하지 않는 것 같겠지만 사실 포유류의 땀에 든 성분인 부티르산의 냄새가 나지 않을까 해서 열심히 공기 중의 냄새를 맡고 있다. 그 냄새가 나면 진드기는 행동을 취할 준비를 하고 표적이 가까워지면 진드기는 체열과 움직임에서 발생하는 진동을 이용해 목표물을 정확히 조준한다. 운이 좋으면 이 기생충은 희생자에게 달라붙어 맨살을 찾아다니며 머리가 피투성이가 되도록 즐겁게 살갗을 파고들 것이다.

진드기가 영감을 주는 동물은 아니다. 아이들이 동물원에서 서로 먼저 진드기를 보겠다고 그 앞에 몰려들어 휘둥그레진 눈으로 구경하는 일은 없으니까 말이다. 다만 폰 윅스킬은 진드기와 우리가 지각하는 세계가 얼마나 다른지 보여주고 싶었을 뿐이다. 목가적인 풍경을 즐기는 동안 우리는 경치를 감상하고, 꽃을 보면 멈춰 서서 향기도 맡고, 감미로운 새 소리에 귀를 기울이기도 할 것이다. 하지만 이런 것들이 진드기에게는 아무런 의미가 없다. 진드기의 감각적 세계는 결국 땀 냄새를 포착해서 그것이 어디서 오는 것인지 추적한 다음, 운이 좋으면 먹이를 구하는 것으로 귀결된다. 폰 윅스킬은 독특하고 주관적인 감각 세계를 묘사하기 위해 **환경세계**umwelt라는 용어를 만들었다. 진드기의 환경세계는 자기와 관련된 극소수의 신호를 식별하는 것으로 제한돼 있다. 우리에게는 진드기의 지각적 경험이 절망적일 만큼 제한된 것으로 보이겠지만, 진드기에게는 이것이 가늠하기 어려울 정도로 풍부한 경험일 것이다.

서로 다른 각각의 종은 자기만의 고유한 **환경세계**가 있다. 예를 들어 개는 인간이 눈치채지 못하는 온갖 냄새와 소리 속에서 살아간다. 우리의 환경세계와 개의 환경세계 사이에는 겹치는 부분이 분명 있지만, 우리와 개가 아주 다른 방식으로 주변 환경을 경험한다는 사실은 여전하다. 이것은 우리가 지각하는 내용뿐만 아니라 우리가 세상과 관계를 맺는 방식에도 영향을 미친다.

폰 윅스킬은 **환경세계**라는 개념을 통해 종 사이의 차이를 이해하는 일에 관심이 있었지만 사실 같은 종 안에도 상당한 차이가 존재한다. 각각의 동물 개체는 같은 종의 다른 개체들과 유사하면서도 고유의 특성을 가진 자기만의 감각 우주에서 살고 있다. 우리 종만큼 이것이 분명하게 드러나는 객체도 없을 것이다. 깨어 있는 매 순간 온갖 풍요로운 감각적 자극이 우리 삶에 생동감을 불어넣는다. 감각기관은 이런 자극을 포착해 뇌로 전달하고, 뇌는 지각을 만들어낸다. 세상 그 누구도 감각기관이나 뇌가 똑같은 사람은 없기에 모든 지각은 상대적이고 주관적이다. 따라서 모든 사람은 자기만의 **환경세계**에서 살고 있다. 그 결과 빨강이라는 색, 빵의 맛, 베토벤 교향곡의 소리가 당신의 내면에 어떻게 표상되고 있는지 나는 알지 못하고, 알 수도 없다. 오직 나의 지각적 경험만 이해할 수 있을 뿐이다. 철학자들은 이런 감각, 즉 사물이 자기에게 느껴지는 방식을 감각질qualia이라고 표현한다. 감각질은 객관적인 기술이 불가능하므로 비교를 통해 간접적인 묘사만 가능하고, 동어 반복적으로 묘사되는 때가 많다. 그래서 세상 누구도 내가 사물을 어떻게 감각하는지 완벽한 통찰을 얻을 수 없다.

그렇다고 사람들이 자신의 감각질에 대한 묘사를 멈추지는 않는다. 가장 유명하고 흥미로운 사례로 와인 전문가들을 들 수 있다. 이들은 와인의 풍미를 이해할 수 있게 도와줄 기존의 언어적 틀이 존재하지 않는 상황에서 나머지 감각 세계에서 가져온 묘사로 비유를 만들어낸다. 사람들은 와인을 생울타리에 열리는 열매의 향기hedgerow fruits, 숙성된 건조더미 향기ripening hay, 오크통에서 오래 숙성된 향기toasty oak 등에 열심히 비유하지만 모두 모호하고 본질적으로 의미가 없는 표현이다. 와인 전문가들도 나름의 최선을 다하고 있는 것이지만 나는 가끔 이 사람들이 비유 사전에서 아무말이나 고르는 것이 아닐까 하는 생각도 든다. 이것이 사실이라도 굳이 따질 필요가 있을까? 우리 삶을 가치 있게 만들어주는 것은 우리의 감각적 경험이며, 이것이야말로 우리의 의식적 자아의 근간이다. 사회적 동물로서 우리는 자신의 관점을 공유하고, 다른 사람의 관점에 흥미를 느끼는 경향이 있다.

우리 사이의 감각적 다양성은 서로 다른 관점과 세계관, 태도를 낳고, 사회에 풍요로움과 다양성을 제공한다. 우리가 모두 동일한 지각을 갖췄다고 상상해보자. 우리는 개성을 잃고 세상은 훨씬 칙칙한 곳이 될 것이다. 우리 사이의 차이는 감각기관의 구조를 만들고 뇌를 빚어내는 유전적 구조의 차이와 더불어 환경적 경험과 개인적 경험에서도 비롯된다. 이런 것들은 우리가 어떤 자극을 더 두드러지게 느끼고, 관심을 기울일지 결정하는 데 도움을 주고, 유입되는 감각 정보가 우리의 기존 지식과 세계관에 따라 영향을 받는 방식에도 관여한다. 문화에서 비롯되는 차이도 있다. 문화는 기대와 편향을 만들기 때문이다. 이런 것들은 무제한으로 조합이 가능해 우리 각자는 감각적으로 유일무이한 존재가 될 수밖에 없다. 당신의 지각은 나와 다를 뿐만 아니라, 지금까지 살았던 그 누구와도 다르다.

하지만 다른 사람과 나의 지각이 다를지라도 처음 간 슈퍼마켓에서 눈앞에 펼쳐진 엄청난 선택지에 당황스러워 하는 건 마찬가지일 것이다. 온라인에서 옷이나 책을 쇼핑할 때도 같은 느낌을 받을 수 있다. 하지만 넓어 보이는 선택지도 사실은 아주 제한돼 있다. 미국의 소매분석 전문업체인 에디티드Editied에 따르면 우리가 사는 옷 중 3분의 1 이상이 검은색이다. 여기에 회색과 흰색을 더하면 이미 우리가 입는 모든 색깔 중 절반에 해당한다. 그다음 군청색이 뒤를 잇는다. 수많은 색상이 있음에도 옷을 선택할 때는 그 많은 색이 모두 변방으로 밀려난다. 우리가 선택하는 음식 또한 사정이 별반 다르지 않다. 사람이 먹을 수 있는 식물의 종류는 8만 종 정도지만 우리가 기르는 작물은 150종 정도에 불과하다. 이런 작물 중 30종이 전 세계적으로 인류의 칼로리 섭취 중 95퍼센트를 차지하고 있으니 선택지가 더욱 좁아진다. 사실 쌀, 감자, 옥수수, 밀이라는 4종 식물이 인간이 먹는 식량의 절반 이상을 차지한다. 감각의 지침에 따라 순응하는 방향으로 강력하게 왜곡이 일어나는 동일한 패턴이 우리의 거의 모든 지각, 궁극적으로는 선택에서 작동하고 있다. 이것은 사회적 종으로서 인류의 또 다른 측면이다. 우리는 서로 조화를 이루고 모방하기를 선호한다. 우리 각자는 서로 다를지 몰라도 크게 다르지는 않다.

지각은 한데 어울려 우리 자신과 나머지 세상 사이의 접점으로 작용하는 상호의존적인 감각의 네트워크에서 생겨난다. 우리 감각은 적어도 생리학적, 해부학적 측면에서는 모두 별개이지만 뇌에 도달하면 감각들 사이의 경계가 흐려지면서 하나의 지각으로 합쳐진다. 달리 표현하면 감각은 다른 감각 없이 단독으로는 아무것도 아니라는 것이다. 우리에게 단 하나의 감각만 선택하라고 하면 대부분은 시각을 고를 것이다. 하지만 당신이 시각만 갖고 태어났다면 세상을 이해하는 데 어려움을 겪었을 것이다. 어린 시절의 발달 과정에서 세상을 정확히 지각할 수 있는 능력을 키우려면 시각을 다른 감각과 비교하면서 눈으로 보이는 것을 이해할 수 있어야 하기 때문이다. 아기들은 물체를 바라보면서 손으로 만져본다. 그리고 그 과정에서 얻는 촉각적 단서가 눈으로 보이는 것에 의미를 부여한다. 촉각뿐만 아니라 미각, 후각, 청각도 마찬가지다.

아기는 태어나고 첫 몇 달 동안 닥치는 대로 세상을 더듬거리면서 평생에 도움이 될 감각 간의 강력한 협동의 토대를 마련한다. 아기의 뇌 속에서는 개개의 감각이 배열되고 조정되며 뒤섞인다. 초기 단계에서는 감각들이 바쁘게 유아의 뇌에서 체계를 하나씩 정립한다. 신경 연결이 만들어지고 강화되면서 바깥세상을 이해하기 위한 틀이 구축된다. 시간이 지나면서 감정뿐만 아니라 이전의 경험과 기대를 이용해 감각에서 들어오는 가공되지 않은 입력도 길들이게 된다. 그 결과 세상에 둘도 없는 자기만의 특이하고 주관적인 지각이 만들어진다. 이 지각은 바깥세상을 거울처럼 똑같이 반영하지 않고 뇌가 최선을 다해 추측한 대로 표상하기 때문에 불완전하다. 그런데도 우리 감각은 지각으로 한데 결합해 가장 놀랍고 특이한 경험, 즉 살아있다는 의식적 감각을 제공한다.

# 부록

# 후기

강의실로 돌아오니 내게 할당된 시간이 거의 다 됐다. 그동안 나는 학생들에게 기이하고도 놀라운 자료들을 펼쳐 보여줬다. 색은 사실상 존재하지 않는다는 것과 식물은 애벌레의 접근을 소리로 '듣고' 알 수 있다는 것을 설명했다. 화산 폭발을 예언하는 염소에 관해 얘기하고, 스마트폰이 뇌를 어떻게 재구성하는지도 설명했다. 학생들의 얼굴을 보니 내가 하고 싶은 말이 제대로 전달된 듯하다. 아무렴 그럴 수밖에. 감각은 생물학에서 가장 매력적인 주제니까 말이다. 하지만 이것이 오로지 생물학만의 주제가 아니라는 것을 지적하지 않을 수 없다. 지각이 서로 다른 수많은 감각 양식의 융합을 통해 등장하는 것처럼, 감각이라는 주제를 깊게 이해하려면 수많은 연구 분야를 종합하는 노력이 필요하다. 감각이라는 주제를 어느 한 학문 분야가 독점할 수는 없다. 생물학을 이용하면 감각의 여러 가지 측면을 조사할 수 있다. 예를 들어 강의실의 학생들이 빛에 민감한 미생물의 단백질로부터 수십억 년 전에 시작된 진화의 여정을 거쳐 만들어진 눈으로 나를 바라보고, 압력에 예민하게 반응했던 고대 어류가 물려준 귀로 내 말을 귀담아듣는 원리도 그런 측면에 해당한다. 생물학은 또한 인간의 감각과 다른 동물의 감각 사이의 관계를 조사해 우리가 어떻게 지금과 같은 감각적 세계관을 갖게 됐는지도 설명할 수 있다.

하지만 일상생활에서 감각이 갖는 중요성을 생물학만으로 설명할 수는 없다. 바깥세상의 데이터를 수집하는 해부학적 구조만큼이나 우리의 태도, 감정, 건강도 지각의 일부를 이루고 있다. 그와 동시에 어떻게 감각적 자극이 우리의 행동을 지배하고, 우리가 의견을 품게 하고, 특정 제품을 사게 하고, 심지어 질병을 이기도록 만드는지는 생물학에서 거의 언급하지 않는 주제다. 따라서 우리의 감각적 자아의 엄청난 잠재력을 완전히 이해하고 이를 실현시키려면 생물학이 심리학, 철학, 경제학, 공학, 의학과 손을 잡아야 한다.

미래는 어떤 모습일까? 생물학에서 영감을 받은 최첨단 센서를 만들어서 감각의 힘을 최대로 이용할 수 있으리라는 희망찬 전망이 나오고 있다. 예를 들어 갯가재의 눈은 의료용 영상 촬영 기술과 원격 감각의 개발에 영감을 불어넣었다. 기존에는 엄두도 낼 수 없었던 업그레이드가 가능해진 것이다. 또한 우리 코의 전자 복제품이라 할 수 있는 화학 센서가 스마트폰에 기본으로 장착될 날이 머지않았는지도 모른다. 스마트폰의 인공지능 비서가 기기 사용자의 체취를 맡고 샤워한 지 꽤 됐으니 좀 씻는 게 어떻겠냐고 은근슬쩍 암시하는 장면이 떠오르긴 하지만, 이런 기술 덕분에 다양한 질병을 조기에 진단할 기회가 열리리라 생각하면 정말 흥분된다.

기술이 나날이 발전하는 세상에 살면서도 아직 해결해야 할 문제는 산적해 있다. 우리는 감각의 기본 메커니즘을 안다. 예를 들면 빛의 광자가 망막에 있는 세포를 자극하거나 공기 중에 있는 분자가 코에 있는 특별한 수용기에 포착되면 이것이 감각변환 작용을 통해 뇌가 이해할 수 있는 신호로 바뀐다는 것을 알고 있다. 하지만 왜 그런 식으로 해석되는지는 알지 못한다. 이런 신호에서 의미를 창조하는 뇌의 진정 놀라운 능력은 여전히 수수께끼로 남아 있다.

지각은 과학에서 가장 위대하고, 가장 홍미로운 미스터리를 풀어줄 열쇠다. 어떻게 인간 같은 생물학적 시스템이 자기를 둘러싼 소란스러운 물리 세계에서 의미를 추출할 수 있을까? 과연 우리를 넘어선 세계의 객관적 실재와 그것에 대한 우리의 주관적 경험의 관계를 알아낼 수 있을까? 지각의 수수께끼를 풀면 가장 위대한 현상인 의식을 이해할 수 있는 길이 열릴 것이다.

홍미로운 질문이 아직 많이 남아 있고, 다가올 미래는 흥미진진한 발견의 여정을 약속하고 있다. 내 강의가 끝나고 학생들은 학습한 내용에 관해 열띤 대화를 나누며 강의실을 떠난다. 학생들의 뒷모습을 보면서 그들 중에서 많은 질문의 해답을 찾아낼 주인공이 나오길 바랄 뿐이다.

# 감사의 말

이 책을 집필하는 동안 정말 많은 분의 도움을 받았습니다. 제 에이전트 맥스 에드워즈Max Edwards는 지칠 줄 모르는 통찰력과 격려로 힘을 실었고, 프로필Profile 사의 훌륭한 직원분들이 말씀해주신 의견 모두 귀중한 도움이 됐습니다. 특히 원고를 정리해서 모양을 갖추는 데 큰 역할을 해준 닉 험프리Nick Humphrey, 모든 과정에서 최고의 길잡이였던 에밀리 프리셀라Emily Frisella, 전 세계에 이 책을 널리 알리는 데 애써준 알렉스 엘람Alex Elam에게는 특별한 감사의 말을 전합니다. 또한 교열 과정에서 큰 도움을 준 프란 파브리츠키Fran Fabriczki에게도 감사의 말을 전하고 싶습니다. 대서양 너머 베이빅 북스Basic Books의 엠마 베리Emma Berry와 그의 팀은 내내 든든한 버팀목이자 지혜의 샘물이었습니다. 여러분과 함께 일하는 것이 즐거웠고, 여러분이 제게 준 모든 것에 감사드립니다.

이외에도 제가 함께 일할 수 있는 행운을 누린 많은 분이 있었고, 모두 각자의 방식으로 도움을 줬습니다. 스텔라 엔셀Stella Encel은 서투른 초고를 읽고 값진 조언을 아끼지 않았을 뿐 아니라, 토론을 통해 제 생각의 틀을 잡는 데도 큰 역할을 해줬습니다. 알렉스 윌슨Alex Wilson, 제임스 테디 허버트 리드James Teddy Herbert-Read, 앨리샤 번스Alicia Burns, 매트 한센Matt Hansen, 미아 켄트Mia Kent, 크리스 리드Chris Reid 등 제 연구진에서 과거에 활동했던 회원들은 제가 더 새롭고, 더 나은 방식으로 생각할 수 있도록 영감을 불어넣어 줬습니다. 그리고 더닝 크루거 효과의 대표적 인물인 캘럼 스티븐Callum Steven의 조언과 든든한 뒷받침에도 무한한 감사를 표합니다. 또한 제게 큰 의미와 힘이 돼준 리키 조델코Rikki Jodelko와 해티 조델카Hattie Jodelka의 격려에도 감사를 표하고 싶습니다.

# 참고자료

## 1장 — 눈이 보는 세상

Alvergne, A. et al (2009). Father-offspring resemblance predicts paternal investment in humans. *Animal Behaviour*, 78(1), 61-69.

Beall, A. & Tracy, J. (2013). Women are more likely to wear red or pink at peak fertility. *Psychological Science*, 24(9), 1837-1841.

Caves, E. et al. (2018). Visual acuity and the evolution of signals. *Trends in ecology & evolution*, 33(5), 358-372.

Cloutier, J., et al. (2008). Are attractive people rewarding? Sex differences in the neural substrates of facial attractiveness. *Journal of cognitive neuroscience*, 20(6), 941-951.

Ebitz, R., & Moore, T. (2019). Both a gauge and a filter: Cognitive modulations of pupil size. *Frontiers in neurology*, 9, 1190.

Fider, N., & Komarova, N (2019). Differences in color categorization manifested by males and females: a quantitative World Color Survey study. *Palgrave Communications*, 5(1), 1-10.

Fink, B. et al. (2006). Facial symmetry and judgements of attractiveness, health and personality. *Personality and Individual differences*, 41(3), 491-499.

Gangestad, S. et al. (2005). Adaptations to ovulation: Implications for sexual and social behavior. *Current Directions in Psychological Science*, 14(6), 312-316.

Irish, J. E. (2018). Can Pink Really Pacify?

Jones, B. et al. (2015). Facial coloration tracks changes in women's estradiol. *Psychoneuroendocrinology*, 56, 29-34.

Kay, P., & Regier, T. (2007). Color naming universals: The case of Berinmo. *Cogni-*

*tion*, 102(2), 289-298.

Little, A. et al. (2011). Facial attractiveness: evolutionary based research. *Philosophical Transactions of the Royal Society B 366*(1571), 1638-1659.

LoBue, V., & DeLoache, J. (2011). Pretty in pink: The early development of gender-stereotyped colour preferences. *British Journal of Developmental Psychology*, 29(3), 656-667.

Maier, M. et al. (2009). Context specificity of implicit preferences: the case of human preference for red. *Emotion*, 9(5), 734.

Oakley, T. & Speiser, D. (2015). How complexity originates: the evolution of animal eyes. *Annual Review of Ecology, Evolution, and Systematics*, 46, 237-260.

Palmer, S. & Schloss, K (2010). An ecological valence theory of human color preference. *Proceedings of the National Academy of Sciences*, 107(19), 8877-8882.

Pardo, P. et al (2007). An example of sex-linked color vision differences. *Color Research & Application*, 32(6), 433-439.

Provencio, I. et al. (1998). Melanopsin: An opsin in melanophores, brain, and eye. *Proceedings of the National Academy of Sciences*, 95(1), 340-345.

Rodríguez-Carmona, M. et al (2008). Sex-related differences in chromatic sensitivity. *Visual Neuroscience*, 25(3), 433-440.

Ropars, G. et al (2012). A depolarizer as a possible precise sunstone for Viking navigation by polarized skylight. *Proceedings of the Royal Society A*, 468(2139), 671-684.

Scheib, J. et al (1999). Facial attractiveness, symmetry and cues of good genes. *Proceedings of the Royal Society of London B*, 266(1431), 1913-1917.

Shaqiri, A. et al (2018). Sex-related differences in vision are heterogeneous. *Scientific Reports*, 8(1), 1-10.

Shichida Y, Matsuyama T. (2009) Evolution of opsins and phototransduction. Philosophical Transactions of the Royal Society B, 364(1531):2881-95.

**2장 — 귀로 듣는 세상**

Altmann, J. (2001). Acoustic weapons - a prospective assessment. *Science & Global Security*, 9(3), 165-234.

Appel, H. & Cocroft, R. (2014). Plants respond to leaf vibrations caused by insect herbivore chewing. *Oecologia*, 175(4), 1257-1266.

Conard, N. et al. (2009). New flutes document the earliest musical tradition in southwestern Germany. *Nature*, 460(7256), 737-740.

Deniz, F. et al. (2019). The representation of semantic information across human cerebral cortex during listening versus reading is invariant to stimulus modality. *Journal of Neuroscience*, 39(39), 7722-7736.

Ellenbogen, M. et al. (2014). Intranasal oxytocin attenuates the human acoustic startle response independent of emotional modulation. *Psychophysiology*, 51(11), 1169-1177.

Ferrari, G. et al. (2016). Ultrasonographic investigation of human fetus responses to maternal communicative and non-communicative stimuli. *Frontiers in psychology*, 7, 354.

Fitch, W. (2017). Empirical approaches to the study of language evolution. *Psychonomic bulletin & review*, 24(1), 3-33.

Gagliano, M. et al. (2017). Tuned in: plant roots use sound to locate water. *Oecologia*, 184(1), 151-160.

Hamilton, L. et al. (2021). Parallel and distributed encoding of speech across human auditory cortex. *Cell*, 184(18), 4626-4639.

Heesink, L. et al. (2017). Anger and aggression problems in veterans are associated with an increased acoustic startle reflex. *Biological Psychology*, 123, 119-125.

Magrassi, L. et al. (2015). Sound representation in higher language areas during language generation. *Proceedings of the National Academy of Sciences*, 112(6), 1868-1873.

McFadden, D. (1998). Sex differences in the auditory system. *Developmental Neuropsychology*, 14(2-3), 261-298.

Mesgarani, N. et al. (2014). Phonetic feature encoding in human superior temporal gyrus. *Science*, 343(6174), 1006-1010.

Pagel, M. (2017). What is human language, when did it evolve and why should we care?. *BMC Biology*, 15(1), 1-6.

Sauter, D. et al. (2010). Cross-cultural recognition of basic emotions through nonverbal emotional vocalizations. *Proceedings of the National Academy of Sciences*, 107(6), 2408-2412.

Schneider, D. & Mooney, R. (2018). How movement modulates hearing. *Annual Review of Neuroscience*, 41, 553.

Shahin, A. et al. (2009). Neural mechanisms for illusory filling-in of degraded speech. *Neuroimage*, 44(3), 1133-1143.

Vinnik, E. et al. (2011). Individual differences in sound-in-noise perception are related to the strength of short-latency neural responses to noise. *PloS One*, 6(2), e17266.

Zatorre, R. & Salimpoor, V. (2013). From perception to pleasure: music and its neural substrates. *Proceedings of the National Academy of Sciences*, 110, 10430-10437.

### 3장 — 코가 맡는 세상

Aqrabawi, A. & Kim, J. (2020). Olfactory memory representations are stored in the anterior olfactory nucleus. *Nature Communications*, 11(1), 1-8.

Cameron, E. et al. (2016). The accuracy, consistency, and speed of odor and picture naming. *Chemosensory Perception*, 9(2), 69-78.

Chu, S. & Downes, J. (2000). Odour-evoked autobiographical memories. *Chemical Senses*, 25(1), 111-116.

Classen, C. (1992). The odor of the other: olfactory symbolism and cultural categories. *Ethos*, 20(2), 133-166.

Classen, C. (1999). Other ways to wisdom: Learning through the senses across cultures. *International Review of Education*, 45(3), 269-280.

Dahmani, L. et al. (2018). An intrinsic association between olfactory identification and spatial memory in humans. *Nature Communications*, 9(1), 1-12.

de Groot, J. et al. (2020). Encoding fear intensity in human sweat. *Philosophical Transactions of the Royal Society B*, 375(1800), 20190271.

de Wijk, R. & Zijlstra, S. (2012). Differential effects of exposure to ambient vanilla and citrus aromas on mood, arousal and food choice. *Flavour*, 1(1), 1-7.

Derti, A. et al. (2010). Absence of evidence for MHC-dependent mate selection within HapMap populations. *PLoS Genetics*, 6(4), e1000925.

Frumin, I. et al. (2014). Does a unique olfactory genome imply a unique olfactory world?. *Nature Neuroscience*, 17(1), 6-8.

Hackländer, R. et al. (2019). An in-depth review of the methods, findings, and theories associated with odor-evoked autobiographical memory. *Psychonomic Bulletin & Review*, 26(2), 401-429.

Havlicek, J., & Lenochova, P. (2006). The effect of meat consumption on body odor attractiveness. *Chemical Senses*, 31(8), 747-752.

Havlíček, J. et al. (2017). Individual variation in body odor. In *Springer Handbook of Odor.*

Herz, R. (2009). Aromatherapy facts and fictions. *International Journal of Neuroscience*, 119(2), 263-290.

Herz, R. & von Clef, J. (2001). The influence of verbal labeling on the perception of odors: evidence for olfactory illusions? *Perception*, 30(3), 381-391.

Jacobs, L. (2012). From chemotaxis to the cognitive map. *Proceedings of the National Academy of Sciences*, 109, 10693-10700.

Jacobs, L. et al. (2015). Olfactory orientation and navigation in humans. *PLoS One*, 10(6), e0129387.

Kontaris, I. et al. (2020). Behavioral and neurobiological convergence of odor, mood and emotion. *Frontiers in Behavioral Neuroscience*, 14, 35.

Laska, M. (2017). Human and animal olfactory capabilities compared. In *Springer Handbook of Odor*

Logan, D. (2014). Do you smell what I smell? Genetic variation in olfactory perception. *Biochemical Society Transactions*, 42(4), 861-865.

Majid, A. (2021). Human olfaction at the intersection of language, culture, and biology. *Trends in Cognitive Sciences*, 25(2), 111-123.

Majid, A., & Burenhult, N. (2014). Odors are expressible in language, as long as you speak the right language. *Cognition*, 130(2), 266-270.

McGann, J. P. (2017). Poor human olfaction is a 19th-century myth. *Science*, 356(6338), eaam7263.

Minhas, G. et al. (2018). Structural basis of malodour precursor transport in the human axilla. *Elife*, 7, e34995.

O'Mahony, M. (1978). Smell illusions and suggestion: Reports of smells contingent on tones played on television and radio. *Chemical Senses*, 3(2), 183-189.

Perl, O. et al. (2020). Are humans constantly but subconsciously smelling themselves?. *Philosophical Transactions of the Royal Society B*, 375(1800), 20190372.

Porter, J. et al. (2007). Mechanisms of scent-tracking in humans. *Nature neuroscience*, 10(1), 27-29.

Prokop-Prigge, K. et al. (2016). The effect of ethnicity on human axillary odorant production. *Journal of Chemical Ecology*, 42(1), 33-39.

Reicher, S. et al. (2016). Core disgust is attenuated by ingroup relations. *Proceedings of the National Academy of Sciences*, 113(10), 2631-2635.

Rimkute, J. et al. (2016). The effects of scent on consumer behaviour. *International Journal of Consumer Studies*, 40(1), 24-34.

Roberts, S. et al. (2008). MHC-correlated odour preferences in humans and the use of oral contraceptives. *Proceedings of the Royal Society B: Biological Sciences*, 275(1652), 2715-2722.

Roberts, S. et al. (2020). Human olfactory communication. *Philosophical Transactions of the Royal Society B*, 375(1800), 20190258.

Ross, A. et al. (2019). The skin microbiome of vertebrates. *Microbiome*, 7, 1-14.

Sarafoleanu, C. et al. (2009). The importance of the olfactory sense in the human behavior and evolution. *Journal of Medicine and Life*, 2(2), 196.

Shirasu, M., & Touhara, K. (2011). The scent of disease. *The Journal of Biochemistry*, 150(3), 257-266.

Sorokowska, A. et al. (2012). Does personality smell?. *European Journal of Personality*, 26(5), 496-503.

Sorokowska, A. et al. (2013). Olfaction and environment. *PloS One*, 8(7), e69203.

Sorokowski, P. et al. (2019). Sex differences in human olfaction: a metaanalysis. *Frontiers in Psychology*, 10, 242.

Spence, C. (2021). The scent of attraction and the smell of success: crossmodal influences on person perception. *Cognitive Research: Principles and Implications*, 6(1), 1-33.

Stancak, A. et al. (2015). Unpleasant odors increase aversion to monetary losses. *Biological psychology*, 107, 1-9.

Stevenson, R. & Repacholi, B. (2005). Does the source of an interpersonal odour affect disgust? *European Journal of Social Psychology*, 35(3), 375-401.

Trimmer, C. et al. (2019). Genetic variation across the human olfactory receptor repertoire alters odor perception. *Proceedings of the National Academy of Sciences*, 116(19), 9475-9480.

Übel, S. et al. (2017). Affective evaluation of one's own and others' body odor: the role of disgust proneness. *Perception*, 46(12), 1427-1433.

Villemure, C. et al. (2003). Effects of odors on pain perception. *Pain*, 106(1-2), 101-108.

Wedekind, C. et al. (1995). MHC-dependent mate preferences in humans. *Proceedings of the Royal Society of London B*, 260(1359), 245-249.

Wyatt, T. (2020). Reproducible research into human chemical communication by cues and pheromones: learning from psychology's renaissance. *Philosophical Transactions of the Royal Society B*, 375(1800), 20190262.

Zhang, S., & Manahan-Vaughan, D. (2015). Spatial olfactory learning contributes to place field formation in the hippocampus. *Cerebral Cortex*, 25(2), 423-432.

**4장 — 혀가 맛보는 세상**

Armitage, R. et al. (2021). Understanding sweet-liking phenotypes and their implications for obesity. *Physiology & Behavior*, 235, 113398.

Asarian, L., & Geary, N. (2013). Sex differences in the physiology of eating. *American Journal of Physiology-Regulatory, Integrative and Comparative Physiology*, 305(11), R1215-R1267.

Bakke, A. et al. (2018). Mary Poppins was right: Adding small amounts of sugar or salt reduces the bitterness of vegetables. *Appetite*, 126, 90-101.

Behrens, M., & Meyerhof, W. (2011). Gustatory and extragustatory functions of mammalian taste receptors. *Physiology & Behavior*, 105(1), 4-13.

Benson, P. et al. (2012). Bitter taster status predicts susceptibility to vection-induced motion sickness and nausea. *Neurogastroenterology & Motility*, 24(2), 134-e86.

Breslin, P. (1996). Interactions among salty, sour and bitter compounds. *Trends in Food Science & Technology*, 7(12), 390-399.

Breslin, P. (2013). An evolutionary perspective on food and human taste. *Current Biology*, 23(9), R409-R418.

Briand, L., & Salles, C. (2016). Taste perception and integration. In *Flavor*. Woodhead Publishing.

Costanzo, A. et al. (2019). A low-fat diet up-regulates expression of fatty acid taste receptor gene FFAR4 in fungiform papillae in humans. *British Journal of Nutrition*, 122(11), 1212-1220.

Dalton, P. et al. (2000). The merging of the senses: integration of subthreshold taste and smell. *Nature Neuroscience*, 3(5), 431-432.

Doty, R. (2015). Handbook of Olfaction and Gustation. John Wiley & Sons. Eisenstein, M. (2010). Taste: More than meets the mouth. *Nature*, 468(7327), S18-S19.

Forestell, C. (2017). Flavor perception and preference development in human infants. *Annals of Nutrition and Metabolism*, 70, 17-25.

Green, B. & George, P. (2004). 'Thermal taste'predicts higher responsiveness to chemical taste and flavor. *Chemical Senses*, 29(7), 617-628.

Hummel, T. et al. (2006). Perceptual differences between chemical stimuli presented through the ortho - or retronasal route. *Flavour and Fragrance Journal*, 21(1), 42-47.

Karagiannaki, K. et al. (2021). Determining optimal exposure frequency for introducing a novel vegetable among children. *Foods*, 10(5), 913.

Keast, R. et al. (2021). Macronutrient sensing in the oral cavity and gastrointestinal tract: alimentary tastes. *Nutrients*, 13(2), 667.

Lenfant, F. et al. (2013). Impact of the shape on sensory properties of individual dark chocolate pieces. *LWT-Food Science and Technology*, 51(2), 545-552.

Martin, L. & Sollars, S. (2017). Contributory role of sex differences in the variations of gustatory function. *Journal of Neuroscience Research*, 95(1-2), 594-603.

Maruyama, Y. et al. (2012). Kokumi substances, enhancers of basic tastes, induce responses in calcium-sensing receptor expressing taste cells. *PLoS One*, 7(4), e34489.

Reed, D. & Knaapila, A. (2010). Genetics of taste and smell: poisons and pleasures. *Progress in Molecular Biology*, 94, 213-240.

Shizukuda, S. et al. (2018). Influences of weight, age, gender, genetics, diseases, and ethnicity on bitterness perception. *Nutrire*, 43(1), 1-9.

Slack, J. (2016). Molecular pharmacology of chemesthesis. In *Chemosensory Transduction*. Academic Press.

Small, D. et al. (2005). Differential neural responses evoked by orthonasal versus retronasal odorant perception in humans. *Neuron*, 47(4), 593-605.

Spence, C. (2013). Multisensory flavour perception. *Current Biology*, 23(9), R365-R369.

Spence, C. (2015). Just how much of what we taste derives from the sense of smell? *Flavour*, 4(1), 1-10.

Spence, C., & Wang, Q. (2015). Wine and music (II): can you taste the music? Modulating the experience of wine through music and sound. *Flavour*, 4(1), 1-14.

Spence, C. et al. (2016). Eating with our eyes: From visual hunger to digital satiation. *Brain and cognition*, 110, 53-63.

Stevenson, R. et al. (2011). The role of taste and oral somatosensation in olfactory localization. *Quarterly Journal of Experimental Psychology*, 64(2), 224-240.

Wang, Y. et al. (2019). Metal ions activate the human taste receptor TAS2R7. *Chemical senses*, 44(5), 339-347.

Williams, J. et al. (2016). Exploring ethnic differences in taste perception. *Chemical senses*, 41(5), 449-456.

Yang, Q. et al. (2020). Exploring the relationships between taste phenotypes, genotypes, ethnicity, gender and taste perception. *Food Quality and Preference*, 83, 103928.

Yarmolinsky, D. et al. (2009). Common sense about taste: from mammals to insects. *Cell*, 139(2), 234-244.

Yohe, L. & Brand, P. (2018). Evolutionary ecology of chemosensation and its role in sensory drive. *Current Zoology*, 64(4), 525-533.

**5장 — 피부가 느끼는 세상**

Ackerman, J. et al. (2010). Incidental haptic sensations influence social judgments and decisions. *Science*, 328(5986), 1712-1715.

Ardiel, E. & Rankin, C. (2010). The importance of touch in development. *Paediatrics & Child Health*, 15(3), 153-156.

Bartley, E. & Fillingim, R. (2013). Sex differences in pain: a brief review of clinical and experimental findings. *British Journal of Anaesthesia*, 111(1), 52-58.

Carpenter, C. et al. (2018). Human ability to discriminate surface chemistry by touch. *Materials Horizons*, 5(1), 70-77.

Coan, J. et al. (2006). Lending a hand: Social regulation of the neural response to threat. *Psychological Science*, 17(12), 1032-1039.

Corniani, G., & Saal, H. (2020). Tactile innervation densities across the whole body. *Journal of Neurophysiology*, 124(4), 1229-1240.

Craft, R. (2007). Modulation of pain by estrogens. *Pain*, 132, S3-S12.

Dubin, A. & Patapoutian, A. (2010). Nociceptors: the sensors of the pain pathway. *The Journal of Clinical Investigation*, 120(11), 3760-3772.

Feldman, R. et al. (2014). Maternal-preterm skin-to-skin contact enhances child physiologic organization and cognitive control across the first 10 years of life. *Biological Psychiatry*, 75(1), 56-64.

Field, T. (2010). Touch for socioemotional and physical wellbeing. *Developmental Review*, 30(4), 367-383.

Gallace, A., & Spence, C. (2010). The science of interpersonal touch. *Neuroscience & Biobehavioral Reviews*, 34(2), 246-259.

Gibson, J. (1933). Adaptation, after-effect and contrast in the perception of curved lines. *Journal of Experimental Psychology*, 16(1), 1.

Gilam, G. et al. (2020). What is the relationship between pain and emotion? *Neuron*, 107(1), 17-21.

Gindrat, A. et al. (2015). Use-dependent cortical processing from fingertips in touchscreen phone users. *Current Biology*, 25(1), 109-116.

Goldstein, P. et al. (2018). Brain-to-brain coupling during handholding is associated with pain reduction. *Proceedings of the National Academy of Sciences*, 115(11), E2528-E2537.

Guéguen, N., & Jacob, C. (2005). The effect of touch on tipping: an evaluation in a French bar. *International Journal of Hospitality Management*, 24(2), 295-299.

Hertenstein, M. et al. (2009). The communication of emotion via touch. *Emotion*, 9(4), 566.

Kelley, N. & Schmeichel, B. (2014). The effects of negative emotions on sensory perception. *Frontiers in Psychology*, 5, 942.

Kraus, M. et al. (2010). Tactile communication, cooperation, and performance: an ethological study of the NBA. *Emotion*, 10(5), 745.

Kung, C. (2005). A possible unifying principle for mechanosensation. *Nature*,

436(7051), 647-654.

Mancini, F., Bauleo, A., Cole, J., Lui, F., Porro, C. A., Haggard, P., & Iannetti, G. D. (2014). Whole-body mapping of spatial acuity for pain and touch. *Annals of neurology*, 75(6), 917-924.

McGlone, F., Wessberg, J., & Olausson, H. (2014). Discriminative and affective touch: sensing and feeling. *Neuron*, 82(4), 737-755.

Orban, G. A., & Caruana, F. (2014). The neural basis of human tool use. *Frontiers in psychology*, 5, 310.

Pawling, R. et al. (2017). C-tactile afferent stimulating touch carries a positive affective value. *PloS One*, 12(3), e0173457.

Skedung, L. et al. (2013). Feeling small: exploring the tactile perception limits. *Scientific reports*, 3(1), 1-6.

von Mohr, M. et al. (2017). The soothing function of touch: affective touch reduces feelings of social exclusion. *Scientific Repor*ts, 7(1), 1-9.

Voss, P. (2011). Superior tactile abilities in the blind: is blindness required? *Journal of Neuroscience*, 31(33), 11745-11747.

**6장 — 잡동사니 감각**

Baiano, C. et al. (2021). Interactions between interoception and perspectivetaking. *Neuroscience & Biobehavioral Reviews*, 130, 252-262.

Craig, A. (2003). Interoception: the sense of the physiological condition of the body. *Current Opinion in Neurobiology*, 13(4), 500-505.

Fuchs, D. (2018). Dancing with gravity - Why the sense of balance is (the) fundamental. *Behavioral Sciences*, 8(1), 7.

Garfinkel, S. et al. (2015). Knowing your own heart: distinguishing interoceptive accuracy from interoceptive awareness. *Biological psychology*, 104, 65-74.

Holland, R. et al. (2008). Bats use magnetite to detect the earth's magnetic field. *PLoS One*, 3(2), e1676.

Koeppel, C. et al. (2020). Interoceptive accuracy and its impact on neuronal responses to olfactory stimulation in the insular cortex. *Human Brain Mapping*, 41(11), 2898-2908.

Paulus, M. & Stein, M. (2010). Interoception in anxiety and depression. *Brain structure and Function*, 214(5), 451-463.

Sato, J. (2003). Weather change and pain. *International Journal of Biometeorology*, 47(2), 55-61.

Sato, J. et al. (2019). Lowering barometric pressure induces neuronal activation in the superior vestibular nucleus in mice. *PLoS One*, 14(1), e0211297.

Seth, A. & Friston, K. (2016). Active interoceptive inference and the emotional brain. *Philosophical Transactions of the Royal Society B*, 371(1708), 20160007.

Smith, R. et al. (2021). Perceptual insensitivity to the modulation of interoceptive signals in depression, anxiety, and substance use disorders. *Scientific Reports*, 11(1), 1-14.

Suzuki, K. et al. (2013). Multisensory integration across exteroceptive and interoceptive domains modulates self-experience in the rubber-hand illusion. *Neuropsychologia*, 51(13), 2909-2917.

Wang, C. et al. (2019). Transduction of the geomagnetic field as evidenced from alpha-band activity in the human brain. *eNeuro*.

Xu, J. et al. (2021). Magnetic sensitivity of cryptochrome 4 from a migratory songbird. *Nature*, 594(7864), 535-540.

**7장 — 지각 짜맞추기**

Albright, T. (2017). Why eyewitnesses fail. *Proceedings of the National Academy of Sciences*, 114(30), 7758-7764.

Brang, D., & Ramachandran, V. (2011). Why do people hear colors and taste words?. *PLoS biology*, 9(11), e1001205.

Cecere, R. et al. (2015). Individual differences in alpha frequency drive crossmodal illusory perception. *Current Biology*, 25(2), 231-235.

Dematte, M. et al.. (2006). Cross-modal interactions between olfaction and touch. *Chemical Senses*, 31(4), 291-300.

Ernst, M. & Banks, M. (2002). Humans integrate visual and haptic information in a statistically optimal fashion. *Nature*, 415(6870), 429-433.

Ernst, M. & Bülthoff, H. (2004). Merging the senses into a robust percept. *Trends in Cognitive Sciences*, 8(4), 162-169.

Gau, R. et al. (2020). Resolving multisensory and attentional influences across cortical depth in sensory cortices. *Elife*, 9.

Hadley, L. et al. (2019). Speech, movement, and gaze behaviours during dyadic conversation in noise. *Scientific Reports*, 9(1), 1-8.

Jadauji, J. et al. (2012). Modulation of olfactory perception by visual cortex stimulation. *Journal of Neuroscience*, 32(9), 3095-3100.

Majid, A. et al. (2018). Differential coding of perception in the world's languages. *Proceedings of the National Academy of Sciences*, 115(45), 11369-11376.

O'Callaghan, C. (2017). Synesthesia vs. Crossmodal. *Sensory blending*.

Rigato, S. et al. (2016). Multisensory signalling enhances pupil dilation. *Scientific Reports*, 6(1), 1-9.

Schifferstein, H. & Spence, C. (2008). Multisensory product experience. In *Product Experience*. Elsevier.

Spence, C. (2011). Crossmodal correspondences. *Attention, Perception, & Psychophysics*, 73(4), 971-995.

Teichert, M., & Bolz, J. (2018). How senses work together: cross-modal interactions between primary sensory cortices. *Neural plasticity*, 2018.

Theeuwes, J. et al. (2007). Cross-modal interactions between sensory modalities: Implications for the design of multisensory displays. *Attention: From theory to practice*, 196-205.

Van Den Brink, R. et al. (2016). Pupil diameter tracks lapses of attention. *PLoS One*, 11(10), e0165274.

Van Leeuwen, T. et al. (2015). The merit of synesthesia for consciousness research. *Frontiers in Psychology*, 6, 1850.

Wise, R. et al. (2014). An examination of the causes and solutions to eyewitness error. *Frontiers in Psychiatry*, 5, 102.

# 찾아보기

**ㅇ**

**센세이셔널**

**초판 1쇄 발행** 2024년 1월 10일
**초판 5쇄 발행** 2024년 5월 24일

**지은이** 애슐리 워드
**옮긴이** 김성훈
**펴낸이** 고영성

**책임편집** 이지은 **디자인** 이화연 **저작권** 주민숙

**펴낸곳** 주식회사 상상스퀘어
**출판등록** 2021년 4월 29일 제2021-000079호
**주소** 경기도 성남시 분당구 성남대로 52, 그랜드프라자 604호
**팩스** 02-6499-3031
**이메일** publication@sangsangsquare.com
**홈페이지** www.sangsangsquare-books.com

ISBN 979-11-92389-53-0 03470